软件开发中的决策

权衡与取舍

Software Mistakes and Tradeoffs

U0277702

［美］托马斯·莱莱克（Tomasz Lelek）
［英］乔恩·斯基特（Jon Skeet）　著

陆明刚 胡世杰 译
茹炳晟 技术审校

人民邮电出版社

北京

图书在版编目（ＣＩＰ）数据

软件开发中的决策：权衡与取舍 /（美）托马斯·
莱莱克（Tomasz Lelek），（英）乔恩·斯基特
（Jon Skeet）著；陆明刚，胡世杰译. -- 北京：人民
邮电出版社，2024.11
　　ISBN 978-7-115-63516-7

　Ⅰ．①软…　Ⅱ．①托…　②乔…　③陆…　④胡…　Ⅲ.
①软件开发　Ⅳ．①TP311.52

中国国家版本馆 CIP 数据核字（2024）第 007553 号

版 权 声 明

◆ 著　　　　[美] 托马斯·莱莱克（Tomasz Lelek）
　　　　　　[英] 乔恩·斯基特（Jon Skeet）
　译　　　　陆明刚　胡世杰
　责任编辑　李 瑾
　责任印制　王 郁　焦志炜

◆ 人民邮电出版社出版发行　　北京市丰台区成寿寺路 11 号
　邮编　100164　电子邮件　315@ptpress.com.cn
　网址　https://www.ptpress.com.cn
　三河市君旺印务有限公司印刷

◆ 开本：800×1000　1/16
　印张：22.75　　　　　　　　　2024 年 11 月第 1 版
　字数：472 千字　　　　　　　2024 年 11 月河北第 1 次印刷
　著作权合同登记号　图字：01-2022-2638 号

定价：99.80 元

读者服务热线：(010)81055410　印装质量热线：(010)81055316
反盗版热线：(010)81055315
广告经营许可证：京东市监广登字 20170147 号

内容提要

　　本书详细阐述如何在设计、规划和实现软件时做出更好的决策；通过真实的案例，以抽丝剥茧的方式分析那些失误的决策；探讨还有哪些可能的解决方案，并对比各种方案的优缺点，摸索软件设计的常青模式。本书通过实例来说明某些决策的后果，例如代码重复如何影响系统的耦合与演进速度，以及如何在日期和时间信息方面隐藏细微差别。本书还介绍如何根据帕累托法则有效地缩小优化范围，确保分布式系统的一致性。

　　通过阅读本书，读者很快就可以将作者来之不易的经验应用到自己的项目中，以预防错误并采取更合适的编程决策。

　　本书适合负责软件设计与实现决策的中高级开发人员和架构师阅读。

献词

托马斯将本书献给开源社区的所有贡献者。本书介绍的大多数工具及架构都源于你们的无私奉献。正是因为你们的不懈努力，软件的世界才得以不断进步，进而满足当今世界的需求。

乔恩将本书献给所有曾为解决时区或菱形依赖问题而彻夜难眠的软件工程师（他们占据了开发者群体的相当大比例……）。

前言

软件交付工作充满了各种各样的取舍，这是参与其中的每个人都无法回避的挑战。我们经常面对有限的项目周期、"捉襟见肘"的预算、陌生的领域。因此，我们当下做出的任何一个软件设计决策都会对软件的未来产生影响，譬如系统维护的过大开销、软件需要变更时才暴露的僵化设计、软件需要扩展时才发现的性能瓶颈，诸如此类林林总总的问题。我们必须认识到一点，即任何一个取舍结果都是特定条件的产物。我们很容易评判之前的软件设计在设计之初缺乏对上下文的充分了解。显然，设计时我们了解得越多，分析得越深入，我们对所做决策的利弊得失就越了然于心。

我们亲自主持和参与了许多软件设计决策，对这些决策背后所隐含的权衡与取舍逐渐熟稔于心。在此过程中，托马斯开始撰写个人对软件设计决策日志，记录下我们当时做出某个决策时的来龙去脉，如软件设计决策的背景是什么，有哪些替代方案，我们是如何评估某个特殊方案的，我们最终采用了什么样的解决方案，对某个解决方案我们是否成功预测了所有可能的利弊，我们对某些情况是否也感到惊讶，等等。事实证明，这份个人经验教训清单所涵盖的内容包含许多软件工程师需要解决的问题、需要面临的取舍。托马斯认为现在是一个与世界分享这些知识的绝佳时机。这就是本书的写作初衷。

通过本书，我们想分享我们从各种软件设计中收获的经验与教训，如单体系统、微服务、大数据处理、库等的设计经验与教训。本书深入分析现实软件设计中的决策、权衡和教训。通过分享这些设计模式、错误决策以及惨痛教训，我们希望能帮助你拓宽视野，升级你的工具箱，帮助你在日常工作中做出更好的决策。提前发现软件设计中潜在的问题以及局限，可以在未来帮你节省大量的时间和金钱。我们不会试图给你明确的答案。对于很复杂的问题，解决方案往往不是唯一的。我们将分享一些具有挑战性的问题，并提出一些没有明确答案的问题。关于这些问题的每种解决方案都有其优缺点，我们会做针对性的分析。每选择一种解决方案都意味着需要做出取舍，你需要判断到底哪一种最适用于实际情况。

致谢

写书是一件极其劳神费力的"苦差事"，感谢 Manning 出版社，让它成为一段愉悦的经历。

首先，我要感谢我的妻子 Malgorzata。你一直支持我，倾听我的想法和问题。因为有了你的支持，我才能专心致志地写书。

接下来，我要感谢 Manning 出版社的编辑 Doug Rudder。谢谢你和我一起工作。你的意见和反馈非常宝贵。因为你的参与，我的写作技巧才得以更上一层楼。我要感谢和我一起为本书的制作和推广辛勤工作的 Manning 出版社的同事们。本书真的是团队协作的结晶。我还要特别感谢 Manning 出版社的其他工作人员：制作编辑 Deirdre Hiam、文案编辑 Christian Berk、审稿编辑 Mihaela Batinic，还有校对编辑 Jason Everett。

我也要感谢在本书编写的不同阶段花时间阅读它的书评人，他们提供了宝贵的反馈，让本书变得更好，他们是 Alex Saez、Alexander Weiher、Andres Sacco、Andrew Eleneski、Andy Kirsch、Conor Redmond、Cosimo Atanasi、Dave Corun、George Thomas、Gilles Iachelini、Gregory Varghese、Hugo Cruz、Johannes Verwijnen、John Guthrie、John Henry Galino、Johnny Slos、Maksym Prokhorenko、Marc-Oliver Scheele、Nelson González、Oliver Korten、Paolo Brunasti、Rafael Avila Martinez、Rajesh Mohanan、Robert Trausmuth、Roberto Casadei、Sau Fai Fong、Shawn Lam、Spencer Marks、Vasile Boris、Vincent Delcoigne、Vitosh Doynov、Walter Stoneburner 以及 Will Price。

特别感谢开发编辑 Jeanne Boyarsky，她从技术角度仔细审查了本书的内容。

本书是目前我职业生涯的所有决定以及遇到的所有人共同作用的结果。感谢成长道路上给予我支持和帮助的人们，他们将我塑造成了一位合格的软件工程师，并对我的职业生涯产生了积极的影响。我很幸运，在我职业生涯的初期，就遇到了这些良师益友，并与他们一起工作。我要感谢 Schibsted、Allegro、DataStax 和 Dremio 的所有同事。除此之外，我还要特别感谢一些人，他们是：

- Paweł Wołoszyn—— 一名大学讲师，他带我走进软件设计的世界并让我意识到编程对世界的巨大影响；

- Andrzej Grzesik——鼓励我设立远大的目标并砥砺前行；

- Mateusz Kwaśniewski——激发了我对学习的无限渴望；

- Łukasz Bancerowski——为我指明了最初的方向，为我的 JVM 职业生涯打下了坚实的基础；

- Jarosław Pałka——给予了我足够的信任和空间，让我有机会在试错中学习和成长；

- Alexandre Dutra——以身作则，展示了高标准的职业道德。

——托马斯·莱莱克

　　我要感谢这些年来默默忍受我在时区话题上持续絮叨的读者，以及我的家人。我在谷歌公司工作时一起共事的同事和在 Noda 时间库及其他开源项目的合作者，都对我在本书中介绍的内容的形成做出了贡献。

——乔恩·斯基特

本书介绍

本书展示了一系列设计软件时可能遇到的现实问题，试图对软件设计中可能出现的各种情况进行分析，并逐一解说每种决策的权衡与取舍。本书也会讲解一些并不常见的软件设计缺陷和错误，这些缺陷和错误可能会对你的软件系统产生方方面面的影响而不仅是影响程序的正确性。

本书面向的读者

本书适合希望理解软件系统设计的取舍与常见设计模式的软件工程师阅读。同时，本书开篇从基础性的话题切入，介绍如何避免常见的设计缺陷，对刚刚开启职业生涯的软件工程师而言，也是大有裨益的。接着，本书转入相对深入的话题，即便是有经验的程序开发者也能从中获益。本书使用的主开发语言是 Java，案例、模式以及代码片段都基于 Java，不过对软件设计的决策并不局限于 Java 语言。

本书的组织结构

本书共 13 章。第 1 章概述本书使用的决策分析方法。其余各章相对独立，分别专注于软件工程的不同方面。为了从本书中获得最大的收益，建议你按顺序阅读各章的内容。但是，如果你对软件工程的某个方面感兴趣，可以直接跳转到对应章节。

- 第 1 章介绍软件决策分析时所采用的方法。我们会从软件架构、代码以及质量保证等方面，举例说明如何做出权衡与取舍。

- 第 2 章阐释代码重复不一定是坏事。本章从不同的架构角度出发，分析代码重复如何对系统的松耦合或紧耦合造成影响；并且使用阿姆达尔定律计算团队内部协调与跨团队协同的开销。

- 第 3 章描述代码出现异常情况时的处理模式。我们会按照已检测异常和未检测异常两类用例分别展开介绍。本章还介绍如何为公共 API（库）设计异常处理策略。最后，我们探讨面向对象的程序设计与函数式编程方法在错误处理时的权衡与取舍。

- 第 4 章介绍如何平衡代码以及 API 设计中的灵活性和复杂性。通常情况下，代码在一个方向上的演进会对其在另一个方向上的发展造成影响。

- 第 5 章告诉我们，在项目的早期开展优化并不是坏事。使用适当的工具和定义恰当的 SLA，我们可以发现代码路径中的热路径并对其进行优化。此外，本章还演示如何利用帕累托法则帮助定位系统中适合进行优化的部分，从而将优化工作聚焦于此。

- 第 6 章介绍如何设计对用户体验友好的 API。通过本章的介绍，我们会了解设计对用户体验友好的 API 不仅是 UI 的事，也需要编程接口的支持，譬如 REST API、命令行工具以及其他接口。然而，这也表明，为了获得良好的用户体验，我们需要付出更高的维护成本。

- 第 7 章讨论如何处理日期和时间数据，这是一个极其棘手的问题。想想我们的数据里有多少日期和时间元素，譬如出生日期或者日志的时间戳，这些地方都极有可能出现错误。这并不是一个复杂的领域，但确实需要我们特别注意。

- 第 8 章介绍为什么数据本地性在大数据处理中至关重要，还介绍分配数据和流量的分区算法要满足哪些要求。

- 第 9 章介绍将你使用的库变成你的代码。本章会讨论将第三方库导入代码库时需要考虑的因素、可能引发的问题及权衡与取舍。最后，本章试图回答一个问题：我们应该导入一个库还是重新实现它的一小部分。

- 第 10 章重点讨论设计分布式系统时一致性与原子性之间的权衡。本章分析分布式系统中可能发生的竞争条件，并展示幂等性是如何影响我们设计系统的方式的。

- 第 11 章介绍如何处理分布式系统中的传输语义。本章可以帮助读者理解分布式系统中"至少一次"、"至多一次"和"最终恰好一次"的含义。

- 第 12 章介绍软件、API 以及存储数据是如何随着时间的推移发展、演进的，并介绍它们如何能在保持与其他系统的兼容性的同时做到这些。

- 第 13 章讨论紧跟 IT 行业的最新技术趋势可能并不总是明智的选择。本章分析一些广泛使用的模式和框架，譬如响应式编程，也对这些技术在某些特定场景的适用性进行讨论。

关于本书的代码

本书包含大量的代码示例，有的是以数字序号标注的代码清单的方式呈现的，有的则是以普通文本的方式呈现的。有些时候代码会被**加粗**从而区别于之前的代码，譬如，对一行现存代码进行修改，增加了新的功能。

很多时候，源码会被重新格式化，我们会添加换行符或者对代码进行重构，引入代码缩进以适配页面的可用空间。即便如此，还是有一些极端的情况，代码清单中会包含行连续标记（➡）。此外，如果代码在正文中有介绍，源码中不再添加注释。

　　本书示例的源码根据谷歌代码指南，使用自动化插件进行了格式化。许多代码清单都附有代码注释，对重要的概念进行强调。为了保证代码质量，本书使用的所有代码都有大量的单元测试和集成测试。但并不是所有的测试都在本书的代码清单中进行了展示。你可以阅读并运行这些测试从而更深入地理解某部分的逻辑。通过阅读代码库中的 README.md 文件，你可以了解如何导入并运行这些示例代码。本书示例的完整代码可以从 https://github.com/tomekl007/manning_software_mistakes_and_tradeoffs 下载，也可按"资源与支持"页指引，在异步社区下载。

作者介绍

托马斯·莱莱克（Tomasz Lelek）

托马斯在他的软件开发职业生涯里，设计并开发过各种各样的生产服务、软件架构，他精通多种编程语言（大多数是基于 JVM 的）。他既实现过单体系统，也做过与微服务架构相关的工作。他设计的一些系统可服务数千万用户，每秒处理数十万的操作量。他的工作方向如下。

- 设计采用 CQRS 架构的微服务（基于 Apache Kafka）。
- 市场自动化及事件流处理。
- 基于 Apache Spark 和 Scala 的大数据处理。

托马斯现在就职于 Dremio，负责创建现代大数据处理的数据湖解决方案。在此之前，他在 DataStax 负责与 Cassandra 数据库相关的一些产品。他设计的工具帮助成千上万的开发者设计出性能优异、用户友好的 API，发挥了重要的作用。他为 Java-Driver、Cassandra Quarkus、Cassandra-Kafka Connector 以及 Stargate 都贡献过代码。

乔恩·斯基特（Jon Skeet）

乔恩是谷歌公司的资深开发工程师，目前的工作方向是谷歌云的.NET 客户端库。他向开源社区贡献了.NET 版本的 Noda 时间库，然而最让人称道的是他在 Stack Overflow 开发者社区的贡献。乔恩是 Manning 出版社出版的 *C# in Depth* 一书的作者，此外，他对 *Groovy in Action* 以及 *Real-World Functional Programming* 两本书也有所贡献。乔恩对日期时间 API 以及 API 版本非常感兴趣，这些通常是无人问津的冷门话题。

本书封面插图介绍

    本书封面上的人物是"Groenlandaisse",或称"来自格陵兰岛的女人",摘自 Jacques Grasset de Saint-Sauveur 于 1797 年出版的作品集,其中的每幅插图都经由手工绘制和上色。在那个年代,仅凭一个人的穿着,就可以很容易地推断出他的居住地及社会地位。Manning 出版社以几个世纪前丰富多样的地方文化作品作为图书的封面,来颂扬计算机行业的创造力和开创精神。

资源与支持

资源获取

本书提供如下资源：

- 本书示例代码；
- 本书彩图文件；
- 本书思维导图；
- 异步社区 7 天 VIP 会员。

要获得以上资源，你可以扫描下方二维码，根据指引领取。

提交勘误信息

作者、译者和编辑尽最大努力来确保书中内容的准确性，但难免会存在疏漏。欢迎你将发现的问题反馈给我们，帮助我们提升图书的质量。

当你发现错误时，请登录异步社区（https://www.epubit.com），按书名搜索，进入本书页面，点击"发表勘误"，输入错误信息，点击"提交勘误"按钮即可（见下页图）。本书的作者、译者和编辑会对你提交的错误信息进行审核，确认并接受后，你将获赠异步社区的 100 积分。积分可用于在异步社区兑换优惠券、样书或奖品。

与我们联系

我们的联系邮箱是 contact@epubit.com.cn。

如果你对本书有任何疑问或建议，请发邮件给我们，并请在邮件标题中注明本书书名，以便我们更高效地做出反馈。

如果你有兴趣出版图书、录制教学视频，或者参与图书翻译、技术审校等工作，可以发邮件给我们。

如果你所在的学校、培训机构或企业，想批量购买本书或异步社区出版的其他图书，也可以发邮件给我们。

如果你在网上发现有针对异步社区出品图书的各种形式的盗版行为，包括对图书全部或部分内容的非授权传播，请你将怀疑有侵权行为的链接发邮件给我们。你的这一举动是对作者权益的保护，也是我们持续为你提供有价值的内容的动力之源。

关于异步社区和异步图书

异步社区是由人民邮电出版社创办的 IT 专业图书社区，于 2015 年 8 月上线运营，致力于优质内容的出版和分享，为读者提供高品质的学习内容，为作译者提供专业的出版服务，实现作译者与读者在线交流互动，以及传统出版与数字出版的融合发展。

异步图书是异步社区策划出版的精品 IT 图书的品牌，依托于人民邮电出版社在计算机图书领域 30 余年的发展与积淀。异步图书面向 IT 行业以及各行业使用 IT 的用户。

目录

第1章 引言

无论是设计应用程序，还是应用程序接口（application program interface，API），抑或是系统架构，我们都需要做各种各样的决策。这些决策会影响程序的可维护性、性能、可扩展性，产生无数潜在的后果。选定某个技术方向，另一个技术方向的发展就会受到一定限制，这种事在软件开发中屡见不鲜。系统存续的时间越长，修正之前的决策、改变系统的设计越困难。本书会用大量篇幅讨论设计软件时，如何在两个或者多个技术方案间进行选择。无论你的选择结果是什么，选择技术方案时清晰地了解其"优缺利弊"，做到"了然于胸"很重要。

通常情况下，开发团队需要结合项目背景、上市时间、服务等级协定（service level agreement，SLA）以及其他相关因素综合考量，才能做出一个艰难的决策。我们将毫无保留地向你展示设计软件系统时所做的那些权衡与取舍，并将其与其他可选方案进行比较。希望读完本书，你会开始关注每天都在做的那些设计决策。关注这些，尤其是熟稔每种决策的优缺点，可以帮助你做出清晰的选择。

本书先着重讨论每位软件工程师在做 API 设计和编码时都应考虑的基础设计决策，接着讨论软件设计中更宏观的部分——架构及各组件间的数据流，还将讨论采用分布式系统架构时需注意的取舍。

接下来介绍进行取舍分析时所采用的方法。首先，我们着重讨论每位软件工程师都得做的判断：如何在单元测试、集成测试、端到端测试，抑或是其他类型的测试之间实现平衡。在实际项目中，通常开发团队要在有限的开发周期内发布软件以创造价值。因此，我们要决定在哪类测试中投入更多的时间，是单元测试、集成测试、端到端测试，还是其他类型的测试，我们会逐一分析每种测试类型的利与弊。

然后介绍久经考验的单例模式，剖析为什么上下文差异会导致该设计模式的可用性发生变化。我们会结合单线程和多线程上下文实例进行阐述。最后，我们会从宏观角度分析采用微服务与单例模式的利与弊。

注意，描述软件架构时，简单地用纯微服务（only micro-service）或者纯单例模式（only monolithic）都是不确切的。我们经常在实际软件项目中看到混合模式的架构：一些功能以服务的方式实现，另一些功能则以单体系统的方式实现。譬如某个遗留系统，它可能整体而言是单体形态，少部分功能是由微服务架构实现的。此外，一个全新项目初始时只是一个应用，如果花费极高的代价将其微服务化，往往是得不偿失的。即便你采用混合架构，也需要根据项目实际情况，选择性地运用。

对于每一章内容的介绍，我们均采用这样的方式：首先介绍某个特定背景下的难题是如何解决的，接着分析其他备选的解决方案，最后补充介绍当时做决策的上下文及最终的选择。我们会分析每种解决方案在特定上下文中的利与弊。接下来的各章会围绕设计软件系统时的决策做更深入的探讨。

1.1　决策的后果与模式

编写本书的初衷是帮助读者了解设计软件时应考虑的取舍以及分享经验和教训。谈到设计选型取舍时，我们有一个假设前提，即你所编写的代码已经足够健壮。高质量的代码是软件"大厦"的基础，打牢此基础后你才需要考虑架构演进的方向。

为了帮助你了解本书各章通用的内容组织形式，我们先以两个大家都熟悉的取舍为例，分别是单元测试和集成测试，它们可能是比较立竿见影的软件质量保障实践，你在编程时很可能已经用到了它们。最终的目标是单元测试和集成测试可以覆盖所有的代码路径。然而，这很难在实践中达成。因为项目周期是有限的，你没有那么多的时间来完成编码并进行充分的测试。因此，投入多少资源与时间到单元测试与集成测试上就变成了我们需要权衡的问题。

1.1.1　单元测试

编写测试时，你需要决定测试哪部分代码。譬如，你需要对一个简单的组件 SystemComponent 进行单元测试，它只提供了一个声明为 public 类型的接口，其他所有方法的声明都是 private 类型的，客户端无法直接访问。该场景的代码片段如代码清单 1.1 所示。

代码清单 1.1　组件单元测试

```java
public class SystemComponent {

  public int publicApiMethod() {
    return privateApiMethod();
  }

  private int privateApiMethod() {
    return complexCalculations();
  }

  private int complexCalculations(){
    // 复杂的代码逻辑
    return 0;
  }
}
```

这时你需要判断，要不要为 complexCalculations() 添加单元测试，是否继续保持该方法的私有成员属性。这类单元测试属于黑盒测试，只能覆盖 public 类型的 API。通常，单元测试做到这种程度就已经足够了。然而，极端的情况下，譬如私有方法的逻辑特别复杂时，为其添加单元测试也是物有所值的。为了做到这一点，你得放开 complexCalculations() 的访问权限。代码清单 1.2 展示了对应的修改。

代码清单 1.2　通过公有访问方式进行单元测试

```java
@VisibleForTesting
public int complexCalculations() {
  // 复杂的代码逻辑
  return 0;
}
```

修改方法的可见性，将其由 private 类型变为 public 类型之后，你可以为这部分之前访问级别为 private 的 API 编写单元测试。由于公有方法对所有 API 客户端都可见，你不得不面对客户端可以直接调用该方法的窘境。你可能会说，上述代码清单中不是还有@VisibleForTesting 注解吗？实际情况是，这个注解只能起到"提示信息"的作用，无法强制限定调用方不使用你的 API 中的公有方法。如果调用方没有留意这个注解，他们可能会忽略这一点。

本节提到的两种单元测试方法并无高低优劣之分。后一种方法提供了更高的灵活性，然而，随之而来的是维护代价的增加。你可以在这二者间取一个折中方案。譬如，将代码的包标记为 private 类型。这样一来，由于测试代码与产品代码在同一个包内，你可以直接在测试代码中调用上述方法，而不再需要将方法修改成 public 类型的。

1.1.2　单元测试与集成测试的比例

计划测试任务时，你需要思考对你的系统而言，应该按什么比例分配单元测试与集成测试。

通常情况下，选定一个方向会限制向另一个方向发展的可能性。而且，这种限制也许从该开发项目开始时便产生了。

大多数情况下，我们开发功能的时间都是"捉襟见肘"的，需要慎重考虑是否要投入更多的时间在单元测试或者集成测试上。现实场景中，我们应该充分结合单元测试和集成测试的优势，最大限度地发挥其效能，这也是为什么我们需要思考该按怎样的比例分配单元测试和集成测试。

这两种测试方法都是双刃剑，各有其利弊，你在编码时不得不做利弊权衡。单元测试的优点是速度更快，反馈时间更短，因此调试流程通常也更短。图 1.1 展示了这两种测试的优缺点。

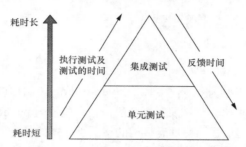

图 1.1　单元测试、集成测试及其执行与反馈时间（速度）

图 1.1 所示为一个金字塔，这是因为通常情况下，软件系统中的单元测试比集成测试多得多。单元测试可以为开发者提供几乎即时的反馈，从而帮助提升开发效率。单元测试的执行速度更快，可以帮助减少代码调试的时间。如果单元测试 100%覆盖了你的代码库，当一个新的缺陷被引入时，很可能某个单元测试能发现这个缺陷。你可以在单元测试覆盖的方法级别上精确定位该缺陷。

另外，如果系统缺少集成测试，你将无法判断组件之间的连接是否正常以及它们之间的集成是否成功。你的算法虽然经过充分的测试，但没有对更大场景进行覆盖。最终你的系统可以在较低的层级正确完成所有任务，但由于系统中的组件配合没有经过测试，无法在更高层级上确保系统的正确性。在实际项目中，你的代码应该同时包含单元测试与集成测试。

需要注意的是，图 1.1 仅关注了测试的执行与反馈时间。但实际生产系统中还会有其他层级的测试，如我们可能会做完整验证业务场景的端到端测试。在更复杂的体系结构中，我们可能需要启动 N 个相互连接的服务以提供对应的业务功能。由于搭建测试基础架构所需的开销较大，这类测试的反馈时间可能比较长。然而，它们能从更高的层级保障系统端到端流程的正确性。如果要用这些测试与单元测试或者集成测试做比较，我们需要从不同的维度进行分析。如图 1.2 所示，它们从整体角度而言对系统验证的效果如何？

单元测试仅在单一组件中隔离运行，无法提供系统中其他组件的信息，也无法验证单一组件如何与其他组件进行交互。集成测试的重要性此时就凸显了，它可以同时测试多个组件，验证组件之间的交互效果。不过，集成测试通常不会跨多个服务或者微服务验证某个业务功能。最后我们要介绍的是端到端测试，这类测试可以对系统进行完整的验证，由于我们需要串联起整个系统，该系统可能包含若干个微服务、多个数据库、多个消息队列等，测试涉及的组件数目是极其庞大的。

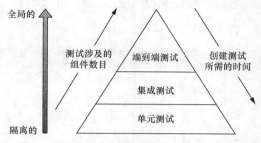

图 1.2　单元测试 vs 集成测试 vs 端到端测试

　　我们还要考虑创建测试所需的时间。创建单元测试比较容易，只需花费比较少的时间就能创建大量的单元测试用例。创建集成测试往往需要更多的时间。最消耗资源的是端到端测试，创建端到端测试的基础设施需要大量的投入。

　　在实际项目中，我们的资金和时间往往是有限的，虽然我们秉持尽最大可能提升软件质量的原则，但也要考虑方方面面的限制。通过测试覆盖代码变更可以帮助我们发布更高质量的软件，减少缺陷数量，从长远来看，还可以提升软件的可维护性。在资源有限的情况下，我们不得不思考，该选择做什么类型的测试，以及做到什么程度。我们需要在单元测试、集成测试、端到端测试之间寻找平衡点，可以多维度分析特定类型测试的优势与劣势，帮助我们做出更合理的判断。

　　有一点特别重要，也需要特别强调，那就是添加测试会延长开发的时间。我们做的测试越全面，花费的时间就越多。如果不为这些测试任务分配时间，只是死板地限定项目交付日期，很难开展有效的端到端测试工作。因此，计划为产品添加新功能时，我们也需要考虑添加对应的测试任务，而不要奢望以事后弥补的方式解决问题。

1.2　设计模式及其失效分析

　　我们熟知的建造者（builder）模式、装饰器（decorator）模式、原型（prototype）模式以及许多其他设计模式诞生的时间都不短。这些设计模式为解决典型的软件设计问题提供了久经考验的生产级解决方案。我们强烈建议读者熟练掌握这些设计模式并在代码中使用它们。使用设计模式，代码的可维护性、可扩展性都会更好，也更优雅［关于设计模式的更多内容可以参考 Erich Gamma 等人合著的经典图书 *Design Patterns: Elements of Reusable Object-Oriented Software*（《设计模式：可复用面向对象软件的基础》）］。另外，使用设计模式时，你应该谨慎，因为设计模式的实现对上下文有非常强的依赖。正如本书开篇所述，我们希望帮助你了解软件设计中的取舍及其影响。

　　我们会以单例模式为例进行介绍，帮助读者从代码层面理解这些取舍。引入单例模式的目的是提供一种所有组件共享通用状态的方式。单例是贯穿你的应用整个生命周期的单一实例，被其他的类所引用。创建单例非常简单，你可以通过创建一个私有构造器来避免创建新的实例，代码实现如代码清单 1.3 所示。

代码清单 1.3　创建一个单例

```
public class Singleton {
  private static Singleton instance;
  private Singleton() {}

  public static Singleton getInstance() {
    if (instance == null) {
      instance = new Singleton();
    }
    return instance;
  }
}
```

　　这个例子里获取单例的唯一方法是通过 getInstance() 方法，该方法返回由所有组件共享的唯一实例。这里有一个假设，即每次调用方代码访问单例时，都通过调用 getInstance() 方法。后续我们会讨论其他的用例，不一定每次都必须通过该方法。使用单例模式看起来是条捷径，通过全局的单例，你可以安心地共享代码。看到这里，你可能会疑惑："这哪有什么取舍？"

　　我们换个上下文，看看使用这种模式是否也恰当。如果我们在一个多线程的环境中使用单例模式会出现什么情况呢？如果多个线程同时调用 getInstance() 方法，就可能产生竞争。这时，你的代码猝不及防地创建出了单例的两个实例。单例模式存在两个实例会破坏该模式的不变性，最终可能导致系统性的故障。为了避免出现这种情况，你需要在初始化逻辑之前，添加同步机制，如代码清单 1.4 所示。

代码清单 1.4　使用同步机制创建线程安全的单例模式

```
public class SystemComponentSingletonSynchronized {
  private static SystemComponent instance;

  private SystemComponentSingletonSynchronized() {}

  public static synchronized SystemComponent getInstance() {  ←── 同步代码
    if (instance == null) {                                        块开始
      instance = new SystemComponent();
    }

    return instance;
  }
}
```

　　同步代码块避免了两个线程同时访问该逻辑。初始化完成之前，仅有一个线程能进入该逻

辑，所有其他的线程都会被阻塞。乍一看，这不就是我们所期望的吗？然而，如果你的代码有
比较高的性能要求，采用单例模式的同时使用了多线程，程序的性能可能会受到比较严重的影响。

　　初始化是多线程因锁竞争而等待的第一个地方。一旦完成单例的创建，接下来每次对该对
象的访问还需要进行同步。单例会引起线程争用，进而严重影响程序性能。多线程并发访问同
一个共享的对象实例时经常出现这种问题。

　　同步的 `getInstance()` 方法一次只允许一个线程进入临界（同步）区，所有其他的线程
都需要等待锁的释放。前一个线程退出临界区后，队列中的第二个线程才能进入。这种方式的
问题在于它引入的同步会严重拖慢程序的执行。简而言之，每次执行同步调用，都可能引入额
外的开销。

　　通过这个例子，我们可以得出以下结论：采用单例模式时，单线程与多线程存在性能差异，
你需要在二者间做权衡。判断最基本的出发点是应用程序的运行环境。如果你的程序不需要并
发运行，或者单例不会在多个线程间共享，那就完全不需要考虑这个问题。一旦你创建的单例
需要在多个线程间共享，就需要确保它是线程安全的，从而避免潜在的性能问题。熟稔这些取
舍，可以帮助你在做设计、代码实现、方案选择时理性从容。

　　如果你发现某个设计最初的选择弊大于利，最终可能要变更方案。以上文的单例而言，我
们可有两种方式变更方案。

　　第一种方式是采用双检锁（double-checked locking）技术。采用这种方式，每次进入临界
区之前，都要检查实例是否为空。如果实例为空，我们可以继续进入临界区，否则就不进入，
直接返回已经存在的单例对象。代码清单 1.5 展示了双检锁的使用。

代码清单 1.5　采用双检锁的单例

```
private volatile static SystemComponent instance;

public static SystemComponent getInstance() {
  if (instance == null) {
    synchronized (ThreadSafeSingleton.class) {          如果实例不为空，则
      if (instance == null) {                           不需要进入临界区
        instance = new SystemComponent();
      }
    }
  }
  return instance;
}
```

　　采用这种方式，我们可以显著缓解同步以及线程竞争资源的情况。我们只会在应用启动的
时刻观察到发生了同步，该时刻每个线程都试图初始化单例。

　　我们可以采用的第二种方式是线程限定（thread confinement）。线程限定可以将状态访问限
定在特定的线程内。不过，你需要注意，这种方式从应用全局的角度而言就不再是单例模式了。
每个线程都会持有一个单例对象的实例。如果你有 N 个线程，就会有 N 个实例。

在这种方式下，每个线程独享一个对象实例，且这个对象仅对相应线程可见。基于这样的设计，多线程之间就不再存在访问对象引起的竞争。每个对象由单一线程独享，而非多线程共享。Java 语言提供了 ThreadLocal 类来实现这一效果。凭借 ThreadLocal 类，我们可以封装系统组件，并将其绑定到特定的线程。从代码实现的角度而言，对象存在于 ThreadLocal 实例之内，如代码清单 1.6 所示。

代码清单 1.6　使用 ThreadLocal 类进行线程限定

```
private static ThreadLocal<SystemComponent> threadLocalValue = new ThreadLocal<>();
  public static void set() {
    threadLocalValue.set(new SystemComponent());
  }

  public static void executeAction() {
    SystemComponent systemComponent = threadLocalValue.get();
  }

  public static SystemComponent get() {
    return threadLocalValue.get();
  }
```

将 SystemComponent 与某个线程绑定的逻辑封装在 ThreadLocal 实例中。例如，线程 A 调用 set() 方法时，ThreadLocal 中便创建了一个新的 SystemComponent 实例。我们需要注意，此时该实例只能被线程 A 访问，这一点非常重要。如果另外一个线程，譬如 B 线程，之前没有调用过 set() 方法，试图执行 executeAction()，它得到的就是一个空的 SystemComponent 实例，因为没有任何人为该线程执行组件的 set() 方法。只有 B 线程调用 set() 方法后，该线程独享的新实例才会被创建。

通过为 withInitial() 方法传递一个提供方（supplier），我们可以简化这段逻辑。如果线程本地对象没有值，该方法就会被调用，这样我们就避免了遇到空对象的风险。代码清单 1.7 展示了这一实现。

代码清单 1.7　为线程限定添加初始值

```
    static ThreadLocal<SystemComponent> threadLocalValue = ThreadLocal.withInitial
(SystemComponent::new);
```

采用这一方式，你可以消除竞争，提升程序的性能。不过这种方式也有其弊端，它会使程序的复杂性增加。

注意　在这种方式下，调用方代码访问单例时，不再需要通过 getInstance() 方法。你可以在
第一次访问单例时，将其赋给某个变量（引用）。一旦将单例赋给变量，后续所有的调用
都可以通过该变量获得单例对象，不再需要调用 getInstance() 方法。如此一来，就可
减少竞争。

　　单例对象的实例也可以被注入需要使用它的其他组件中。理想情况下，你的应用在一个地方创建了所有组件，并将它们注入服务中（利用像依赖注入这样的技术）。这种情况下，你甚至根本不需要使用单例模式。你只需要创建一个需要分享的对象实例，并将它注入所有依赖的服务中。当然，你也可以采用其他方式，譬如使用枚举类型，它的底层实现也基于单例模式。接下来让我们通过代码来验证我们的猜测。

度量代码

　　到目前为止，我们已经通过 3 种方式实现了线程安全的单例模式，如下所示。

- 为所有的操作添加同步机制。
- 使用双检锁创建单例。
- 采用线程限定方式（通过 ThreadLocal 类）创建单例。

　　在我们的猜测中，第一种方式的性能应该最差，然而目前我们还没有任何证明数据。现在，我们将创建一个性能基准测试来验证这 3 种实现方式的性能差异。我们会使用性能测试工具 JMH 进行性能对比测试，本书后续内容也会多次使用该工具对代码的性能进行测试。

　　我们会创建一个执行 50,000 次获取 SystemComponent（单例）对象操作的基准测试（代码请参考代码清单 1.8）。我们会创建 3 个基准测试，每个基准测试使用不同的单例实现方式。为了验证竞争是如何影响程序性能的，我们会创建 100 个并发线程执行这段代码逻辑。结果报告中以毫秒为单位呈现测试结果。

代码清单 1.8　创建单例的基准测试

```
@Fork(1)
@Warmup(iterations = 1)
@Measurement(iterations = 1)
@BenchmarkMode(Mode.AverageTime)          启动 100 个并发线程
@Threads(100)                             执行这段代码逻辑
@OutputTimeUnit(TimeUnit.MILLISECONDS)
public class BenchmarkSingletonVsThreadLocal {
  private static final int NUMBER_OF_ITERATIONS = 50_000;

  @Benchmark
  public void singletonWithSynchronization(Blackhole blackhole) {
    for (int i = 0; i < NUMBER_OF_ITERATIONS; i++) {
      blackhole.consume(
  SystemComponentSingletonSynchronized.getInstance());
    }
  }                                       第一个基准测试采用
                                  SystemComponentSingletonSynchronized
  @Benchmark
  public void singletonWithDoubleCheckedLocking(Blackhole blackhole) {
    for (int i = 0; i < NUMBER_OF_ITERATIONS; i++) {
      blackhole.consume(
```

```
  SystemComponentSingletonDoubleCheckedLocking.getInstance());
    }
  }
                                                          对 SystemComponentSingletonDoubleCheckedLocking
                                                                              的基准测试

  @Benchmark
  public void singletonWithThreadLocal(Blackhole blackhole) {
    for (int i = 0; i < NUMBER_OF_ITERATIONS; i++) {
      blackhole.consume(SystemComponentThreadLocal.get());
    }
  }                                             获取 SystemComponentThreadLocal
}                                                        的基准测试结果
```

执行这个测试，我们可以得到 100 个并发线程完成 50,000 次调用的平均耗时。注意，你的实际耗时可能因环境不同有所差异，不过总体的趋势应该保持一致，如代码清单 1.9 所示。

代码清单 1.9   执行不同单例获取的基准测试结果

```
Benchmark                                                                    Mode
Cnt    Score    Error    Units
CH01.BenchmarkSingletonVsThreadLocal.singletonWithDoubleCheckedLocking        avgt
   2.629             ms/op
CH01.BenchmarkSingletonVsThreadLocal.singletonWithSynchronization             avgt
  316.619            ms/op
CH01.BenchmarkSingletonVsThreadLocal.singletonWithThreadLocal                 avgt
   5.622             ms/op
```

查看测试结果，singletonWithSynchronization 方式的执行的确是最慢的。完成基准测试逻辑执行的平均时间超过 300 ms。其他两个方式对这一行为进行了改进。singletonWithDoubleCheckedLocking 的性能最优，只花费了大约 2.6 ms，而 singletonWithThreadLocal 耗时大约为 5.6 ms。据此，我们可以得出如下结论：采用线程限定方式可以带来约 50 倍的性能提升，采用双检锁方式可以带来约 120 倍的性能提升。

验证我们的猜测后，我们为多线程上下文选择了合适的方式。如果需要在多个方式间做选择，当它们的性能不相上下时，我们建议选择更直观的解决方式。然而，所有这一切的前提都是测试数据，如果没有实际的测试数据，我们很难做出客观和理性的决策。

接下来，我们将讨论涉及架构选型的设计取舍。1.3 节中，我们会对比微服务架构与单体系统，了解它们在设计上的权衡。

1.3   架构设计模式及其失效分析

到目前为止，我们已经了解了影响代码设计的底层编程模式以及各种选择的利弊和取舍，但如果应用程序的上下文发生变化，你可能依旧能接受对这些底层设计做对应的修改。下文将着重讨论架构设计模式：这些模式由于贯穿组成你的系统的多个服务，因此很难做变更。我们先要讨论的是微服务架构，这是当今创建软件系统最通用的模式之一。

微服务架构与单体系统（单体系统在创建时，所有的业务逻辑都需要在单一系统中实现）相比，有诸多的优势。不过，微服务架构也带来了不可忽略的维护开销以及日益增加的复杂性。我们先从微服务架构与单体系统的根本优势入手，了解二者的区别。

1.3.1 可扩展性与弹性

我们创建的系统需要有能力处理海量的数据，同时，它们还要能按需伸缩。如果系统的一个节点每秒可以处理 N 个请求，流量暴增时，微服务架构允许你快速横向扩展（水平扩展）来满足业务需求（见图 1.3）。当然，系统需要以支持容易扩展的方式编码，也需要使用底层的组件。

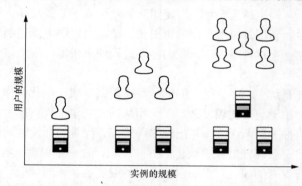

图 1.3　横向扩展意味着可以通过向资源池中添加更多的机器来满足增长的业务需求

举个例子，为了让你的系统有能力每秒处理 $2N$ 个请求（这里的 2 表示服务的数量，N 表示单个服务可以处理的请求数），你可以增加一个原微服务的新实例。不过，要想达到期望的效果，底层的数据访问层需要具备向上扩展的能力。

当然，扩展性会有上限，当它达到上限之后，增加新节点也不一定能带来太大吞吐量的提升。性能瓶颈可能出现于数据库、消息队列、网络带宽等达到了扩展的上限时。

不过，就整体而言，与单体系统相比，微服务架构的扩展要容易得多。在单体系统中，一旦某些资源达到上限，几乎不可能做快速扩展。

你可以通过为计算实例添加更多处理器、更大的内存或者磁盘容量来垂直扩展（通常称为纵向扩展）你的应用，同样地，这种方式也存在一定限制，达到上限之后很难继续提升性能。举个例子，有个单体应用部署到云端，部署时选择更强劲的云计算实例类型（更多的处理器或者更大的内存）就可以纵向扩展，提升其性能。如果能够增加更多的资源，这种方式显然是有效的。然而，云计算实例也存在资源上限，某些时候，云计算提供商可能也无法提供更强劲的机器。这时，横向扩展的灵活性优势就体现出来了。如果你的应用在设计和实现时考虑了支持部署到 N 个实例，就可以通过部署更多的实例，为服务提供更高的总吞吐量。

1.3.2 开发速度

在微服务架构中，工作可以比较容易地拆分到多个团队。举例而言，团队 A 可以创建一个独立的微服务，专注于业务功能的开发。与此同时，团队 B 在业务领域的另一个部分开展工作。这两个团队能互不干扰地独立工作，并可由此进行快速的迭代开发。

采用微服务架构，团队之间不需要在代码库层面进行协作。各团队可以按照自己的需求选择技术栈，快速演进开发。加入团队的新成员也不需要掌握整个业务领域的内容，只需要了解其团队负责的部分领域，这样可以更容易地理解系统，快速开展工作。

由于每个团队都能独立地部署自己的代码库，部署流程会更健壮。所有这一切的结果是部署的频度会越来越高，风险也越来越小。即使团队偶然引入了某些缺陷，对部署的影响也比较小。因为变更的内容少，调试定位潜在问题也更快。调试过程中可能遇到困难，譬如多个细粒度的微服务集成时报错。在这种情况下，我们需要进行请求跟踪，收集多个微服务之间的请求调用关系。

与此相反，在单体系统中，多个团队的成员经常要共享同一个代码库。如果某应用的代码存放在某个代码库中，由于应用比较复杂，多个团队同时在这个代码库上开展工作。这种情况下，你很可能遇到代码冲突的情况。一旦出现这种情况，大量的开发时间都会消耗在解决这些冲突上。当然，如果产品代码能够以模块化的方式组织，在一定程度上可以降低冲突的概率。然而，随着越来越多开发者的加入，产品主分支上的变更会越来越频繁，你也不得不隔三岔五地做代码同步。对比单体系统和微服务架构，我们很容易发现固定业务领域的代码通常少得多。因此，采用微服务架构时出现代码冲突的概率小得多。

单体应用的部署一般不太频繁，主要原因是每次部署都需要向主分支合并大量的功能代码（因为有更多的人在其上开展工作）。功能越多，完成相关测试所需的时间越长。同一个版本包含的功能越多，引入缺陷的概率越大。值得一提的是，通过创建稳定的持续集成（或者持续部署）流水线，这些痛点在一定程度上可以得到缓解。我们可以通过更频繁地运行这些流水线，更快速地构建新应用，从而让每个新版本包含更少的新功能。如果新版本代码引入了缺陷，这样也将更易于分析和调试。版本中包含的新功能越少，定位潜在问题的速度越快。如果我们做一个对比，即在同样的时间内，在一个发布周期中将频繁构建新应用与不频繁构建新应用的方式做比较，会发现前一种情况下发布最终部署到生产的特性数比后一种情况要多得多。一个版本包含的功能越多，潜在的问题越多，也越难调试。

1.3.3 微服务的复杂性

微服务架构是一种复杂的设计，它包含多个组成部分。如果你有合适的负载均衡器，可以很容易地实现扩展；负载均衡器维护多个运行服务的列表，并为流量进行路由。底层服务可以纵向扩展，也可以收缩，这意味着服务可以按需创建和销毁。变化的跟踪是一个非常关键的问题。为了解决这一问题，我们引入了一个新的服务注册组件，如图 1.4 所示。

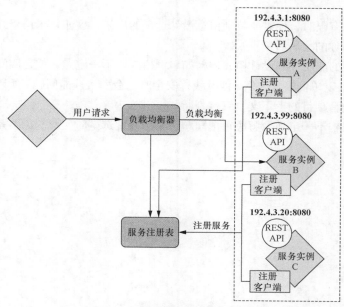

图 1.4 微服务架构中的服务注册组件

每个微服务都需要一个运行的注册客户端，该注册客户端负责向服务注册表注册该服务。一旦完成注册，负载均衡器就开始向新的实例转发流量。服务注册表会对服务实例进行健康检测，若发现服务实例出现问题则执行解绑操作。这是微服务架构所面临的诸多技术挑战之一，也导致部署变得越来越复杂和困难。

了解了方案的优势及劣势，你还需要了解项目的实际情况，这对一个好的设计决策来说至关重要。如果你的项目对可扩展性没有很高的要求，同时团队规模也不大，采用单体系统可能是一个明智的决策。本书的每一章都会遵循相似的流程来评估设计决策：找到每种设计的优势及劣势，结合项目的上下文，解决困惑，即什么情况下哪种设计是更优的决策。

本章中，我们向你介绍了一个设计取舍的例子，在什么环境下如何做取舍是本书试图回答的核心问题。通过本章，你应该了解了如何为你的应用选择恰当的单元测试与集成测试比例，及其底层的利弊取舍。我们也讨论了像单例模式这样久经考验的解决方案不一定是最合适的选择，我们需要结合实际的使用场景进行判断。譬如，如果你的系统采用多线程的环境，采用单例模式时可能会由于线程竞争导致一定的性能问题。最后通过高层设计选择的例子，我们对微服务架构与单体系统设计模式进行了对比。

第 2 章中，我们会讨论代码重复与复用之间的取舍。我们认为代码重复不一定都是反模式的或者是坏事，同样，做判断时我们需要充分结合上下文。

小结

- 开发周期有限时，你需要特别留意设计选择的后果，譬如，采用单元测试还是集成测试来保障你的代码质量。
- 久经考验的底层代码设计模式，譬如单例模式，不一定是"放之四海而皆准"的"设计良药"。以单例模式为例，涉及线程安全时它会引入性能问题。所以我们做决策的时候需要结合项目的上下文，综合判断。
- 微服务架构不一定适合解决每个问题；架构设计选型时，我们需要系统地评估方案的优缺点。

第 2 章　代码重复不一定是坏事：代码重复与灵活性的权衡

本章内容

- 在相互独立的代码库间共享通用代码
- 代码重复、灵活性与产品交付之间的取舍
- 在松耦合的情况下，代码重复是否是一个合理的选择

不要写"重复"代码（Don't Repeat Yourself，DRY）原则是软件工程领域最广为人知的程序设计原则之一。其主要的思想是消除重复的代码，这将有助于减少缺陷，提升软件的可重用性。不过，如果我们构建系统时只一成不变地照搬 DRY 原则，结果可能是很危险的，因为这会带来很高的复杂性。如果我们构建的是单体系统，即几乎所有代码都存放在同一个代码库中，遵守 DRY 原则要容易得多。

现代软件系统在持续演进，我们常常需要构建分布式系统，这些分布式系统通常由多个独立部分构成。在这种架构中，减少代码重复需要考虑更多方面的影响，譬如，是否会导致组件间的紧耦合、是否会降低团队的开发效率等。如果一段代码在多个地方被使用，这段代码的变更往往需要经过大量的沟通协调。如果需要在团队之间进行协调，交付业务价值的速度就会降低。本章会讨论涉及代码重复的模式与取舍。我们试图回答：在什么情况下代码重复是一种明智的选择，什么情况下应该尽量避免代码重复？

我们从两个独立代码库存在部分重复代码的情况说起。之后，尝试以共享库的方式，消除重复代码。接着，我们会采用新方法来解决这一问题，即用微服务封装抽取的通用方法。最后，我们尝试用继承消除代码中的重复逻辑，然而，我们会发现这种方法也有难以忽略的开销。

2.1　代码库间的通用代码及重复代码

我们会讨论微服务架构中共享代码存在的设计问题。假设这样的场景，有两个开发团队，分别是团队 A 和团队 B。团队 A 为 Payment 服务工作，团队 B 为 Person 服务工作，如图 2.1 所示。

Payment 服务在 /payment URL 端点上提供了一个 HTTP API。而 Person 服务在 /person 端点上提供了它对应的业务逻辑。我们假设这两个代码库都使用相同的程序设计语言编写。为了能快速交付需求，此时，两个团队都在紧锣密鼓地开展各项工作。

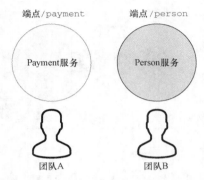

图 2.1　两个独立的服务：Payment 和 Person

高效软件开发团队能快速交付软件产品的重要原因之一是不需要在多个团队之间同步信息。我们可以借用阿姆达尔定律来估算同步信息对软件交付整体周期的影响。该定律表明同步的需求越少（因此，更多的工作）可以并行，通过增加资源来解决问题能达到的效果越明显。图 2.2 对这一定律进行了说明。

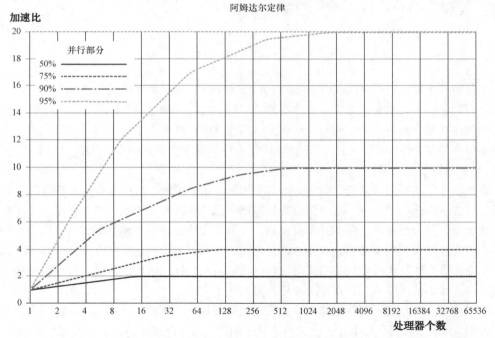

图 2.2　阿姆达尔定律发现系统整体可达的最大处理速度取决于可并行处理的工作所占的百分比

　　譬如，如果你的任务仅有 50% 的时间可以进行并行处理（另外 50% 的时间需要进行同步处理），即便增加资源（即图 2.2 中的处理器个数）也无法显著提升处理速度。任务的并行度越高，同步的开销越小，增加资源而提升处理速度越明显。

　　我们可以使用阿姆达尔公式计算并行度，得出增加更多资源可获得的效益，我们也可以将该公式应用到工作于特定任务的团队成员上。减少并行的同步时间，包括花费在会议、合并代码分支以及需要全团队出席的活动所占用的时间。

　　若允许代码重复，各团队可独立开发，不需要进行团队之间的信息同步。因此，为团队增加新的成员能提升生产率。如果消除重复代码，情况就截然不同，这时两个团队需要在同一段代码上开展工作，随时可能因为代码变更而阻塞对方的工作。

2.1.1　添加新需求导致的代码重复

　　完成上述两个服务的开发后，紧接着来了一个新需求：为这两个 HTTP 接口添加授权功能。两个团队的首选方案都是在自己的代码库中实现授权组件。图 2.3 展示了新的架构设计。

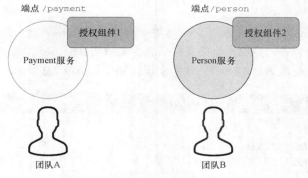

图 2.3　新的架构设计

　　两个团队各自开发、维护一个类似的授权组件。然而，两个团队的工作依旧是相互独立的。

　　请注意，介绍这个场景时，我们使用了基于令牌的简化版认证，该方案容易遭到流量回放攻击，因此不建议在生产系统中使用。本章中我们使用简化版认证做介绍是为了避免将我们希望介绍的主要内容复杂化。安全很重要，这一点再怎么强调也不为过。如果每个团队都各使用一套方案，保障好安全的概率是非常低的。从避免安全事故角度出发，虽然开发一个共享库的周期更长，但它带来的优势是很明显的。

2.1.2　实现新的业务需求

　　让我们一起回顾 Payment 服务提供的功能。它在端点/payment 上提供了一个基于 HTTP 的支付服务。它只提供了一个@GET 资源，用于获取某个令牌的所有支付信息，如代码清单

2.1 所示。

代码清单 2.1 /payment 端点的实现

```
@Path("/payment")                              暴露 Payment
@Produces(MediaType.APPLICATION_JSON)          服务的接口
@Consumes(MediaType.APPLICATION_JSON)
public class PaymentResource {

  private final PaymentService paymentService = new PaymentService();
  private final AuthService authService = new AuthService();

                                               创建 AuthService 实例
  @GET
  @Path("/{token}")
  public Response getAllPayments(@PathParam("token") String token) {
    if (authService.isTokenValid(token)) {
      return Response.ok(paymentService.getAllPayments()).build();     使用
    } else {                                                           AuthService
      return Response.status(Status.UNAUTHORIZED).build();             验证令牌
    }
  }
}
```

如你所见，在代码清单 2.1 中，AuthService 会对令牌做验证，验证通过之后，调用方
会继续访问 Payment 服务，返回所有的支付信息。实际项目中，AuthService 的逻辑会更加
复杂。我们先看看简化版 AuthService 的实现，如代码清单 2.2 所示。

代码清单 2.2 创建验证服务

```
public class AuthService {

  public boolean isTokenValid(String token) {
    return token.equals("secret");
  }
}
```

注意 实际项目中通常不会出现两个团队使用完全一样的接口、方法名、函数签名等情况。这是
之前讨论早共享代码能带来的优势之一：方法实现出现差异的概率要降低很多。

其中一个团队负责 Person 服务的开发，使/person 端点提供 HTTP 服务。该服务也采用
基于令牌的认证，如代码清单 2.3 所示。

代码清单 2.3 /person 端点的实现

```
@Path("/person")                               暴露 Person 服务的
@Produces(MediaType.APPLICATION_JSON)          HTTP 接口
@Consumes(MediaType.APPLICATION_JSON)
public class PersonResource {                                创建 AuthService
                                                             实例
  private final PersonService personService = new PersonService();
  private final AuthService authService = new AuthService();
```

```
@GET
@Path("/{token}/{id}")
public Response getPersonById(@PathParam("token") String token,
  @PathParam("id") String id) {
  if (authService.isTokenValid(token)) {                          ←──  使用 AuthService
    return Response.ok(personService.getById(id)).build();            验证令牌
  } else {
    return Response.status(Status.UNAUTHORIZED).build();
  }
}
}
```

Person 服务也集成了 AuthService 服务。它会验证用户提供的令牌，接着使用 PersonService 获取 Person 的信息。

2.1.3 结果评估

截至目前，由于两个团队独立并行开发，因此存在代码及工作的冗余。

■ 重复的代码可能导致更多的缺陷与错误。举个例子，团队 B 在他的授权组件中修复了一个缺陷，这并不意味着团队 A 不会遇到同样的缺陷。

■ 同样或相似的代码存在于各自独立的代码库中时，由于信息孤岛效应，工程师之间无法及时分享信息。譬如，团队 B 发现一个令牌计算的缺陷并在自己的代码库中进行了修复。不幸的是，这部分修复的代码不会自动合并到团队 A 的代码库。团队 A 仍需要在不久的将来自行修复该缺陷，甚至不基于团队 B 的代码变更。

■ 不需要协调的工作可能进展更迅速。不过，这也会导致两个团队都做了大量类似或者重复的工作。

在实际生产中，我们推荐使用久经验证的认证策略，譬如 OAuth 或者 JWT，而不是从零开始实现一套逻辑。这些策略在微服务架构中更加重要。当多个服务需要认证从而访问其他服务的资源时，这两种策略都有很大的优势。我们不会在这里专注讨论某个认证或者授权策略。我们更倾向于专注代码层面，譬如代码的灵活性、可维护性以及架构的复杂性。在 2.2 节中，我们会讨论如何通过抽取通用代码，构造共享库来解决代码冗余的问题。

2.2 通过库在代码库之间共享代码

我们先做一个设定，由于两个独立代码库之间存在大量重复代码，两个团队决定将通用代码抽取出来作为一个单独的库。我们会将授权服务的代码抽取到一个单独的代码库中。其中一个团队还需要创建新库的部署流程。最常见的场景是将库发布到一个外部的存储库管理器，譬如 JFrog 的制品仓库。图 2.4 对这一场景进行了说明。

一旦将通用代码存储到一个存储库管理器，服务就可以在构建时拉取该库，使用其中包含的类。这种方式使用同一个地方存储代码，解决了代码重复的问题。

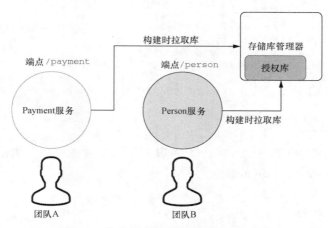

图 2.4　从存储库管理器获取某个通用库

消除重复代码带来的诸多益处中显而易见的是代码整体质量的提升。使用一个共享库存储通用逻辑有利于团队的协作，共同改进代码库。基于这种机制，某个缺陷修复后，其所在共享库的所有消费者都能直接受益，不再有重复的工作。现在，我们一起来看看这种方式有哪些缺点以及使用它时需要做怎样的取舍。

2.2.1　共享库的取舍与不足

一旦抽取新库，它就成为一个新的实体，有自己的编码风格、部署流程以及编码规范。在我们的语境里，"库"意味着对代码进行了打包操作（将其封装成.jar 文件、.dll 文件，或者 Linux 平台上的.so 文件），它可以被多个项目使用。某个团队或者某个开发者若要负责新代码库的维护，则需要建立部署流程、验证项目代码的质量、开发新功能等。并且，这是一个持续不断的过程。

如果你决定采用共享库，就要定义一系列的规范与流程，包括编码规范、部署流程等。不过，只要创建过一次共享库，同样的规范与流程可以复用。添加第一个共享库的开销可能比较高，后续要低得多。

这种方式最显而易见的缺点之一是新创建的库需要使用与消费端一致的程序设计语言。举个例子，如果 Payment 和 Person 服务使用不同的程序设计语言开发，一个使用 Python，另一个使用 Java，那我们就不太可能采用共享库的方式解决代码重复问题。不过，实际项目中，这极少成为问题，因为服务通常都采用同一种程序设计语言或者同体系的程序设计语言（譬如基于 JVM 的语言）创建。当然，我们也可以用不同的技术创建服务生态。然而，这会极大地增加系统的复杂性。通常这意味着我们需要雇用熟稔各种技术栈的专家，他们能使用各式各样的工具，譬如基于不同技术栈的构建系统、包管理器等。你选择的程序设计语言决定了你要采用什么生态，语言与生态是紧密相关的。

> **开源贡献**
>
> JVM 开源生态中有很多活跃的开源社区，它们开发、维护了各式各样的库。创建一个独立的库并将其开源之前，最好先调研开源社区中是否已经存在类似的库。当然，要适配自己的需求，你可能需要做一定的扩展。
>
> 如果开源社区中不存在类似的库，你也可以将自己的代码贡献到社区。通过向现有的开源项目贡献代码，更多的用户可以使用你的成果。而你将获得部署流程的支持以及免费的推广。这样一来，更多的人会知道你的库，并重用其中的代码。

很多时候，我们会用某种语言（譬如 C 语言）编写一个库，再将其封装到你选择的本地接口（譬如 Java 本地接口）语言中。然而，这种方式可能会带来问题，因为如此一来我们的代码需要经过另一层的间接调用。封装在原生接口内的代码在不同的操作系统之间可能是不兼容的，或者它的方法调用甚至比封装语言（譬如 Java）的方法调用慢。基于这些考虑，接下来的讨论中，我们将专注于使用同一种技术栈的语言生态。

新创建的库需要在公司内部大力推广，只有这样，别的团队才能了解它，需要的时候才会使用它。否则就可能会出现混杂使用的情况，即有些团队用了新的库，另一些团队依旧还在使用冗余的代码。

利用存储库管理器是共享库的好办法，不过你需要为库文件维护一份文档。通常情况下，拥有良好测试的项目可以降低开发者为其贡献代码的难度。如果开发者可以使用你的测试套件方便地做一些实验，他们会更愿意使用你的库并为其贡献代码。另外，库的文档有时会由于欠维护而过期，这一点值得特别注意。因此定期更新文档非常重要。

同样，测试也需要及时维护，保持其与产品行为一致。这是帮助你在公司内部推广库的极好营销手段，可以让潜在用户对你的库的品质更有信心。当然，如果你选择了冗余代码的方式，那就需要在所有的地方测试那些重复的代码。这意味着你也需要有重复的测试代码。

不能因为测试覆盖率高就放弃维护库的文档。如果你希望靠查看测试代码了解如何使用一个新的库，可能困难重重，除非编写这些测试代码时就考虑了要将其作为文档提供给用户。测试需要覆盖各种使用库的方式，不仅局限在推荐的方式上。测试代码能回答某些问题，但是，和专用的帮助页面相比还有很大差距，帮助页面不仅提供了教学实例，还提供了帮助新手入门的内容。

2.2.2 创建共享库

创建共享库时，我们应该以极简为第一原则。如果你有第三方库的依赖，这是你要考虑的重中之重。假设我们的授权组件依赖于某个流行的 Java 库，譬如谷歌的 Guava，并显式地声明了该依赖。Payment 服务导入新的授权库时，由于依赖传递，它也会依赖谷歌的 Guava 库。到目前为止，一切都很顺利，直到 Payment 服务引入了另一个第三方库，新的库也对谷歌的 Guava 库有依赖，不过它依赖的是另一个版本的 Guava 库。图 2.5 展示了这种场景。

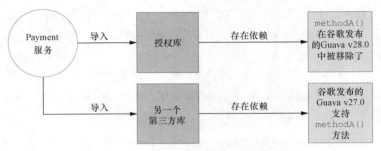

图 2.5　Payment 服务实现中的依赖传递

　　这种情况下，同一个库在 Payment 服务中会存在两个不同的版本。如果这两个库底层的大版本不一致，问题就会更加严重。这意味着它们甚至可能不是二进制兼容的。如果这两个库都存在于你的类路径中，你又没有做额外的配置，通常情况下你的构建工具（譬如 Maven 或者 Gradle）会自动选择新版本的库。譬如可能出现这种情况，第三方库代码对 27.0 版本的 Guava 库中名为 methodA 的方法有依赖，而该方法在 28.0 版本的 Guava 库中被移除了。如果你没有在配置中明确指明使用哪个版本，构建工具就可能选择新版本的库。此时，就会发生类似 MethodNotFound 这样的异常。这是因为第三方库期待使用 27.0 版本的 Guava 库中的 methodA() 方法，而构建工具选择了 28.0 版本的 Guava 库，因此第三方库必须使用它。这就会导致上述问题的发生。这个问题很难解决，甚至可能让团队失去对你提取出来的库的信心。因此，你的库应该减少直接依赖。我们会在第 9 章和第 12 章更深入地讨论如何选择系统中的库。

　　在本节的场景里，我们假设新提取的库会同时被 Payment 和 Person 服务所使用。截至目前，没有固定的团队负责维护授权服务本身，因此两个团队都会参与到新的授权服务的开发工作中。这样一个库的开发工作需要在两个团队的成员间做一定的计划和协调。

2.3　抽取代码为一个独立的微服务

　　以库的方式共享代码是一个好的开端，不过，正如我们在 2.2.1 节中所介绍的，它也有不足，包含多个问题。例如，使用库的开发者需要考虑兼容性及相关的问题。他们将无法自由地使用第三方。与此同时，导入库的代码意味着你的代码与库代码之间存在着依赖上的紧耦合。这并不是说微服务架构就没有紧耦合，它可能也存在各种耦合，譬如在 API 级别、以请求格式等进行耦合。采用库与微服务架构，在耦合这一点上，二者的区别主要在于发生的场所。

如果耦合的代码逻辑可以抽取为独立的业务领域，我们就可以创建一个新的微服务，以HTTP API 的方式提供相关功能。譬如，我们可以将之前抽取出来、单独提供的功能定义为一个新的业务领域。之前讨论的授权组件是说明这一问题的好例子，它提供的令牌验证功能相对独立，有自己的业务领域。我们可以找到新服务能处理的业务实体，譬如授权服务可以处理 user实体的用户名和密码。

注意 我们对例子做了高度的简化，然而现实中，授权服务通常需要访问其他系统的信息（譬如，数据库中的信息）。如果权限信息存储在数据库中，那么将授权逻辑抽取为一个独立的微服务就更合理了。出于简化的目的，在我们设计的例子中，授权服务并没有对外部服务进行访问。

添加新的服务会带来一系列不可忽略的开销。这些开销并不局限于开发，还有进行维护所需的人力。很明显，授权服务有自己的业务领域，有独立的业务模型。因此，授权服务与现有平台是独立的。无论是 Person 服务还是 Payment服务都与授权服务没有太大的关系。基于这些考量，我们看看如何实现授权服务。图 2.6 展示了这 3 个服务之间的关系。

如图 2.6 所示，新的架构由 3 个独立的服务组成，服务之间使用 HTTP API 通信连接。这意味着无论是 Person 服务还是 Payment 服务，都需要多执行一次 HTTP 调用请求，对它们的令牌进行验证。如果你的应用对高性能没有要求，多进行一次 HTTP 调用请求应该不会有什么大问题（我们假设该请求发生于集群内部，或者一个封闭网络内，请求的服务器并非随机选择的某个服务器）。

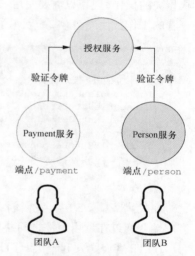

图 2.6 授权服务与 Person 服务和Payment 服务之间的关系

在新架构中，之前重复的或者以库方式提取出的授权逻辑会被抽象为授权服务，以 HTTP API 的方式，经由/auth端点提供访问。我们的客户端会向授权服务发送验证令牌的请求，如果验证失败，授权服务会返回值为 401 的 HTTP 返回码。如果令牌验证通过，HTTP API 会返回 200 OK 的状态码。代码清单 2.4 展示了如何构建新的验证服务。

代码清单 2.4 使用 HTTP 端点提供的授权服务

```
@Path("/auth")
@Produces(MediaType.APPLICATION_JSON)
@Consumes(MediaType.APPLICATION_JSON)
public class AuthResource {

  private final AuthService authService = new AuthService();

  @GET
```

```
@Path("/validate/{token}")
public Response getAllPayments(@PathParam("token") String token) {
  if (authService.isTokenValid(token)) {
    return Response.ok().build();
  } else {
    return Response.status(Status.UNAUTHORIZED).build();
  }
}
}
```

由于 AuthService 已经封装了令牌验证的逻辑，授权的执行将通过 HTTP 请求的方式实现，不再使用库函数调用的方式。授权的代码将存放在单独的授权微服务库中。Payment 和 Person 服务不再需要以直接导入授权库，或者在自己的代码库中实现授权逻辑的方式来执行授权相关的操作，现在只需要使用一个 HTTP 客户端向 /auth 端点发送 HTTP 请求即可完成验证令牌的工作。代码清单 2.5 展示了发送 HTTP 请求的逻辑。

代码清单 2.5　向授权服务发送 HTTP 请求

```
// 向独立的服务发送请求
public boolean isTokenValid(String token) throws IOException {
  CloseableHttpClient client = HttpClients.createDefault();
  HttpGet httpGet = new HttpGet("http://auth-service/auth/validate/" +
   token);
  CloseableHttpResponse response = client.execute(httpGet);
  return response.getStatusLine().getStatusCode() == HttpStatus.SC_OK;
  }
                                      向独立的授权服务发送 HTTP 请求
```

在代码清单 2.5 中，我们创建了一个 HTTP 客户端执行 HTTP 请求。在实际生产系统中，客户端会通过在调用组件之间共享以减少打开的连接数来节约资源。

HTTP 客户端发起一次 HTTP GET 请求，验证令牌的合法性。如果返回的状态码是 OK，就意味着令牌是合法的。否则，令牌就是非法的。

> **注意**　授权服务既可以使用 auth-service 的域名系统（domain name system，DNS）向外提供，也可以使用别的服务发现机制，譬如 Eureka、Consul 等。auth-service 也可以使用静态 IP 地址的方式直接暴露给外部服务。

2.3.1　采用独立微服务方式的取舍与弊端

独立微服务方式解决了采用抽取通用代码到单独的库时所出现的部分问题。使用这部分代码的团队在采用单独库的方式时，他们的心态是不一样的。在你的代码库中导入一个库，该库就成为你的代码库的一部分，你要对它们负责。对比起来，采用库的方式的耦合度要比采用独立微服务方式的高得多。

与其他微服务集成时，我们就不需要考虑这么多，直接将它们当成黑盒即可。使用这种方式时唯一的集成点就是 API，这些 API 既可以基于 HTTP，也可以基于其他的协议。理论上，库的集成完全可以用类似的方法处理。然而，正如我们在 2.2 节所介绍的，在实际生产中，由于库在代码层面引入的依赖，我们不能将其作为黑盒对待。

调用微服务通常意味着你需要客户端库的支持，这些库会执行具体的调用逻辑，而这又会增加新的依赖。理论上，你可能再次落入前文介绍的依赖传递陷阱中。不过，在实际项目中，大多数微服务为了调用其他服务，应该都已经使用了某个客户端库。这些库可能是基于 HTTP 的客户端或者是基于其他协议的客户端。因此，当你需要在你的服务中执行微服务调用时，可能使用同样的 HTTP 客户端就可以了。如此一来，由每个被调用服务引入的额外依赖问题就迎刃而解了。

假设我们的授权服务是个独立的微服务，向外提供对应的 API。我们已经知道这个方式能解决库集成方式的一些问题。然而，事物都有两面性，维护一个独立的微服务的开销是巨大的。采用这种方式，我们要做的就不仅局限于编写授权服务的代码了，还需要做很多其他的事情。

独立的微服务意味着你需要创建将代码部署到云端或者私有数据中心基础架构上的部署流程。采用库的集成方式也需要部署流程，不过它的部署流程简单、直观得多。你只需要将代码打包成一个 JAR 文件，将其部署到某个存储库管理器即可。而使用微服务，你还需要有人或者某种机制监控服务的健康状态，一旦发生故障或者出现错误就需要做相应的处理。注意，创建部署、维护、监控的流程等是重要的前置开销（库集成方式也有类似的前置开销）。一旦这些流程完成，后续微服务的开发要简单得多。我们接下来更深入地讲解采用独立微服务方式时都有哪些重要的因素要考虑。

部署流程

微服务会作为一个独立的进程部署和运行。这意味着这样的进程需要进行监控，出现问题或者发生失效时，需要团队的人跟进和处理。因此，创建、监控、警告都是你创建独立的微服务时需要考虑的因素。如果你的公司有一整套的微服务生态，很可能已经有现成的警告和监控方案了。如果你是公司里希望采用这种架构的第一批人之一，很可能你需要从头搭建整套解决方案。这意味着需要较高的集成开销，以及大量的额外工作。

版本

微服务的版本管理在某些方面比库的版本管理要容易得多。你的库应该遵守版本语义，大版本应该尽量保持 API 的兼容性。微服务的 API 版本也应遵守同样的准则，保持后向的兼容性。在实际项目中，监控端点的使用情况要容易得多，如果发现某些端点不再使用，即可快速地决定将这些端点弃用。如果你正在开发一个库，需要注意尽量保持其后向的兼容性，否则会导致旧版本的库无法平滑升级到新版本。破坏后向兼容性意味着升级库为新版本后，客户端无法成功编译。这样的变更是不可接受的。

如果你使用的是 HTTP API 的集成方式，可以通过一个简单的计数器，使用 Dropwizard 这样的指标库统计各个端点的使用情况。如果某个端点对应的计数器很长时间都保持不变，并且其服务仅为公司内部服务，你就可以考虑弃用这一端点了。如果端点提供的服务是开放给所有人的，并且提供了相关的文档，弃用这样的端点时需要慎重一些，你可能需要尽可能长久地支持它们。即便是收集的指标数据表明这些端点使用得比较少，甚至很长时间都没有人调用，也不能弃用这些端点。只要有公开的文档，就可能有某些用户准备使用它们。

至此，相信你已经了解了采用微服务方式能为 API 演进带来更高的灵活性。我们会在第12 章更深入地介绍兼容性相关的内容。

资源消耗

采用库的方式时，客户端代码会消耗更多的计算资源。Payment 服务处理的每一个请求，都需要由代码进行令牌验证。根据具体的情况，如果这部分代码的资源消耗比较大，你需要增加 CPU 或者内存资源。

如果验证逻辑由独立的服务提供的 API 进行处理，客户端就完全不用考虑扩展性以及这部分的资源消耗。处理会在某个微服务实例上执行。如果处理的请求过多，负责相应服务的团队有义务做对应的调整，适当增加该服务实例的数量。

需要注意的是，采用微服务方式的客户端代码会有额外的 HTTP 请求，因为每次验证都需要与微服务做一次应答。如果要封装在微服务 API 内的逻辑很简单，可能最后花费在 HTTP 调用上的开销就已经远超直接在客户端执行该逻辑的开销。如果这部分逻辑比较复杂，那么 HTTP 通信的开销与微服务计算的开销相比就可以忽略不计。决定是否要抽取某部分逻辑时，以上的利弊也是你应该考虑的。

性能

最后，你需要衡量执行额外的 HTTP 请求对性能的影响。用于授权的令牌通常都有对应的过期时间。因此，你可以将它们进行缓存，减少服务需要处理的请求数量。为了实现缓存功能，你需要在客户端代码中引入缓存库。

在实际项目中，这两种方式（库和外部微服务）都是常见的提供业务功能的途径。将某部分业务逻辑抽取到独立的微服务中，每个用户请求都需要执行额外的 HTTP 请求，这可能是要着重斟酌的不足。你需要衡量采用这样的设计会对你的服务的响应延迟以及对 SLA 产生什么样的影响。图 2.7 展示了一个这样的场景。

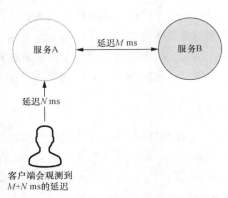

图 2.7　增加额外的延迟会影响你的服务

举个例子，如果根据你的 SLA 要求，99%的请求延迟需要小于 n ms，增加对其他服务的调用后，之前定义的 SLA 要求很可能无法满足。如果微服务 99%的请求延迟小于 n ms，而你希望通过并发、重试或者推测执行（speculative execution）提升服务的处理能力，这可能会让情况变糟，因为微服务处理后续 99%的请求时延迟可能超过 n ms。出现这种情况时，就无法满足你的 SLA 要求了。这时，你可能需要与相关干系人协调，增大 SLA 要求中延迟的范围。如果这不可行，你就需要花更多的时间研究如何降低后续 99%的请求的延迟，或者使用切换到抽取库的方式。

即便你没有严苛的延迟要求，也要特别留意微服务是否存在连锁故障，并为服务依赖的微服务出现临时无法访问的情况准备预案。连锁故障问题并不是微服务引入的新问题，它在任何有外部系统依赖的场景（譬如数据库、认证 API 等）中都可能发生。

如果业务流程需要新增一个外部请求，你需要考虑相应外部服务无法访问时应该如何处理。你可以按照指数退避（exponential backoff）的策略进行重试，给下游服务一定的恢复时间，避免用大量请求压垮服务。采用这一策略时，你可以每隔 x ms 探测一次下游服务的状态，如果下游服务已恢复，则可以逐步增加流量。使用指数退避策略时，你的重试操作应该以递减的频率进行。譬如，1 s 之后执行第一次重试，10 s 之后执行第二次重试，30 s 之后执行第三次重试，以此类推。如果使用指数退避策略一段时间（重试一定次数）后，服务依旧没有恢复，你需要使用熔断模式（circuit breaker）规避失效无限向后扩展。

你需要提供下游服务失效时的应急机制。举个例子，你有一个支付系统，如果支付服务失效了，你可能会决定确认支付，并在下游服务恢复之后再从账户中扣款。这种解决方案的实施需要万分慎重，它必须是一个经过缜密考量之后的业务决定。

可维护性

如你所见，决定创建独立的微服务时，我们要考虑大量的取舍。实际项目中，采用这种方式需要更多的计划、更大的维护开销。使用之前，最好将其与共享库的方式做充分的比较，列出各自的优缺点，通常共享库的方式更简单直接。如果需要共享的逻辑比较简单，没有大量的依赖，采用共享库的方式是比较推荐的做法。另外，如果共享的逻辑比较复杂，并且可以单独抽取出来作为一个独立的业务组件，你可以考虑创建一个新的微服务。后一种方式的工作量是比较大的，很可能要一个专门团队来支持。

2.3.2 关于独立微服务的总结

回顾采用微服务方式的各种取舍，我们可以知道，它有很多的缺点。你需要实现大量新的组件。即便你完美地实现了所有部分，依然无法避免通过不可靠的网络执行外部调用时会遭遇请求失败。选择到底采用共享库还是微服务方式进行集成时，你应该充分考虑其所有优缺点。

> **注意** 如果某个功能可以被抽取为独立的服务或者共享库，将其外包出去也更加容易。譬如，我们可以将认证逻辑的实现外包给外部供应商。不过，采用这种方式也有诸多的不足，包括高昂的开发费用、内外部团队不易协调、变更变得愈加困难等。

在 2.4 节中，我们会从底层分析代码重复，会看到松耦合的价值。

2.4　通过代码重复改善松耦合

本节我们会从代码层面分析代码重复的问题。具体而言，我们会以两种跟踪请求为例，分析它们对应的请求处理器该如何设计。

先做一个设定：我们的系统需要处理两种类型的请求。第一种请求是标准的跟踪请求，第二种是图跟踪请求。这两种请求可能来自不同的 API，使用不同的协议，甚至还有一些其他特征。基于以上原因，我们定义了两条代码路径，分别处理两种类型的请求。

我们从最直接的方案开始讨论，即使用两个独立的跟踪处理器：使用 GraphTrace-Handler 处理图跟踪请求，使用 TraceHandler 处理标准的跟踪请求。图 2.8 展示了它们的功能。

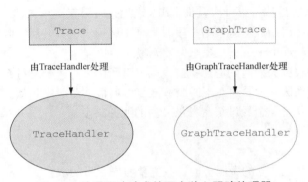

图 2.8　处理跟踪请求的两个独立跟踪处理器

这两个处理器的处理逻辑是相互隔离的，二者之间也不存在耦合。Trace 对象和 GraphTrace 对象功能类似，它们都可以在启用跟踪时携带信息，并且它们都处理实际数据。GraphTrace 对象携带的是 int 类型的信息，而 Trace 对象携带的是 String 类型的信息，如代码清单 2.6 所示。

代码清单 2.6　没有耦合的 **Trace** 类和 **GraphTrace** 类

```
public class Trace {                              设置 Trace 的
  private final boolean isTraceEnabled;           数据类型
  private final String data;

  public Trace(boolean isTraceEnabled, String data) {
    this.isTraceEnabled = isTraceEnabled;
    this.data = data;
  }
  public boolean isTraceEnabled() {
    return isTraceEnabled;
  }
```

```
  public String getData() {
    return data;
  }
}

public class GraphTrace {
  private final boolean isTraceEnabled;
  private final int data;

  public GraphTrace(boolean isTraceEnabled, int data) {
    this.isTraceEnabled = isTraceEnabled;
    this.data = data;
  }
  public boolean isTraceEnabled() {
    return isTraceEnabled;
  }

  public int getData() {
    return data;
  }
}
```

注意 GraphTrace 和 Trace
的数据类型是不同的

乍一看，这两个类很像，不过二者之间并没有任何共享的结构。它们是完全不耦合的。

现在，我们来看看处理跟踪请求的处理器。首先是 TraceRequest Handler 处理器。该处理器的功能是缓存传入的请求。图 2.9 展示了 TraceRequestHandler 的工作流程。

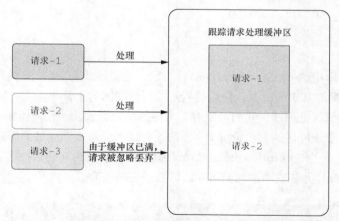

图 2.9　**TraceRequestHandler** 缓存接收的工作流程

如你所见，只要缓冲区中还有空间，TraceRequestHandler 就会持续地缓冲传入的请求。缓冲区满时，新的请求会被忽略丢弃（见图 2.9 中的请求-3）。

传递给该处理器构造函数的参数 bufferSize 表示缓冲区的大小，决定 TraceRequest-Handler 可以处理的元素个数。请求被缓冲在列表数据结构中。缓冲区满时，processed 标志位会被置为 true。代码清单 2.7 展示了该处理器是如何解耦的。

```
public class TraceRequestHandler {
  private final int bufferSize;
  private boolean processed = false;
  List<String> buffer = new ArrayList<>();

  public TraceRequestHandler(int bufferSize) {
    this.bufferSize = bufferSize;
  }
  public void processRequest(Trace trace) {
    if (!processed && !trace.isTraceEnabled()) {
      return;
    }
    if (buffer.size() < bufferSize) {              如果底层缓存的大小小于设定的 bufferSize
      buffer.add(createPayload(trace));            的值，就继续向缓存中添加新的元素
    }

    if (buffer.size() == bufferSize) {             如果缓存容量已满，则将
      processed = true;                            processed 标志设置为 true
    }
  }

  private String createPayload(Trace trace) {
    return trace.getData() + "-content";
  }

  public boolean isProcessed() {
    return processed;
  }
}
```

　　请留意代码清单中的 createPayload() 方法。它是唯一与 Trace 类有关的方法，负责接收 Trace 请求，提取其中的数据，构造最后附加到缓冲区的字符串。

　　为了更好地理解该处理器，我们可以看看对应的单元测试。该处理器的单元测试会处理 5 个请求。不过，由于缓冲区的大小设置为 4，第 5 个请求无法成功添加到缓冲区。在代码清单 2.8 中，我们创建了一个 TraceRequestHandler，使用容量为 4 的缓冲区来实现该策略。最后一个请求（值为 e）无法成功添加到缓冲区，会被忽略丢弃。

```
@Test
public void shouldBufferTraceRequest() {
    // 给定
    TraceRequestHandler traceRequestHandler = new TraceRequestHandler(4);

    // 何时
    traceRequestHandler.processRequest(new Trace(true, "a"));
    traceRequestHandler.processRequest(new Trace(true, "b"));
    traceRequestHandler.processRequest(new Trace(true, "c"));
```

```
traceRequestHandler.processRequest(new Trace(true, "d"));
traceRequestHandler.processRequest(new Trace(true, "e"));

// 然后
assertThat(traceRequestHandler.buffer)
    .containsOnly("a-content", "b-content",
"c-content", "d-content");
assertThat(traceRequestHandler.isProcessed()).isTrue();
}
```

最终在缓冲区里没有标识
为 e-content 的元素

处理完成后, isProcessed()
函数应该返回 true

如你所见，缓冲区内只有 4 条记录。为了理解为什么要创建两个有重复功能的处理器，我们需要对 GraphTraceRequestHandler 的代码进行分析。实际上，图跟踪处理器与标准跟踪处理器之间仅有的差异是 createPayload() 方法，如代码清单 2.9 所示。graphTrace 提取数据并在数据末尾添加名为 nodeId 的后缀。

代码清单 2.9　构造待 GraphTraceRequestHandler 处理的载荷

```
private String createPayload(GraphTrace graphTrace) {
    return graphTrace.getData() + "-nodeId";
}
```

接下来两个组件的处理部分的代码逻辑几乎是一样的。至此，我们对跟踪的请求和处理都有了比较全面的了解，两个组件的实现方法非常类似。它们的耦合度很低，相互独立，不过 TraceRequestHandler 的 processRequest() 方法比较复杂，如果我们的代码试图在两个地方分别实现这段逻辑比较容易出错，也较难维护。

对这段代码我们已经知道了足够多的细节，从目前的情况看，比较理想的一个优化方案是将这部分通用的逻辑抽取出来，作为一个公共父类，两个组件的处理器都通过继承实现其中最复杂的逻辑。2.5 节中，我们会围绕这部分的重构进行分析。

2.5　利用继承减少 API 设计中的重复

本节我们会介绍如何利用继承减少代码重复和冗余。我们分享的请求处理器中的代码逻辑最复杂的方法是 processRequest()。如果你回顾代码清单 2.7 中该方法的定义，会注意到该方法使用了 isTraceEnabled() 函数来检查跟踪请求是否需要缓存。由于 Trace 和 GraphTrace 结构类似，我们可以抽取其中通用的部分到一个新的 TraceRequest 类中，如代码清单 2.10 所示。

代码清单 2.10　创建父类 TraceRequest

```
public abstract class TraceRequest {
  private final boolean isTraceEnabled;
```

GraphTrace 和 Trace 类共享
isTraceEnabled()方法

```
public TraceRequest(boolean isTraceEnabled) {
    this.isTraceEnabled = isTraceEnabled;
}

public boolean isTraceEnabled() {
    return isTraceEnabled;
}
}
```

使用新的结构后，两类请求都可以通过继承新的抽象方法 TraceRequest()，提供满足各自需求的数据。代码清单 2.11 展示了如何通过继承 TraceRequest 类实现 GraphTrace 和 Trace 的功能。

代码清单 2.11 继承 **TraceRequest** 类

```
public class GraphTrace extends TraceRequest {          ⟵  GraphTrace 继承了
    private final int data;                                    TraceRequest 类

    public GraphTrace(boolean isTraceEnabled, int data) {
        super(isTraceEnabled);              ⟵  isTraceEnabled 被作为参数
        this.data = data;                       传递给父类的构造函数
    }

    public int getData() {          ⟵  GraphTrace 中的 getData()
        return data;                    方法的返回值为 int 类型
    }
}
public class Trace extends TraceRequest {          ⟵  Trace 类也继承了
    private final String data;                         TraceRequest 类

    public Trace(boolean isTraceEnabled, String data) {
        super(isTraceEnabled);
        this.data = data;
    }

    public String getData() {          ⟵  Trace 类中的 getData()的返回值类型为 String 类型，
        return data;                       与 GraphTrace 中的 getData()返回值类型不同
    }
}
```

图 2.10 中展示了抽取出通用部分后，Trace 和 GraphTrace 类各自的层次结构是怎样的。

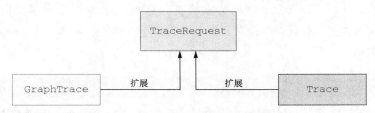

图 2.10 **GraphTrace** 和 **Trace** 可以扩展为新的 **TraceRequest** 类，减少了代码重复

由于重构，我们可以在新的处理器基类中使用 `GraphTrace` 以及由该类衍生出来的类。
2.5.1 小节我们将展开介绍这部分内容。

2.5.1 抽取出一个请求处理器作为基类

我们的重构目标是在处理器中消除代码重复。基于此，我们抽取出一个能操作
`TraceRequest` 类的新类 `BaseTraceRequestHandler`。而与具体请求类型密切相关的
`createPayload()` 方法将保留在子类中，负责具体行为的实现。图 2.11 展示了新的设计。

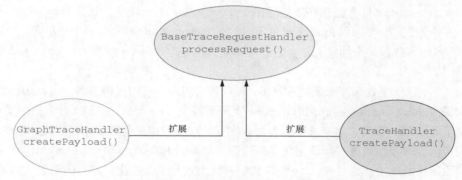

图 2.11 抽取出父类 **BaseTraceRequestHandler**

我们需要对新类 `BaseTraceRequestHandler` 进行参数化，以便其能操作任何继承了
`TraceRequest` 的类。我们看看代码清单 2.12 中修改版的 `BaseTraceRequestHandler`。
它能处理调用了或者继承了 `TraceRequest` 的所有类。`<T extends TraceRequest>`是使
用 Java 语言实现这种不变性的一种技巧。

代码清单 2.12　创建父类 **BaseTraceRequestHandler**

```
public abstract class BaseTraceRequestHandler<T extends TraceRequest> {
  private final int bufferSize;
  private boolean processed = false;
  List<String> buffer = new ArrayList<>();

  public BaseTraceRequestHandler(int bufferSize) {
    this.bufferSize = bufferSize;
  }

  public void processRequest(T trace) {              ← processRequest()接收任何
    if (!processed && !trace.isTraceEnabled()) {        TraceRequest 类型的参数
      return;                                        ← 由于这是个 TraceRequest 类的实
    }                                                   例，它也提供了 isTraceEnabled()
                                                        方法
    if (buffer.size() < bufferSize) {
```

```
      buffer.add(createPayload(trace));    ←┐    主流程的处理逻辑与重复
    }                                      └    代码的实现保持一致

    if (buffer.size() == bufferSize) {
      processed = true;
    }
  }
                                           ┌    在子类中创建
  protected abstract String createPayload(T trace);  ←┘    有效负载
  public boolean isProcessed() {
    return processed;
  }
}
```

processRequest()方法现在能处理任意 TraceRequest 类了。由于 TraceRequest 类定义了该方法，isTraceEnabled() 可以在 processRequest() 中访问。注意，createPayload()是一个抽象方法。它的具体实现由处理 Trace 或者 GraphTrace 请求的子类提供。

重构之后，这两个处理器都能继承基类，各自只需实现自己的代码逻辑。TraceRequest-Handler 和 GraphTraceRequestHandler 类只要提供 createPayload()方法的实现。父类中定义了 bufferSize，该变量会作为参数在主处理流程中使用，用来指定缓冲区的大小。子类的构造函数需要使用该参数调用父类的构造函数。新的 TraceRequestHandler 类继承了我们抽取出来的基类。通过 Trace 类，我们对该类进行了参数化，如代码清单 2.13 所示。

代码清单 2.13   采用了继承的 GraphTraceRequestHandler 类和 TraceRequestHandler 类

```
public class TraceRequestHandler extends BaseTraceRequestHandler<Trace> {

  public TraceRequestHandler(int bufferSize) {
    super(bufferSize);
  }

  @Override
  public String createPayload(Trace trace) {
    return trace.getData() + "-content";
  }
}

public class GraphTraceRequestHandler extends BaseTraceRequestHandler<GraphTrace
> {

  public GraphTraceRequestHandler(int bufferSize) {
    super(bufferSize);
  }
                                                  ┌  提供处理 GraphTrace
  @Override                                       │  的算法
  public String createPayload(GraphTrace graphTrace) {  ←┘
    return graphTrace.getData() + "-nodeId";
  }
}
```

通过继承，我们能极大地简化处理器的逻辑。利用 DRY 原则，我们消除了重复的代码。新的代码可维护性更好，不过也带来了更紧的耦合。一番辛苦的工作之后，我们好像并没有做任何设计的取舍。不过，如果有新的业务需求，我们的观点可能会有一定程度的变化。这部分内容我们会在 2.5.2 小节介绍。

2.5.2　继承与紧耦合的取舍

现在，我们的代码已经使用了继承，处理器只负责提供 createPayload() 方法。假设有了一个新的业务需求：我们要对 GraphTraceRequestHandler 做变更，让它可以不受bufferSize 的限制（注意，生产系统中不建议使用没有限制的缓冲区，出于简化问题的原因，我们使用了这样的例子）。这意味着处理器不再需要使用参数设置 bufferSize。

如你所见，processRequest() 的逻辑现在成为父类的部分，由所有的子类所共享。新的业务需求意味着处理请求的方法可以简化，如代码清单 2.14 所示。

代码清单 2.14　简化的 processRequest() 方法

```
public void processRequest(T trace) {
  if (!processed && !trace.isTraceEnabled()) {
    return;
  }

  buffer.add(createPayload(trace));    ← 不再对缓冲区内可跟
}                                         踪的请求数量做限制
```

这里有一个问题，processRequest() 方法只用于图跟踪处理器，可以进行简化，而标准跟踪处理器依旧需要对缓冲区进行限制。因此，减少代码重复会引入设计上的紧耦合问题。也因此，我们很难保证修改 processRequest() 方法在满足某个子类需求的同时，不影响其他的子类。缺乏灵活性就是我们做这一选择所付出的代价，它极大地限制了我们的设计。

解决这一问题的一种方案是利用 instanceof 创建一个处理请求的特殊场景，如果跟踪类是 GraphTrace 就不进行缓冲。代码清单 2.15 展示了这一方案。

代码清单 2.15　采用 **instanceof** 的替代方案

```
if(trace instanceof GraphTrace){
  buffer.add(createPayload(trace));
}
```

这样的解决方案是脆弱的，并且违背了引入继承的初衷。它导致了父类与子类间的紧耦合。这样，父类需要知道它需要处理的所有请求的类型，不再只操作通用 TraceRequest 类。现在，它要了解 GraphTrace 类的具体实现。图形处理程序的具体逻辑沿用到了通用处理程序里。因此，对 GraphTrace 请求的处理也不再封装在这部分专门负责处理请求的代码里。

为了缓解这个问题，我们再次转向使用重复代码的解决方案。然而，在实际项目中，这样的决策是有问题的，因为实际项目中的组件重构要复杂得多，涉及的工作量也很大。

睿智的读者可能会说，要解决我们这个简单的例子所面临的挑战，在 GraphTraceRequest-Handler 的构造函数中传入 Integer.MAX_INT 作为 bufferSize 即可。理论上，这一方案以修改少量代码的代价，达到了实现无限缓冲区的业务目标。然而，在现实世界中，你遇到的业务需求变化可能会更加复杂。不消除继承，减少耦合，可能就无法解决这些问题。

之所以选择继承作为这里的解决方案，是因为最初的代码工作于这样的上下文。如果你希望由调用方实现具体的处理程序，让调用方提供部分实现（譬如 BaseTraceRequest-Handler）。这就是著名的策略模式。这种情况下，选择使用继承可能会更容易。此时，父类提供了主要的逻辑和处理框架，客户端负责实现缺失的部分。

你也可以尝试其他的解决方案来减少代码重复，譬如组合模式这样的设计模式，只要它符合你的业务需要。然而，任何解决方案都有其优缺点，你需要充分评估各种取舍，你需要决定是否为了代码的灵活性而维护重复的代码，并且这些重复的代码还在朝各个方向演进。另一个你可以考虑的方案是利用独立构件块进行组合，而不是用继承将行为的多个方面绑定在一起。

2.5.3　继承与组合的取舍

如果每个子类都有定义完整、具体且相互独立的需求，策略模式是一种很合适的方案，譬如我们的例子。但是，如果需求增加了，你可能会考虑使用组合模式，而不再是继承。这时，你需要将需求划分到不同的职责中。我们现在的系统已经将数据转换为最终的载荷形式并进行了缓冲。

目前，我们使用的缓冲还比较简单，只基于添加到缓冲区内的元素个数进行。如果我们希望增加新的缓冲策略，譬如无限缓冲、无缓冲，可根据缓冲区中的元素数量定义缓冲区，或者结合每个元素的大小计算缓冲区大小。如果使用继承方式，我们可以创建一个 tryAddEntry() 方法，该方法可以是一个抽象方法，或者在 BaseTraceHandler 中提供一个默认实现。这种方案还是推荐的最佳实践吗？

将转换与缓冲的职责划分到不同的抽象中（也可能复用现有的函数接口）使得处理程序的代码可以更加简洁，它仅需以恰当的方式将各种抽象连接组合到一起。这带来了更高的灵活性，譬如，可以按照任意方式对缓冲区和数据转换进行搭配和组合。但这伴随着额外的开销，抽象的数量增加让阅读代码的人理解代码的难度增大了。图 2.12 同时展示了这两种方式。

如果处理方法自身的抽象足够好，与其他的代码之间没有耦合，譬如在依赖注入阶段进行配置，而直接使用，你可以无缝地从基于继承的方式切换到基于组合的方式（或者反之亦然），并且这种切换对代码库其他部分不会造成任何影响。以上关于如何避免代码重复的讨论都是以存在真正的重复为前提的。但事实并非总是如此，即便很多时候第一眼看起来似乎是重复的。

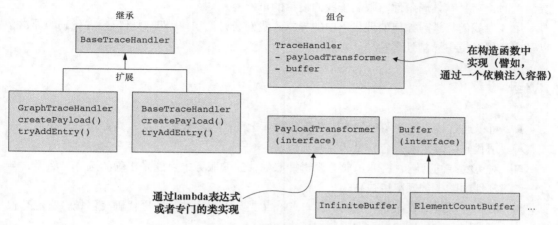

图 2.12　分别利用继承和组合方式实现 **TraceHandler**

2.5.4　一贯性的重复与偶然性的重复

在现实世界里，软件工程师很容易过度使用模式匹配。一个典型的例子是创建一个共享的抽象，接着在多个地方调整代码来适配这个抽象。实际上，即便两件事情看起来一样，也不一定意味着它们试图达到同样的业务目标，它们演进的方向可能是不同的。这就是偶然性的重复，它不是你所处理的代码中固有的东西。

通常情况下，如果两个概念相同，将它们合而为一更容易；如果二者是不同的，将它们分开更容易。一旦你引入了抽象并在多个地方使用，组件间的耦合度可能就比较高。这意味着将共享的代码拆分到单独的类的挑战很大。

有时候，看起来重复的东西其实是两件不同的事情，只是在当前的需求中被以相同的方式进行处理，但未来可能发生变化，不应该被视为等同。然而，在系统设计之初，我们可能很难区分这两种情况。

有时，试图以一个抽象适配所有可能的使用场景，可能并不是最佳方案。我们可以创建独立的组件来实现系统，让这些组件独立运行一段时间（即便这会导致一些代码重复）。之后，我们可能会观察到这些组件间的一些共有的模式，再开始抽象。这时通过创建抽象消除重复可能是更恰当的时机，而不是一开始就创建抽象。

本章中，我们分析了减少代码重复的解决方案。首先，我们从两个代码库共享的代码入手，将其抽取到一个单独的库中，分析了库的生命周期中需要面对的各种权衡和问题。接着，我们讨论了共享通用代码的一种新思路，即将这些通用代码抽取出来，通过专门的服务以黑盒的方式提供 API 访问。独立的微服务解决了采用库方式的一些问题，但又引入了其他的权衡和问题。本章浓墨重彩地讨论了如何对两个没有任何耦合的处理程序组件进行抽象。我们使用继承创建了一个解决方案，可以用更少的代码解决问题。继承虽然能解决一些问题，然而，当我们需要灵活性时，它又有其局限性，限制了我们设计的可能性。

　　第 3 章我们将学习如何处理代码中的异常。我们会讨论如何处理源自第三方代码的异常，以及多线程环境中异常处理的最佳实践。

小结

- 可以通过拉取一个单独的库来实现代码库之间的通用代码共享。其弊端是，通过库重用代码会带来紧耦合、灵活性差等问题。
- 对更复杂的问题，将通用业务逻辑抽取到独立的服务中可能是正确的选择，然而，与之伴随的维护成本也很高。
- 继承可以帮助我们消除代码重复，并在父类与子类间共享通用代码。但是，它也有很多局限，对代码的灵活性限制比较大。
- 有些时候，保留重复的代码是有价值的，这样能提供更高的灵活性，还能减少团队之间的协调工作。

第 3 章 异常及其他——代码错误的处理模式

本章内容

- 异常处理的推荐模式
- 如何处理源自第三方库的异常
- 多线程及异步代码中如何处理异常
- 函数式编程及面向对象编程中的异常处理

代码中出现错误或者异常在所难免，即便你执行的只是像两数相加这样简单的逻辑。乍一看，这种代码不可能出现错误或异常，然而，你还需要考虑程序执行的上下文。譬如，运行程序的机器没有足够的内存执行任何操作，就可能出现内存溢出错误。如果你的代码在另一个独立线程中执行，该线程收到了一个中断信号，可能出现一个多线程环境下的中断异常。现实世界中可能引发异常的潜在问题数不胜数。

大多数时候，我们的代码都不简单，可能发生各种各样的错误。创建代码时，我们应该先考虑失败时该如何处理。我们的代码应该具有容错性，这意味着遇到失败时程序应该尽可能地从故障中恢复。你需要设计处理函数来处理异常，并以显式的方式注册这些处理函数。然而，如果我们显式地抛出每一个可能发生的错误，我们的代码将变得难以阅读和维护。

这并不是说代码中的每个错误模式都需要恢复。根据 Erlang 生态系统首次提出的"让它崩溃"（let-it-crash）策略，我们最好不要试图从关键故障中恢复。采用这种策略时，管理程序会对进程进行监控，如果进程由于某些不可恢复错误（譬如内存不足）而崩溃，管理程序应该重启该进程。这种理念不要求程序员进行防御性编程，也不要求他们防范每一种可能的异常行为。这是一种另辟蹊径的方法，与 Java 生态主流的异常处理方法不太一样。不过，一些与 Java 相关的技术也采用了这种方法，譬如 Akka。

基于 Java 的标准应用如果采用"让它崩溃"的策略，将会问题重重，因为用户请求的处理并未分离到单独的进程中。典型的 Java 应用程序一般会包含 n 个处理线程，每个线程都会处理一部分用户请求。由于我们都工作于同一个应用进程，如果处理某个用户的请求导致整个应用崩溃，其他用户也会受到影响。

Erlang、Akka 等语言引入了 Actor 模型来解决这一问题。在 Actor 模型中，处理的粒度更细。通常情况下，使用 Actor 模型的应用可能包含数百个（甚至更多）Actor，每个 Actor 仅负责处理一小部分用户请求流量。如果某一个 Actor 发生了崩溃，其他的 Actor 不会受到影响。这种方法有一定的适配使用场景，不过它很大程度上受制于应用的结构以及它的线程模型。

我们会分析这两种方法的利弊，并讨论何时使用它们。明确了它们的最佳适配模式后，我们会接着讨论更复杂的问题——多线程环境中的异步代码处理问题。

设计一个新的 API 时，我们应该尽可能地让它保持健壮，显式地提供详细的信息。不过，依然会有一些错误，它们一旦发生，我们也无能为力。这些错误应该继续以隐式的方式存在，我们不需要将它们包含在我们的 API 约定中。不幸的是，有些 API 或者第三方库也会隐藏错误。我们接下来也会探讨如何处理这种问题。

最后，我们会比较以面向对象的方式抛出异常与函数式编程中使用 Try 来解决问题这两种方式的优缺点。我们的代码会发送异常，也会处理异常，让我们通过理解异常的层次结构开启异常学习之旅。

3.1　异常的层次结构

接下来我们会深入讨论更复杂的话题，譬如设计 API 的异常处理模式，不过在此之前，我想简单聊聊异常的层次结构，这些都是代码中常见的。图 3.1 展示了 Java 的异常层次结构。

Java 语言中，每个异常都是对象，它通过继承于 Object 对象的一种特殊 Throwable 类型提供错误相关的信息。它以消息的形式封装了导致问题的原因。更重要的是，异常还包含调用堆栈的信息。调用堆栈是一个元素数组，每个元素标识了导致异常的某个类中的某一行代码。这些信息对诊断问题极其重要。调用堆栈可以帮助你回溯发生问题时的那一行代码，这样你就可以进行调试了。两个类继承了 Throwable，分别是 Error 和 Exception。如果你的应用抛出了一个 Error，这表明发生了一个严重的问题，大多数时候，你不应该试图去捕获它，或是对它进行任何处理。譬如，它可能是一个虚拟机错误，表明环境中出现了严重的问题。

本章不会在 Java 的异常处理上花费太多笔墨，因为我们对此可以发挥的空间有限，做不了太多的事情。不过，我们会讨论各种异常处理策略。另外，也请读者注意，本章接下来的内容中会交替使用错误和异常，它们在本章都指代同一概念。

在图 3.1 的左边部分，我们可以看到异常在 Java 的异常层次结构中的位置。我们应该使用这些异常标记代码中的问题。更重要的是，如果有办法优雅地恢复，我们应该提供处理方法。

实际上，如果方法声明了一个已检测异常（checked exception），编译器会要求调用方对这些异常进行处理（处理方式既可以是捕获该异常，又可以是再次抛出该异常）。这意味着如果你不处理它们，你的代码就不能通过编译。举个例子，如果你加载文件时发生了 IOException，合理的处理方式可能是恢复并继续尝试从文件系统的另一个位置加载。后续我们会显式地使用这些异常设计一个错误处理 API。

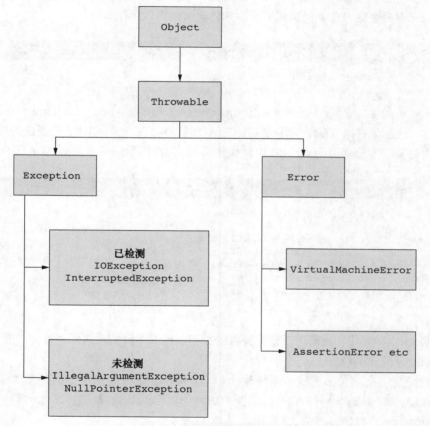

图 3.1　Java 的异常层次结构

　　另外，我们不需要对未检测异常（unchecked exception）进行处理。如果你的代码不对这类异常进行处理，它们会直接传递到主应用的线程并停止该应用的执行。通常，未检测异常用于指示无法恢复的错误使用，这种情况下让程序直接失败，而不是试图从这种错误中恢复是更合理的策略。譬如，你将一个负数值作为参数传递给了一个只接收正数值的方法，这时程序会抛出一个未检测异常，因为尝试恢复是没有意义的。调用方也可能在函数式接口（lambda）中使用未检测异常来简化其使用。这是错误处理代码逻辑的隐含部分。已检测异常或未检测异常的概念在别的程序设计语言中也存在，不过大多数语言只会选择这两种策略中的一种。譬如，在 Scala 或 C#这类程序设计语言中，所有的异常都被当成未检测异常对待，因此，你不再需要捕获它们。不过，你需要特别小心，不要将异常传递到主应用的线程，否则，应用就会停止执行。

捕获所有异常 vs 更细粒度的错误处理方案

接下来我们想从经验的角度看看如何理解异常及其层次结构。我们假设了一个场景，你有一个方法，它声明会抛出两个已检测异常，如代码清单 3.1 所示。

代码清单 3.1   抛出已检测异常的方法

```
public void methodThatThrowsCheckedException()
    throws FileAlreadyExistsException, InterruptedException
```

这段代码中的 FileAlreadyExistsException 和 InterruptedException 都属于已检测异常。这意味着该方法的调用方需要在编译时就对它们进行处理。处理这类异常的第一种方式是为每种类型分别声明 catch 块，如代码清单 3.2 所示。

代码清单 3.2   已检测异常的处理

```
public void shouldCatchAtNormalGranularity() {
  try {
    methodThatThrowsCheckedException();          ◁─── 捕获 FileAlreadyExistsException
  } catch (FileAlreadyExistsException e) {             异常
    logger.error("File already exists: ", e);
  } catch (InterruptedException e) {           ◁─── 捕获与前述异常
    logger.error("Interrupted", e);                  无关的其他异常
  }
}
```

通过两个 catch 块，我们可以依据异常的类型，提供不同的异常处理行为。通常情况下，这就是异常处理的正确粒度。

考虑到异常层次结构，我们可以修改 catch 块，让它捕获更宽泛的异常类型。譬如，FileAlreadyExistsException 继承自 IOException，因此第一个 catch 块可以直接捕获 IOException，如代码清单 3.3 所示。

代码清单 3.3   使用更宽泛的异常类型处理已检测异常

```
public void shouldCatchAtHigherGranularity() {
  try {
    methodThatThrowsCheckedException();
  } catch (IOException e) {              ◁─── FileAlreadyExistsException 继承了 IOException，
    logger.error("Some IO problem: ", e);      因此可以使用 IOException 来处理
  } catch (InterruptedException e) {
    logger.error("Interrupted", e);
  }
}
```

这段代码有一个问题：我们将无法得知应用抛出的是 `FileAlreadyExistsException` 异常。然而，这些信息在运行时、编译时都是存在的，只不过我们最终得到的只有 `IOException`。

我们可以进一步泛化异常的类型，替换成 `Exception` 或者 `Throwable` 类型。不过如此一来，我们很有可能捕获一些意想不到的异常，而这些异常都是我们最初没有期望要捕获的。我们甚至会捕获到一些与我们的业务逻辑完全不相干的严重异常，而这些异常在正常情况下应该抛出给更上层的组件进行处理。

如果被调函数抛出了多个异常，且这些异常都继承自 `IOException`，我们应该考虑创建一个公共的 `catch` 块，而不是创建一堆细粒度的 `catch` 块。如果我们不需要为每种类型的异常都创建对应的错误处理逻辑，采用这种方法是非常合理的。

如果我们不关注异常类型，而是期望捕获所有异常，这也是可能的，我们可以声明一个试图捕获所有异常的 `catch` 块。每一个异常，无论它是已检测异常还是未检测异常，都继承自 `Exception` 类，因此我们可以通过这种方式捕获被调方法的所有错误。代码清单 3.4 展示了如何进行该操作。

代码清单 3.4　捕获所有异常

```
public void shouldCatchAtCatchAll() {
  try {
    methodThatThrowsCheckedException();
  } catch (Exception e) {          ←──── 捕获所有异常，无论它们属于
    logger.error("Problem ", e);           已检测异常还是未检测异常
  }
}
```

这种方法看起来比较容易，因为不需要书写太多的代码，不过我们也因此丢失了大量有价值的信息。此外，这样做的话，你会捕获所有的异常，甚至包含那些由被调函数引发而并未声明为已检测异常的异常。这并不是我们期望的行为。我们很可能因此捕获了一个调用堆栈内应该被抛出到更高层次处理的异常。

我们希望在减少冗余的同时保持期望的异常信息，这时可以使用带有多个 `catch` 的块。代码清单 3.5 中，我们在 `catch` 的签名中同时声明了 `IOException` 和 `InterruptedException`。

代码清单 3.5　利用带有多个 **catch** 的块处理已检测异常

```
public void shouldCatchUsingMultiCatch() {
  try {
    methodThatThrowsCheckedException();
  } catch (IOException | InterruptedException e) {
    logger.error("Problem ", e);
  }
}
```

让我们考虑另一个类似的方法，以此来对异常处理的介绍做一个总结。这个方法声明了两个已检测异常，不过抛出的是一个未检测异常。未检测异常假设是 RuntimeException，因此不需要在方法签名中显式地声明，如代码清单 3.6 所示。

代码清单 3.6　抛出一个未检测异常

```
public void methodThatThrowsUncheckedException()
    throws FileAlreadyExistsException, InterruptedException {
    throw new RuntimeException("Unchecked exception!");
}
```

在代码清单 3.4 中，这个异常会被程序捕获，即便我们并不期望发生这样的行为。如果我们具象化 catch 块应该捕获的异常，明确指定它只捕获某些已检测异常，RuntimeException 就不会被捕获，而是会被进一步抛出。代码清单 3.7 展示了如何解决这一问题。

代码清单 3.7　调用一个会抛出未检测异常的方法

```
public void shouldCatchAtNormalGranularityRuntimeWillBeNotCatch()
    assertThatThrownBy(
            () -> {
            try {
            methodThatThrowsUncheckedException();       ◄——  抛出一个未
            } catch (FileAlreadyExistsException e) {          检测异常
            logger.error("File already exists: ", e);
            } catch (InterruptedException e) {
            logger.error("Interrupted", e);
            }
            })
        .isInstanceOf(RuntimeException.class);    ◄——  没有被捕获，最终抛出的异常
}                                                      是 RuntimeException
```

请注意，catch 块只捕获在 methodThatThrowsUncheckedException() 签名中声明了的异常。其中不包含 Exception，因此，未检测异常不会被处理。

接下来的 3.2 节，我们会一起讨论异常以及 Java 语言中对应的异常类型。接着，我们会讨论怎样为 API 设计异常处理策略。

3.2　代码异常处理的最佳模式

设计软件的 API 时，你需要考虑，这些 API 很可能会提供给其他人使用。如果你在一个团队中工作，一般只会负责实现整个系统的一部分逻辑，其他部分的实现会由别的团队成员负责。你的代码与其他组件的整合点就是接口，它应该清晰地表明这个 API 的意图。事实上，这件事非常重要，无论是你开发的组件只提供给特定人员使用，还是说你正在开发的是一个会给更多人使用的开源库。如果你正在设计一个 API，应该考虑显式地传达可能出现的异常，让调用

方有机会判断如何处理这些可能的异常。但是，如果涉及的组件或者方法属于内部逻辑，不会暴露给外部使用，这种情况下，你不需要说明代码可能发生的每一个问题。

3.2.1　公共 API 的已检测异常处理

假设我们正在开发一个组件，该组件会提供一个公共 API 给别的团队成员使用。对已检测异常，我们应该清晰明了地传达我们的意图，通过注释说明该公共 API 可能抛出的已检测异常。譬如，你预期你的公共方法可能发生输入输出（input/output，I/O）错误，就应该在方法的 API 签名上声明该异常。

有的语言（譬如 Scala）倾向于将所有的异常都作为未检测异常处理，允许方法不对异常进行声明。如果你在使用这样的语言设计 API，要知道这些 API 会比较容易出错，因为使用这些 API 的用户无法在编译时获得可能出错的反馈，问题被延迟到了运行时才发生，这意味着你的软件可能在生产环境中出现意外的失败。这种情况在 API 需要显式声明异常时是不太会发生的，因为 API 的使用者在编译时就必须决定异常处理策略。

经常会有这样的争论：为你的 API 声明多个（2 个、3 个，甚至更多）可能抛出的异常是不是过于烦琐，会使得采用该 API 的客户端代码难于编写。假设我们准备提供一个这样的方法，如代码清单 3.8 所示。

代码清单 3.8　一个声明多个异常的 API 方法

```
void check() throws IOException, InterruptedException;
```

该 API 的使用方调用这个方法时，需要显式地决定如何处理它——每次调用该方法时，都需要考虑这一问题。如果这对调用方而言是个问题，他们可以采用我们在 3.1 节介绍的方法，捕获所有的异常，将这些异常作为未检测异常抛出。代码清单 3.9 展示了如何进行该操作。

代码清单 3.9　传播一个未检测异常

```
public void wrapIntoUnchecked() {
    try {
        check();
    } catch (RuntimeException e) {
        throw e;                              ← 捕获所有源自公共 API
    } catch (Exception e) {                      方法调用的异常
        throw new RuntimeException(e);  ← 将这些异常封装
    }                                               成未检测异常
}
```

注意，在代码清单 3.9 中，我们捕获了 Exception 之前的 RuntimeException，以避免重复地将之前的 RuntimeException 封装成另一个 RuntimeException。此外，将下面的 Exception 封装成新的未检测异常也很重要。通过这种机制，调用方就能获取底层异常原因的所有信息。这样一来，代码中其他的方法可以利用这个封装方法。

我并不建议面对所有的问题时都让 API 隐藏实际发生的异常，直接将未检测异常抛出。这会隐藏预期的异常，降低 API 的容错性。然而，通过这个例子，我们可以看到反对 API 声明多个异常的理由似乎不那么客观。我们可以很容易地将已检测异常转换为未检测异常。

如果我们的客户不希望显式地进行异常处理，他们需要意识到其中的风险，谨慎地做出决策：是否要忽略那些异常，直接将它们抛给上层的调用方处理。大多数时候，这种决策都是有风险的。截至目前，我们已经看到在公共 API 的方法签名中声明可以处理的已检测异常有以下重要优势。

- 这样的 API 会显式地声明其合约。调用方不需要阅读方法的代码实现就能了解该调用的结果。
- 调用方不会因任何未检测异常而手忙脚乱。当我们很清楚地知道执行 API 调用可能发生哪些异常时，编写异常处理代码相对而言是比较容易的。

3.2.2　公共 API 的未检测异常处理

我们经常需要对 API 中调用方提供的参数以及对象状态进行验证。如果对象状态无效，我们往往需要抛出一个未检测异常。你已经知道，我们不需要在方法签名中声明未检测异常，也不需要在调用方的代码中添加额外的处理逻辑。

根据异常处理规范，为每一个方法添加未检测异常声明会降低程序的可读性。不过，某些情况下为方法添加未检测异常声明却是可行的方案。假设这样一个场景，我们的 API 需要提供一个方法进行服务搭建，如代码清单 3.10 所示。

代码清单 3.10　在 API 中抛出一个未检测异常

```
boolean running;

public void setupService(int numberOfThreads)
    throws IllegalStateException,                     ← 声明方法可能抛出
            IllegalArgumentException {                   未检测异常
  if (numberOfThreads < 0) {
    throw new IllegalArgumentException(
      "Number of threads cannot be lower than 0.
      ");                ← 如果参数错误，函数抛出
  }                        IllegalArgumentException 异常

  if (running) {
    throw new IllegalStateException(
      "The service is already running."
      );              ← 如果程序已经运行，函数抛出
  }                      IllegalStateException 异常
}
```

这个方法签名中声明的异常主要是提供信息。该方法的调用方不需要捕获这些异常，不过

与其他 API 交互时，了解这些异常是有益的。

如果我们的代码中的一些方法会被其他组件所使用，我们应该有清晰的文档以描述方法调用的前置条件及预期的行为。非常遗憾的是，程序员不一定会阅读该文档，并且文档可能随着时间的推移而失效过时。方法签名中声明的未检测异常在一定程度上可以实现文档的效果，甚至可能更好，因为程序员使用我们的 API 时很可能会阅读它们。

声明太多异常确实会让代码过于冗长且不清晰。然而，在现实生活中，软件组件只会将方法的一个子集声明为公共 API。为实现公共 API 的功能而创建的其他方法可以使用私有访问修饰符，从而进行隐藏。这类方法不需要这么冗长。我们可以从它们的方法签名中删除未检测异常，并且不会丢失太多的信息。

如果要对某个组件的私有方法进行修改，我们需要知道这些私有方法的内部实现细节。我们得一一查看这些方法，了解它们可能触发的异常。如果我们的组件以黑盒的方式提供给使用者，仅能通过公共 API 进行通信，那么要求调用方了解组件内部的实现似乎有些强人所难。在这些方法中声明未检测异常可能是一种比较合理的方案。

判断设计的 API 到底应该抛出已检测异常还是未检测异常时，应该结合多方面因素考虑。我们假设这样一种情况：调用方的代码逻辑中认为，每一条调用 API 的代码路径都可能失败，从而抛出异常。这意味着应用很可能在构造之初就已经决定了要在调用堆栈的上层处理所有异常。我们可以用一种情况打比方，即你编写的组件及 API 是为自己的代码服务的。这种情况下，采用未检测异常是合理的。因为你既是调用方，也是 API 的实现方。几乎不太会出现被调用代码行为完全出乎意料的情况。

然而，创建会被未知代码调用的公共 API 时，我们建议选择使用已检测异常显式地声明可能发生的问题。这种方式会让调用方清楚地了解使用你的 API 时要注意的事项。他们知道执行被调用代码的预期结果，可以为可能发生的异常提前做一些防范工作。如果我们能显式地在 API 合约中声明异常，调用方就不必猜测有哪些可能的异常，并对所有的潜在异常做处理了。

我们并不是试图为何时使用哪种类型的异常给出一个全面而权威的答案。无论是已检测异常还是未检测异常，都有它们所适用的场景，本章仅仅为读者呈现这两种异常类型各自的取舍。你应该结合这些取舍以及自己的使用场景来判断你的程序到底应该选择哪种类型的异常最适合。接下来的 3.3 节，我们会介绍异常处理的一些反模式，这些反模式可能损害代码的容错性。

3.3 异常处理的反模式

假设我们已经创建了一个稳健的 API，它显式地声明了支持的错误及异常。接下来，我们需要使用该 API，并以恰当的方式处理异常。不幸的是，这件事并没想象中那么轻而易举，我们很容易丢失异常的详情，或者对异常处理不当。如果我们想要使用的 API 声明了异常，我们就需要在编译时对它们进行处理。

很多时候，我们会分析底层的代码实现，并得出结论：某些异常在任何情况下都不太可能发生。这可能在分析代码的当下是事实。然而，如果方法声明的是未检测异常，我们应该将其视为方法的合约。即便在编写调用代码的时刻，它不会抛出异常，这也并不意味着它的行为一直就是这样，底层的行为完全有可能在将来发生变化。代码清单 3.11 展示了一个反模式的例子。

代码清单 3.11　被吞掉的异常

```
try {
    check();                    ←── 使用 3.2 节中定义的 check()方法          调用方认为这个异常
  } catch (Exception e) { / /异常没发生吗？很危险！  ←──                    不太可能发生
}
```

被吞掉的异常永远没有机会在调用堆栈中被抛出。我们也将丢失这部分异常的信息，系统可能承受毫无征兆地失败的风险。由于缺乏信息，这些异常将极其难以调试！我们永远都不应该忽视定义在被调用方法签名中的异常。除此之外，还有另外一种容易犯的错误，那就是仅仅将异常的调用堆栈输出到标准输出，如代码清单 3.12 所示。

代码清单 3.12　输出异常的调用堆栈

```
try {
    check();
  } catch (Exception e) {
    e.printStackTrace();
}
```

这也是很危险的，因为输出堆栈跟踪的最终效果是将异常的内容输出到默认的标准输出。与此相反，我们推荐的方法是将堆栈跟踪输出到其他地方，譬如 FileOutputStream 中。如果标准输出没有被保存下来，或者异常没有被抛出，我们就会失去这部分信息，无法了解导致异常的原因。

我们需要判断是否应该在这一层代码中处理该异常。如果答案是肯定的，接下来要考虑的是如何尽可能多地捕获异常中的信息。我们可以像代码清单 3.13 所展示的那样，借助日志记录器（logger），提取 Throwable 中的异常信息。

代码清单 3.13　使用日志记录捕获的异常

```
try {
  check();
} catch (Exception e) {
  logger.error("Problem when check ", e);      ←──  logger.error()方法提取
}                                                     出需要的信息
```

日志记录器获取了异常的堆栈跟踪，并将其抛出给调用方。异常信息会附加到日志文件中，调用方可以借助这些信息更高效地进行异常调试。

如果我们决定要在某个更高的层次处理该异常，那么调用 `check()` 的方法就不应该捕获该异常。与此相反，该方法应该在它的方法声明中声明这个异常。通过在方法声明中显式地声明异常，我们告知了该方法的调用方它们在调用该方法时的预期结果。借助这种模式，我们让该 API 的客户可以自由地定义它们自己的异常处理策略。

3.3.1　异常时，关闭资源

很多时候，我们的代码需要与使用系统资源的方法和类进行交互。譬如，创建一个新的文件，这会打开一个新的文件系统句柄。创建一个 HTTP 请求客户端需要打开一个网络套接字，而这个套接字使用的端口是从可用端口池中分配而来的。只要进程没有发生错误，持续运行，一切顺利的话，我们会在进程运行完成之后关闭该客户端。

我们假设一个简单的例子，创建一个 HTTP 客户端，发送几个请求，之后关闭该客户端，如代码清单 3.14 所示。

代码清单 3.14　关闭 HTTP 客户端

```
                                                          创建一个新的客户端，该操
使用该客户端进行一些处理                                      作会申请一些系统资源
CloseableHttpClient client = HttpClients.createDefault();  ◄
try {                              处理完成后关闭
  processRequests(client);        该客户端                   如果 close() 操作发生异常，使用
  client.close();                                            日志记录器记录发生的异常
} catch (IOException e) {
  logger.error("Problem when closing the client or processing requests", e); ◄
}
```

乍一看，这段代码似乎没什么问题，处理完成后，我们会关闭该客户端。（这里的"处理"所包含的代码逻辑可能由于网络丢包而失败。）但是，`processRequests()` 方法可能抛出 IOException 异常。如果该异常在这段代码中被抛出的话，`close()` 方法的调用就不会被执行。我们有发生资源泄漏的风险，如果打开大量的套接字连接或者客户端，会导致严重的问题。

我们需要修改代码，确保即便 `processRequests()` 发生了失败，代码依旧可以执行 `close()` 方法。此外，我们还需要将 `processRequests()` 引发问题的处理与其他的处理区分开来。只有所有的处理完成之后才关闭客户端。代码清单 3.15 展示了我们如何做到这一点。

代码清单 3.15　请求处理发生问题时，关闭 HTTP 客户端

```
CloseableHttpClient client = HttpClients.createDefault();
try {
  processRequests(client);           获取处理请求
} catch (IOException e) {             时的异常
  logger.error("Problem when processing requests", e);
}
try {                                processRequests() 完成之后
  client.close();                    再执行 close() 调用
```

```
} catch (IOException e) {
  logger.error("Problem when closing client", e);
}
```

这样的代码非常啰唆，容易出错。这里的冗余性主要源于一个事实：这段代码中我们需要处理同一个异常 IOException 两次。此外，我们还要防范处理失败，一旦发生处理失败的问题，我们需要回退执行 close() 方法。如果 API 抛出的是未检测异常，这些操作很容易被忽略。一旦发生这种情况，如果我们没有调用 close() 方法，就有资源泄漏的风险。

如果要进一步优化代码，我们可以尝试使用针对资源的 try 语句来处理这类资源关闭的需求。这种方式只有在使用的类实现了 AutoCloseable 接口的时候才有效。代码清单 3.16 展示了如何使用这种方式，自动关闭 HTTP 客户端。

代码清单 3.16 利用针对资源的 try 关闭 HTTP 客户端

```
try (CloseableHttpClient client = HttpClients.createDefault()) {
  processRequests(client);
} catch (IOException e) {
  logger.error("Problem when processing requests", e);
}
```

使用"针对资源的 try 语句"创建 HTTP 客户端

处理由 processRequests() 抛出的异常

利用这种方式，可以将调用方代码解放出来，让它们聚焦于将要执行的逻辑。实现了 Closeable 接口的对象，其生命周期将由 Closeable 接口代替我们进行管理。close() 方法应该提供释放资源所需的逻辑。它也展示了代码的意图，即让客户端清晰地了解数据的类型以及它们的资源使用情况。

注意 如果我们设计的 API 会返回对象，这些对象的创建涉及资源分配，那么这些对象在使用完毕之后应该被释放，对这些对象我们应该实现它们的 Closeable 接口。

虽然针对资源的 try 语句非常有用，但你的开发语言可能并不支持这一特性。我们使用它的主要原因是希望确保无论处理的结果怎样，都能回收我们所使用的资源。如果我们的执行代码抛出的是未检测异常，这种错误可能让程序的执行完全停止。这种情况下，我们需要在所有逻辑之后额外进行关闭资源的操作。基于这个原因，有的语言允许程序在异常抛出之后依旧可以执行代码。

在 Java 语言中，我们可以通过 finally 块来实现关闭资源的逻辑。finally 块中的代码总是会被执行，即便代码抛出了异常。代码清单 3.17 提供了一个示例。

代码清单 3.17 利用 **finally** 块关闭资源

```
CloseableHttpClient client = HttpClients.createDefault();
try {
```

```
    processRequests(client);
} finally {
    System.out.println("closing");
    client.close();
}
```

现在，即便 processRequests() 抛出了一个异常，finally 块中关闭资源的逻辑依旧会被执行。你可以通过观察标准输出中的 closing 消息确认这一点。

3.3.2　反模式：利用异常控制应用流

实现面向对象的异常处理时，一种常见的反模式是利用异常来控制应用流（类似于 goto 语句）。这样的应用中，异常被过度使用了，异常被抛出给调用方只是为了反馈程序应该选择另外一条代码路径。

另一种常见的反模式是试图使用异常绕过一个方法只能有一种返回类型的限制。假设我们有一个方法，它返回一个 String 类型的值。一段时间之后，我们想要修改该方法，当返回值的长度过长时，返回一个特殊值。乍一看，这种情况下抛出一个异常似乎合情合理，只要这种异常的确是一种罕见的情况，使用异常的理由是充分的。如果调用方构造条件判断，根据方法的返回值执行不同的代码路径，问题就出现了。

抛出的异常类型越多，调用方的代码逻辑就变得越复杂。围绕异常构造复杂的处理逻辑的代价是极其高昂的（我们会在 3.7 节探讨异常对性能的影响）。根据异常选择代码路径将让我们的代码结构变得更复杂，更难以理解，维护也很困难。

如果我们希望通过设计，让调用方可以在自己的代码中处理这些极端情况，可以考虑函数式编程的结构，譬如 Try（我们将在本章后续介绍）或者 Either。利用这些结构，我们可以优化代码，在不过度使用异常的前提下，完成对这些极端情况的处理。

我们在编写代码时，很多时候会使用第三方库，对于这些库的代码演进，我们没有太大的影响力，或者即便有也只有非常有限的影响力。接下来的 3.4 节，我们会重点讨论调用我们没有管辖权的代码时的异常处理策略。

3.4　源自第三方库的异常

与第三方库打交道时，我们的异常处理策略应该尽量做到深思熟虑。假设我们要开发一个软件组件，其主要的功能是将个人信息存放到一个目录系统中。

我们的 API 会提供两个公共的方法。第一个方法 getPersonInfo() 可以根据个人的姓名查询他的相关信息。第二个方法 createPersonInfo() 可以依据个人的姓名创建相关的记录。getPersonInfo() 方法可以从文件系统载入文件，而 createPersonInfo() 方法可以为指定的人创建新文件，并将他的信息存储到文件中。客户端代码会通过这两个公共方法与我们的 API 进行交互，如图 3.2 所示。

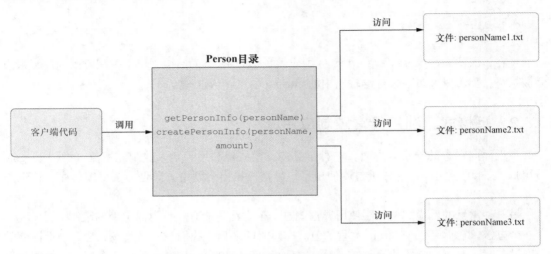

图 3.2　提供两个公共方法的个人信息目录 API

在这个场景中，假设会使用第三方库对文件系统中的数据进行保存和查询。我们会使用
Apache 的通用 IO 库来实现这些功能。该库在文件系统访问出错时，可能抛出 IOException
或者 FileExistsException 异常。我们知道，与文件系统交互的方法都存在失败的可能。
代码清单 3.18 展示了我们的目录组件 API 看起来是什么样的。

代码清单 3.18　声明异常的 API

```
import java.io.IOException;                                    导入第三方类，该类
import org.apache.commons.io.FileExistsException;             看起来很可疑

public interface PersonCatalog {
  PersonInfo getPersonInfo(String personName) throws IOException;
  boolean createPersonInfo(String personName, int amount) throws
    FileExistsException;
}                                                             抛出 Java 标准库中的
                 抛出异常，该异常泄露                          IOException 异常
                 了其底层实现
```

这里要留意的最重要的事是这两个 API 的方法声明都显示它们可能抛出异常。
getPersonInfo() 方法抛出的 IOException 源自 Java 的标准 JDK。而 create-
PersonInfo() 方法抛出的 FileExistsException 则是我们引入的第三方库所独有的异
常类型。由于两个方法都需要通过第三方库与文件系统进行交互，声明这些异常也是合理的。

这个方案有利有弊。一方面，这个方案可以解决我们的问题，按照预期进行工作：客户端
与 PersonCatalog 进行交互时，需要在其代码中提供对 IOException 和
FileExistsException 的处理。另一方面，我们会泄露底层第三方库所使用的异常。一旦

我们在 API 中使用这些异常及其类型，就在客户端代码与第三方库之间实现了紧耦合，而这个第三方库是我们在 `PersonCatalog` 组件内部使用的。这违背了我们引入抽象的初衷，因为我们不再能轻易替换负责文件系统操作的底层库了。变更该库意味着组件可能抛出别的异常，而我们的 API 方法签名无法反映这些变化。

除此之外，新的第三方库可能也不提供我们在方法签名中声明的 `FileExists-Exception` 类。这一点对 `IOException` 而言不是问题，因为它包含在标准 JDK 中，在客户端代码中也会提供。你可能会困惑我们为什么不直接移除之前抛出的 `FileExists-Exception`，用新的第三方库提供的异常取而代之呢？因为我们提供的是一个公共接口，修改它的类型定义意味着我们会破坏库的兼容性。客户端使用该方法的新版本时，代码将无法通过编译。综上，我们可以得出一个结论：在我们自己的代码中抛出第三方的异常可能并非一个理想的解决方案。我们如何解决这个问题呢？为了解决这个问题，我们引入了一个新的针对库的异常，用它来封装底层的异常。假设我们引入了一个名为 `PersonCatalogException` 的异常，它会负责封装与文件系统交互的第三方库抛出的异常。代码清单 3.19 展示了该异常是如何实现的。

代码清单 3.19 创建一个针对特定领域的异常

```
                                              PersonCatalogException
                                              类的私有构造函数
public class PersonCatalogException extends Exception {
  private PersonCatalogException(String message, Throwable cause) {
    super(message, cause);
  }
  public static PersonCatalogException getPersonException(String personName,
                                                          Throwable t) {
    return new PersonCatalogException("Problem when getting person file for: " +
    personName, t);
  }
  public static PersonCatalogException createPersonException(String personName,
                                                          Throwable  t) {
    return new PersonCatalogException("Problem when
➡ creating person file for: " + personName, t);
  }
}
```

`PersonCatalogException` 类通过一个私有构造函数对实际的 `Throwable` 异常以及错误消息进行了封装。对于 `getPersonInfo()` 方法，我们通过 `getPersonException()` 工厂方法构造了针对特定领域的异常。对于 `createPersonInfo()` 方法，我们使用了类似的解决方案，将底层的 `Throwable` 异常封装成了新的 `PersonCatalogException`。

一旦实现了新的针对特定领域的 `PersonCatalogException` 类，我们就可以很容易地在公共 API 声明中使用它们，同时避免泄露底层第三方库的异常类型。代码清单 3.20 展示了特定领域的异常是如何使用的。

代码清单 3.20　不会暴露第三方异常的 **PersonCatalog** 类

```
public interface PersonCatalog {
  PersonInfo getPersonInfo(String personName) throws PersonCatalogException;
  boolean createPersonInfo(String personName, int amount) throws
    PersonCatalogException;
}
```

经过这些改动，`getPersonInfo()` 和 `createPersonInfo()` 方法的声明都能使用 `PersonCatalogException` 异常。注意，这些改动并不会暴露第三方库中的原始异常，客户端代码可以放心地使用该 API 而不必担心与某个具体实现有紧耦合。这种实现方案有更高的灵活性，我们可以更容易地演进 API，为客户端代码提供更多信息，说明异常的原因。现在，调用方只需要简单地查看异常类型，就可以推断异常的原因，猜测异常是从什么地方抛出的。而如果我们采用像 `IOException` 这样的底层异常，通过异常名字能了解的信息要少得多。

通过上面的介绍，我们可以看到对于公共 API 而言，封装代码中的异常是非常有用的技巧，这可以为开发者提供更丰富的出错上下文信息。通过封装异常，我们可以用同等规模异常输出得到更多的信息。然而，这并不是说我们应该对代码库中源自第三方库的每一个异常都进行封装，我们需要衡量维护新异常的开销与它带来的好处，在二者间做取舍。大多数时候，引入与领域相关的异常可以带来更多的好处，与之相关的维护开销是可以接受的。如果你正在设计一个私有组件，并且该组件不会直接暴露给客户端，不对异常进行定制封装也是可以的。

有一点请特别注意，虽然异常类型已经为调用方提供了很多信息，但异常信息应该尽量包含异常的详细解释，说明发生了什么。除此之外，异常信息中还应该包含堆栈跟踪，异常情况发生时，堆栈跟踪能为分析哪里出错提供大量线索。结合这 3 类信息（异常类型、异常信息以及堆栈跟踪），分析到底发生了什么错误就容易多了。异常类型对于编译器也非常有帮助。如果代码运行时发生异常，我们希望获取所有这些信息。

到目前为止，我们的设计涉及的代码都是以同步的方式工作的。3.5 节中，我们会探讨如何处理以多线程或异步方式工作的代码。

3.5　多线程环境中的异常

多线程环境中的异常处理与单线程上下文的异常处理是不同的。我们向执行器提交一个新的任务时，需要能获取该任务执行成功或者失败的反馈。如果没有某种机制可以保证能获取这些信息，我们会面临极大的风险：在单独的线程中执行的异步操作可能失效，而我们却得不到任何通知。这样的静默失效（silent failure）是极其危险的，并且非常难于诊断和修复。

我们可以通过两种方式与执行器进行交互，提交需要执行的任务。第一种方式是通过 `submit()` 方法调度一个需要执行的任务，该方法调用会返回一个 Future 类型的实例，接着我们就可以利用这个实例得到任务的执行结果。第二种方式是使用 execute()方法调度执行一个异步操作。这是一种"即发即弃"（fire-and-forget）的方式，意味着我们将无法得到任务的执行结果。

如果我们可以得到任务的执行结果，意味着任务执行要么是成功的，要么是由于代码发生异常失败了。下面我们看看提交任务时，异常处理的代码该如何编写，如代码清单 3.21 所示。

代码清单 3.21 提交任务并等待执行结果

该任务提交后会抛出   我们会使用一个仅分配了
一个未检测异常   单一工作线程的执行器

```
ExecutorService executorService = Executors.newSingleThreadExecutor();  ◄
Runnable r =
    () -> {
        throw new RuntimeException("problem");          submit()方法返回一个
    };                                                  Future 对象
Future<?> submit = executorService.submit(r);  ◄
assertThatThrownBy(submit::get)                         get()方法会阻塞主线程的执行
    .hasRootCauseExactlyInstanceOf(RuntimeException.class)
    .hasMessageContaining("problem");
```

有一点很重要，需要特别注意，get()方法会阻塞主线程的执行，get()执行后，阻塞操作就执行完毕了。如果底层的任务执行完成，抛出了一个异常，该异常会被抛给主线程。如果你提交了一个任务，但并不会在代码的任何地方使用任务的返回结果（即符合"即发即弃"这种策略），异常也不会向上传播，那你可能遇到静默失效的问题。你需要牢记，如果执行器返回了 Future 对象（promise），你就必须对其进行验证，以确保其正确性。

注意 对于.NET 开发者来说，Future 类似于 Task。

execute()方法有一些不同，因为它不会返回任何结果。我们可以通过代码清单 3.22 了解其实现。

代码清单 3.22 执行便忘记

```
Runnable r =
    () -> {
        throw new RuntimeException("problem");
    };
executorService.execute(r)
```

执行器不返回结果意味着在单独线程中执行的异步任务一旦失败可能导致静默失效。这种异常会让线程停止工作。如果你使用线程池并设定了线程池的大小，这可能导致大麻烦。线程发生失效时，不会被重新创建，这会带来很大的风险。某个时刻，一旦所有的线程都发生失效，线程池就会变成一个空池。如果你创建的线程池可以自适应流量创建新的线程，依旧有资源泄漏的风险。每个线程都会占用一定的内存，创建大量的新线程会耗尽系统资源，导致出现内存溢出的问题。

　　对于这个问题比较合适的解决方案是注册一个全局的异常处理器，在线程发生异常时执行该异常处理器。我们可以使用 UncaughtExceptionHandler 为所有的线程注册异常处理器，如图 3.3 所示。

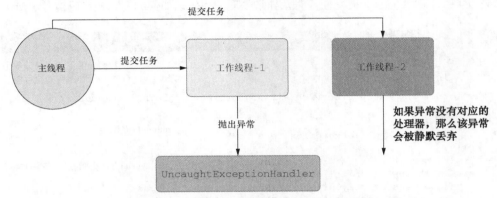

图 3.3　在多线程上下文中使用全局异常处理器

　　如图 3.3 所示，主线程通过 execute() 方法（该方法不会有 promise 对象返回）向工作线程-1 提交了任务，接着，工作线程-1 会以异步方式执行该任务。由于 execute() 方法不会返回 promise 对象，主线程也没有办法通知我们工作线程-1 是否在处理中发生了异常，以及具体是由什么原因导致的。但我们可以注册一个全局异常处理器，在发生异常时调用该处理器。如果没有任何处理器（譬如工作线程-2 的情况），会有异常被静默丢弃的风险，线程可能停止工作，引发之前介绍的资源泄漏问题。

　　接下来我们看一个验证全局异常处理逻辑的单元测试。我们会调用 execute() 方法执行一个会失败的任务。接下来，我们会验证异常发生时，UncaughtExceptionHandler 处理器会被调用。代码清单 3.23 展示了这个过程。

代码清单 3.23　注册 UncaughtExceptionHandler

为线程设置全局异常处理器

如果全局异常处理器被调用，uncaughtExceptionHandlerCalled 变量会被置为 true

```
// 给定
AtomicBoolean uncaughtExceptionHandlerCalled = new AtomicBoolean();  ◄──
ThreadFactory factory =
    r -> {
        final Thread thread = new Thread(r);
        thread.setUncaughtExceptionHandler(
            (t, e) -> {
                uncaughtExceptionHandlerCalled.set(true);  ◄──
                logger.error("Exception in thread: " + t, e);
            });
```

发生异常，因此我们将 uncaughtExceptionHandlerCalled 设置为 true

```
        return thread;
    };

Runnable task =
    () -> {
        throw new RuntimeException("problem");
    };
ExecutorService pool = Executors.newSingleThreadExecutor(factory);
// 何时
pool.execute(task);  ◄──
await().atMost(5,
    TimeUnit.SECONDS).until(uncaughtExceptionHandlerCalled::get);
```

execute()在另一个工作
线程中执行该任务

设置全局异常处理器被调用的等待时间
（所有的操作都是异步的）

如你所见，多线程环境下的异常处理是比较困难的，尤其是在我们使用的 API 允许以异步方式提交任务，却无法得到执行结果的情况下。不过，如果我们使用的 API 能用 Future 对象封装异步执行的结果，就应该尽量使用它，因为这会迫使我们认真考虑执行的结果以及发生异常时的处理。

promise API 是一个广为人知的结构，它可以帮助我们流畅地编写异步代码，构造完成异步的操作。这个 Java API 提供了 CompletableFuture 结构，利用它我们能方便地实现异步调用，显式地捕获失效。在其他的程序设计语言中，你也能找到类似的 API。接下来，我们会介绍如何使用 Java 的 promise API 进行异常处理。

使用 promise API 处理异步工作流中的异常

创建异步工作流时，我们一般都会和 I/O、网络或者其他的外部资源进行交互，因此需要使用以异步方式工作的 API。这类 API 应该返回一个 promise 对象，用来串接一系列的异步操作。然而，在实际项目中，我们有时还需要在同步与异步 API 之间创建一个转换层（translation layer）。

假设我们需要调用一个外部服务，执行该外部服务调用的方法是以同步方式运行的，因此，我们需要将其封装成一个 CompletableFuture 对象，才能完成接下来的异步工作流调用。外部服务的调用涉及 I/O 操作，因此在它的声明中，包含可能抛出的 IOException 异常。

由于 IOException 属于已检测异常，我们需要以某种异步方式处理它。我们会使用 supplyAsync() 方法对阻塞式的方法调用进行封装，返回非阻塞类型的对象，并将其返回给期望执行异步操作的调用方。这一方法是对已检测异常进行封装，将其转化为未检测异常，并将其返回给调用方，如代码清单 3.24 所示。

代码清单 3.24　在异步 API 中进行异常封装

```
public int externalCall() throws IOException {  ◄──
    throw new IOException("Problem when
➥ calling an external service");  ◄──
}
```

externalCall()可能抛出
IOException 异常

抛出一个新创建的 IOException
异常模拟失效

```
public CompletableFuture<Integer> asyncExternalCall() {
    return CompletableFuture.supplyAsync(
        () -> {
            try {
                return externalCall();
            } catch (IOException e) {
                throw new RuntimeException(e);
            }
        });
}
```

对同步调用进行封装，返回一个 CompletableFuture 对象

将 IOException 封装为未检测异常

　　注意，这里我们将 IOException 异常直接由底层的库中抛出，没有创建任何对应的领域异常对其进行封装。我们这么做是出于简化例子的考虑。关于其中的利与弊的更详细讨论，可以参考 3.4 节的介绍。

　　上面的例子中，将异常封装为未检测异常抛出的做法不是一种理想的方式。在该例子中我们混合使用了两种抽象：一种是 promise API，我们用它对执行结果进行封装，未来某个时刻能得到执行的结果，如果发生失效，就触发异常；另一种是 Java API，它会同步抛出一个异常，该异常会传递给调用方，如果在异步任务执行的线程池中捕获这个异常，Java API 会将其封装成 CompletionException 对象。

　　调用 asyncExternalCall() 方法时，你可以观察到该异常在并发 API 多个层次上的堆栈跟踪。最终，你会找到问题的根源。代码清单 3.25 展示了异常的堆栈跟踪。

代码清单 3.25　异常未妥善处理所导致的一次异常的堆栈跟踪

```
ava.util.concurrent.CompletionException: java.lang.RuntimeException:
    java.io.IOException: Problem when calling an external service
    at java.util.concurrent.CompletableFuture.encodeThrowable(
    CompletableFuture.java:273)
    at java.util.concurrent.CompletableFuture.completeThrowable(
    CompletableFuture.java:280)
    at java.util.concurrent.CompletableFuture$AsyncSupply.run(
    CompletableFuture.java:1592)
    at java.util.concurrent.CompletableFuture$AsyncSupply.exec(
    CompletableFuture.java:1582)
    at java.util.concurrent.ForkJoinTask.doExec(ForkJoinTask.java:289)
    at java.util.concurrent.ForkJoinPool$WorkQueue.runTask(
    ForkJoinPool.java:1056)
    at java.util.concurrent.ForkJoinPool.runWorker(ForkJoinPool.java:1692)
    at java.util.concurrent.ForkJoinWorkerThread.run(
    ForkJoinWorkerThread.java:157)
Caused by: java.lang.RuntimeException: java.io.IOException:
➡ Problem when calling an external service
```

大量处理未知异常的库函数调用

库函数调用代码之后，你可以找到异常的底层原因

　　这样的堆栈跟踪表明你的异常处理存在一些问题，因为在并发库中处理异常牵涉太多中间步骤。你可能并没那么幸运，这些异常可能不会被抛出，或者会导致线程被终止，引发资源泄漏，到底是哪种情况取决于你使用的是哪种语言或者哪个第三方库。我们如何通过 promise API

构造返回结果，更好地进行异常处理呢?

为了解决这一问题，我们可以创建一个 CompletableFuture 新实例，返回执行的结果或执行遇到的异常。后者是我们着重关注的内容。在代码清单 3.26 中，我们将异常添加到 promise 中，不过该异常并没有被抛出。

代码清单 3.26　在 promise 中添加执行结果或异常

```
CompletableFuture<Integer> result = new CompletableFuture<>();          ← 还未装填内容的新
CompletableFuture.runAsync(                                                CompletableFuture 对象
    () -> {                            外部调用成功，完成
      try {                                该 promise
        result.complete(externalCall());    ←
      } catch (IOException e) {
        result.completeExceptionally(e);    ←    如果遇到异常，就将异常
      }                                          信息封装到 promise 内
    });
return result;        ←    返回最终的结果，该结果可能是
                          计算的结果，或者是异常信息
```

上述方法的调用方将得到计算的结果或异常的底层原因，该异常会被封装到 promise API 中返回，而不是直接抛出。你不会直接看到并发库引发的堆栈跟踪，因为我们并未抛出异常。基于此，我们不会有异常导致的毫无征兆的线程终止风险。

> **注意**　本节介绍的技巧对于大多数异步 API 而言是通用的，你可以在你选择的编程语言中应用这些技巧。你会发现应用这些技巧大有裨益。

3.6 节中，我们会对比使用异常以面向对象的方式处理错误以及以函数式编程方法处理错误的优缺点。我们还会介绍 Try 结构，使用该结构我们可以对成功执行或者发生失效的结果进行封装，该结构实现的效果与我们刚刚学习的 promise API 实现的效果有很多相似之处。

3.6　使用 Try 以函数式的途径处理异常

迄今为止，我们讨论的都是如何以面向对象的方式进行异常处理。现在，让我们看看如何以函数式途径处理异常。我们会着重讨论函数式编程的主要关注点之一：实现无副作用的代码。

如果方法抛出一个异常，这意味着它有副作用。假设我们提供了一个简单方法，该方法返回一个值，并抛出一个异常，我们需要考虑在方法声明中添加该异常。在面向对象的世界里，这是我们熟悉的模式，不过我们得牢记异常就是副作用。调用方不仅需要处理实际的返回值，还需要对异常进行处理。如果方法的合约中显式地定义了异常，函数式代码很清晰地知道期望结果，那么就可以将异常封装在 Try 结构内，有效地防范副作用的产生（这部分内容后续我们会做详细介绍）。

另外，如果抛出的异常属于未检测异常，没有在方法合约中声明，调用方就无法对其进行

处理，作为副作用的异常会由调用堆栈一路抛出。由于调用方并没有预测到会发生这样的异常，导致没有做任何处理，也没有任何针对性的防范措施。这在函数式编程的世界里是极其严重的问题。

函数式编程最主要的原则是用类型对每个可能的函数调用结果进行建模。如果我们调用的函数可能失败，其输出应该同时用函数的返回类型以及声明的异常进行建模。如果我们使用的是已检测异常，抛出的异常是明确的。然而，如果方法抛出的是一个未检测异常，异常类型可能是未知的（隐式的）。这种不一致的行为在函数式编程的世界里是要尽量避免的。函数返回的类型必须对函数所有可能的输出进行建模。这是函数式编程中 `Try` 单子（也被称为 `Error` 单子）在错误处理中如此重要的原因。

让我们看一个简单的结构。`Try` 单子有两种可能的状态：第一种是失败，第二种是成功。`Try` 单子的状态只可能是二者之一，不会有两种同时出现的情况。图 3.4 展示了这两种可能的状态。

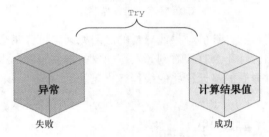

图 3.4　**Try** 单子状态

3.5 节中，我们使用了 `CompletableFuture` API 的 promise 类型。该类型和 `Try` 很相似，因为它也同时携带了异步计算的结果或者返回异常，可以帮助我们了解 API 处理过程中发生了什么。不过，它也有局限性，即它只能在异步处理的上下文中使用。

`Try` 单子能对同步和异步上下文中的处理状态进行封装。`Try` 类型的普适性更强，也更加灵活，因此在函数式编程中，它是捕获执行失败或成功的主要抽象。让我们看看在 Java 编程语言中，如何以函数式的途径进行异常处理。我们可使用 Vavr 库，该库提供了我们想要使用的 `Try` 类型。

> **注意**　如果你的方法返回 `Try` 类型，该方法的调用方不得不面对一个事实，即该方法可能执行失败。可以使用函数式编程提供的方法，譬如 `map()`、`filter()` 或其他类似的方法，做进一步的串联处理。

现在，让我们看看返回 `Try` 类型的方法调用方是如何进行处理的。我们的客户端操作是可能失败的，因此，它会抛出异常。为了展示 `Try` 的行为，而封装的方法并未发生失败，我们进行了模拟，具体的代码如代码清单 3.27 所示。在现实的生产系统中，我们会封装可能发生失效的组件或者外部系统调用。

代码清单 3.27　一个成功的 `Try` 单子

```
// 给定
String defaultResult = "default";
Supplier<Integer> clientAction = () -> 100;

// 何时
Try<Integer> response = Try.ofSupplier(clientAction);
String result = response.map(Object::toString).getOrElse(defaultResult);

// 然后
assertTrue(response.isSuccess());
response.onSuccess(r -> assertThat(r).isEqualTo(100));
assertThat(result).isEqualTo("100");
```

需要注意的是，调用方与可能发生失败的操作（客户端操作）的集成点被封装成了 Try 类型，这一点很重要。可能发生失败的操作应该返回一个 Try 类型的抽象。调用方可以对 Try 类型执行后续的串联处理，而不必担心异常的影响。即便发生了异常，Try 单子也已经封装了该异常。

如果我们想从 Try 中获取实际的 String 值，我们可以使用 getOrElse()方法从 Try 单子中获取。然而，如果 Try 单子包含异常，它将没有返回值。对于这种情况，我们需要提供一个默认值，如果封装成 Try 的操作失败，可以返回该默认值。这是通过 getOrElse()方法调用实现的。

因为 Try 抽象是函数式编程的结构，如果希望根据操作的结果（成功或失败）来创建后续流程，可以使用 isSuccess()方法做判断。我们可以使用 map()这类函数串联多个函数式方法处理。如果 Try 执行成功，则调用 map()；否则，map()不会被调用。只有当函数的操作结果为成功且包含回调值时，才执行回调，而函数的操作结果为失败时不触发回调。

使用 Try 单子的最大好处之一是我们不需要在标准的 try-catch 块中处理异常，异常仍然会被捕获，取而代之的是使用 Try 函数式编程 API。这样一来，异常处理代码就不会污染我们的业务逻辑。现在让我们看看如果被封装的操作抛出异常，函数异常处理的行为是怎样的。

客户端操作失败时，相同的 Try 抽象会与类型系统进行交互。注意，此时，clientAction 抛出了一个异常。通过这种方式，我们模拟了组件的调用失败的场景。我们可以用它来测试 Try 抽象现在的行为。

代码清单 3.28 显示了封装操作的 Try 类型，这与之前是一样的。在这个阶段，我们的处理没有任何不同。如果我们想要创建不受 try-catch 块污染的业务逻辑，API 调用方应该只通过 Try 类型与可能失败的组件进行交互。

代码清单 3.28　一个失败的 Try 单子

```
Supplier<Integer> clientAction =
    () -> {
      throw new RuntimeException("problem");
    };

// 何时
Try<Integer> response = Try.ofSupplier(clientAction);
String result = response.map(Object::toString).getOrElse(defaultResult);
Option<Integer> optionalResponse = response.toOption();

// 然后
assertTrue(optionalResponse.isEmpty());
assertTrue(response.isFailure());
assertThat(result).isEqualTo(defaultResult);

response.onSuccess(r -> System.out.println(r));
response.onFailure(ex -> assertTrue(ex instanceof RuntimeException));
```

注意，这里我们想要执行的函数式处理，其连接方式与以前是保持一致的。如果底层客户端操作成功，我们的逻辑会使用 map() 方法执行对应的操作。但是，此时 map() 不会被调用，因为底层客户端操作抛出了异常。在我们的例子中，Try 封装了失败的结果。因此，调用 getOrElse() 时，它将返回默认值。它无法返回处理后的值，因为没有处理后的值。

我们可以将 Try 转换为 Option（来自 Vavr 库的一个结构，类似于 Java 语言中的 Optional），这是另一种函数式编程类型，它表示值的存在或不存在。它类似于 Try，但不包含值可能为空的原因。一些函数式 API 可以操作 Option 类型。通过这种转换，我们可以轻松地在这些 API 之间进行集成。Try 的调用方可以使用 isFailure() 方法检查执行是否失败，类似于前面示例中使用 isSuccess() 检查执行是否成功。这两种检查方法我们都可以使用。最后，我们串联了这两种函数式编程过程。

当在生产中使用 Try 时，代码的调用方需要同时考虑处理成功和处理失败的场景。可以通过创建 onSuccess() 和 onFailure() 方法来进行处理。就我们的例子而言，由于我们模拟的是组件调用失败的场景，因此只有后一个回调会执行。回调会提取问题发生的根本原因。

3.6.1　在生产代码中使用 Try

现在让我们看一个使用 Try 的例子。假设我们想要执行一个到外部服务的 HTTP 请求。该服务返回 JSON 格式的内容。我们需要从 JSON 格式的内容中提取一个 ID 字段。为了达到这一目的，我们需要执行一系列的操作，而这些操作有可能失败并抛出异常。

首先是外部 HTTP 调用。然后，我们需要从 HTTP 实体中提取字符串的内容。该操作涉及 I/O 操作，可能会失败。最后，我们需要将字符串内容映射到 Java 实体类。此操作也可能失败，因为我们要将字符串内容反序列化为 JSON 数据。一旦我们实现了实体类，就可以提取其中的 ID 字段。

使用 Try API 可以轻松地将这类处理串联起来。首先,我们将客户端调用封装到 Try 单子中,它会对处理的结果进行封装。接下来,可以使用 Try API 表示处理的各个阶段。如果我们想要执行的某个操作抛出了未检测异常,就会在 mapTry() 方法中执行我们定义的操作。如果抛出异常,就实现了 Try 类型,整个处理流将被标记为失败。代码清单 3.29 显示了使用 Try 的 HTTP 服务调用。

代码清单 3.29   一个使用 Try 的 HTTP 服务调用

在处理的最后阶段,提取用户 ID 字段

```java
private static final Logger logger = LoggerFactory.getLogger(HttpCallTry.class);

public String getId() {
  CloseableHttpClient client = HttpClients.createDefault();
  HttpGet httpGet = new HttpGet("http:/ /external-service/resource");
  Try<HttpResponse> response = Try.of(() -> client.execute(httpGet));
  return response
      .mapTry(this::extractStringBody)
      .mapTry(this::toEntity)
      .map(this::extractUserId)
      .onFailure(ex -> logger.error("The getId() failed.", ex))
      .getOrElse("DEFAULT_ID");
}
private String extractUserId(EntityObject entityObject) {
  return entityObject.id;
}

private String extractStringBody(HttpResponse r) throws IOException {
  return new BufferedReader(
          new InputStreamReader(r.getEntity().getContent(),
      StandardCharsets. UTF_8))
      .lines()
      .collect(Collectors.joining("\n"));
}

private EntityObject toEntity(String content) throws JsonProcessingException {
  return OBJECT_MAPPER.readValue(content, EntityObject.class);
}
static class EntityObject {
  String id;

  public EntityObject(String id) {
    this.id = id;
  }
}
```

将外部调用封装到 Try 单子中

由于 extractStringBody() 抛出异常,这里使用 mapTry() 方法

如果发生问题,将异常信息记录到日志

处理的任何阶段失败,则返回默认值

只有查看处理方法的定义后,我们才能判断可能失败的阶段和不会失败的阶段。extractStringBody() 和 toEntity() 调用可能失败。查看 extractStringBody() 的方法声明,你会注意到它声明了调用方必须处理的 IOException 异常。toEntity() 可以抛出 JsonProcessingException 异常。一旦所有可能失败的操作都顺利执行完毕,我们就可以

提取用户 ID 字段了。最后，我们希望通过 getId() 方法返回 String 类型。这种情况下，方法的调用方不会知道方法内部使用了 Try 单子。

我们希望从 Try 单子中提取底层的 String 类型，要达到这一目标有多种方法。这里我们使用的是 getOrElse() 方法。如果处理成功，它将返回对应的用户 ID。但是，如果处理的任何阶段失败，我们希望能够向调用方返回一个值。注意，我们还使用了 onFailure() 方法记录异常（如果发生了异常的话）。如果没有办法提供一个合理的默认值，我们可以考虑让 getId() 返回 Try 类型，由调用方对其进行处理，这是更推荐的做法。

最后，我们可以通过 getOrElseThrow() 将基于 Try 的函数式处理转换为标准的抛出异常模式（throwing exception pattern）。如果 Try 单子携带了异常，该异常将被抛出给调用方，这种方式有多种缺点，我们将在 3.6.2 节讨论这些缺点。但是，在此之前，我们会比较 Try 方法与标准的基于异常的 Java 实现，如代码清单 3.30 所示。

代码清单 3.30　一个使用异常 API 的 HTTP 服务调用

```
public String getIdExceptions() {
    CloseableHttpClient client = HttpClients.createDefault();
    HttpGet httpGet = new HttpGet("http:/ /external-service/resource");
    try {
      CloseableHttpResponse response = client.execute(httpGet);
      String body = extractStringBody(response);
      EntityObject entityObject = toEntity(body);
      return extractUserId(entityObject);
    } catch (IOException ex) {
      logger.error("The getId() failed", ex);
      return "DEFAULT_ID";
    }
}
```

上述代码实现的逻辑看起来跟 Try 方法的类似。唯一的区别是，我们需要创建很多用于下一个处理步骤的中间变量。Try 方法采用的是一种更函数化的方式，我们可以在处理中传递函数引用（lambdas）。

标准的 try-catch 方法与函数式编程方法之间的主要区别是方法的返回类型。使用函数式编程方法，可以返回 Try<String>，让调用方来决定如何处理失败。可能的失败由编译类型（Try）进行通信，它需要显式处理；否则，代码将无法通过编译。基于异常的处理逻辑则是隐式的，它无法返回一种类型对执行成功或失败进行封装。调用方不得不处理字符串形式的结果来防止可能出现的异常。它们体现了处理异常情况的不同原则。接下来让我们看看通过 API 使用 Try 抽象处理异常的常见陷阱。

3.6.2　混合使用 Try 与抛出异常的代码

需要注意的最重要的一点是，调用方代码应该与可能通过 Try 失败的组件交互。通过使用

Try 抽象，我们可以用类型系统建模每一种可能的结果（成功或失败）。但是，在使用异常作为失败信号的主要机制的语言中引入函数式编程来处理错误时，会出现一些问题。在选择处理异常的机制时——使用 Try 进行函数式编程或使用异常进行面向对象编程，我们应该选择其中之一，并在代码库中只使用它。混合使用这两种方法将使代码难以推理。我们不仅需要处理 Try 的两种状态（成功和失败），还需要使用 try-catch 模式来捕获异常。

　　正如你所知道的，任何方法都可以抛出未检测异常。我们不需要在方法签名中声明它们。因此，将所有可能失败的方法都打包到 Try 中就会出现问题。假设我们有一个与多个组件交互的逻辑，其中每个组件都可能抛出一个未检测异常。在这种情况下，对每个组件的每个调用都需要封装成 Try 类型。这将使我们的代码难以阅读且过于冗长。

　　当我们从非函数式代码中调用函数式代码时，我们需要将其转换为 try-catch 模式。当我们从函数式代码中调用非函数式代码时，我们需要捕获所有可能的异常，并将它们封装到 Try 单子中以消除副作用。

　　你应该还记得关于设计公共 API 的内容，其中提到在方法签名中声明所有异常（已检测异常和未检测异常）通常是有用的。如果要与这样的组件交互，那么将这样的 API 封装到函数式 Try 构造中会更容易。所有内容都是显式的，如果选择使用函数式编程方法处理错误，那么只封装抛出异常的方法会更容易。另外，假设你将函数式编程方法与一个 API 集成在一起，该 API 会抛出未在方法签名中声明的未检测异常。你最终会把几乎所有的调用都封装到一个 Try 单子中，导致代码难以阅读并且过于冗长。

　　我们可以得出结论，在使用显式类型系统时，处理错误的函数式编程方法效果最好。如果这种方法适合你的风格，那么使用 Try 将是有益的。但是，如果调用的 API 过度使用未检测异常，可能很难创建统一的异常处理系统。在 3.7 节中，我们将比较不同异常处理策略的性能。

3.7　异常处理策略的性能对比

　　本节，我们将对比不同异常处理策略的性能。我们将使用 Java 微基准测试工具（JMH）来开展微基准测试。Java 微基测试工具可以在细粒度层级上对异常处理代码执行基准测试。我们将对多个异常处理策略进行测试。

　　首先测试的是标准的 try-catch 方法。接下来，我们将把它与 Try 单子方法做对比，并分析它们性能差异的潜在原因。最后，我们会探讨启用堆栈跟踪对性能的影响。我们将通过标准输出和用于记录 Throwable 异常的日志记录器来观察异常。

　　首先，我们需要一个不涉及异常处理的基线方法。这将用于比较异常如何影响性能。我们将每个基准测试操作执行 50,000 次，以获得更多的可重复执行信息（只执行一次测试不会给我们提供太多的信息）。我们将使用 for 循环来模拟这些操作。还可以使用 JMH 迭代参数来代替手动 for 循环。这两个方案对于我们的示例来说都足够好。代码清单 3.31 展示了异常基准测试。

代码清单 3.31　异常基准测试

```
private static final int NUMBER_OF_ITERATIONS = 50_000;
@Benchmark
public void baseline(Blackhole blackhole) {
        for (int i = 0; i < NUMBER_OF_ITERATIONS; i++) {
            blackhole.consume(new Object());
        }
}
```

Blackhole JMH 构造模拟了基准测试代码的实际使用情况。如果不使用它，我们就有可能让 JIT 编译器优化它或完全删除它。实际上基准测试代码并没有做很多事情，它只是创造了一个对象，然后让 Blackhole 消耗它。现在我们创建第一个基准测试代码，如代码清单 3.32 所示，我们将抛出一个异常并在 try-catch 块中捕获它。

代码清单 3.32　抛出一个异常并在 **try-catch** 块中捕获的基准测试

```
@Benchmark
public void throwCatch(Blackhole blackhole) {
    for (int i = 0; i < NUMBER_OF_ITERATIONS; i++) {
        try {
            throw new Exception();
        } catch (Exception e) {
            blackhole.consume(e);
        }
    }
}
```

这允许我们验证标准异常处理代码的性能。注意，异常已被消耗。它从实际代码中模拟使用情况，但不检查异常的堆栈跟踪或记录异常。代码清单 3.33 展示了如何使用堆栈跟踪来丰富基准测试套件。

代码清单 3.33　使用堆栈跟踪的基准测试

```
@Benchmark
public void getStackTrace(Blackhole blackhole) {
    for (int i = 0; i < NUMBER_OF_ITERATIONS; i++) {
        try {
            throw new Exception();
        } catch (Exception e) {
            blackhole.consume(e.getStackTrace());   ◁——— 获取与异常相关的所有
        }                                                 堆栈跟踪
    }
}

@Benchmark
public void logError() {
    for (int i = 0; i < NUMBER_OF_ITERATIONS; i++) {
        try {
            throw new Exception();
```

```
    } catch (Exception e) {
        logger.error("Error", e);
    }
  }
}
```

将异常传递给
日志记录器

使用记录器时，需要注意的是，`error()`方法将获得堆栈跟踪，但它也会使用追加器将结果追加到日志中。为了总结基准测试套件，我们添加一个使用函数式编程方法处理故障的基准测试，如代码清单 3.34 所示。我们将把异常封装到一个 `Try` 单子中，并且 `Try` 应该被消费。

代码清单 3.34　对 Try 单子的基准测试

```
@Benchmark
public void tryMonad(Blackhole blackhole) {
    for (int i = 0; i < NUMBER_OF_ITERATIONS; i++) {
        blackhole.consume(Try.of(() -> { throw new Exception();}));
    }
}
```

将异常封装到 Try 单子中，
不直接访问堆栈跟踪

现在我们看一下基准测试的性能结果。请注意，如果在你的机器上运行以上程序，实际数字可能会有所不同，但数字变化的总体趋势是相同的。图 3.5 显示了以上异常基准测试在我的机器上运行的结果。

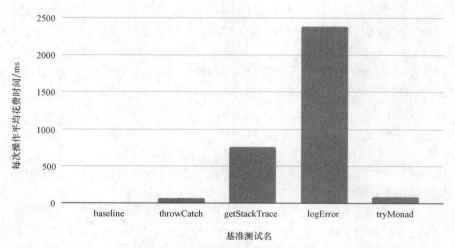

图 3.5　异常基准测试结果（测试的结果可能在你的机器上有所不同）

`baseline` 平均花费时间不到 1 ms，它显示了不涉及异常处理的代码。`throwCatch` 平均花费时间不到 100 ms，将异常封装到 `Try` 单子的耗时几乎是相同的。这意味着当选择一种方法（函数式或面向对象的）来处理错误时，不需要考虑性能。如果我们需要检查堆栈跟踪，会发生更有趣的事情。

如果我们只获取堆栈跟踪，意味着要创建并使用一个包含所有堆栈跟踪的数组，那么异常处理代码大约需要 750 ms。获取堆栈跟踪所花费的时间几乎是在不检查堆栈跟踪的情况下抛出和捕获异常所花费的时间的 10 倍。开销最大的过程是记录异常。它涉及获取堆栈跟踪并从中构造字符串消息。此外，它可能涉及附加逻辑，其中可能包括将内容保存到磁盘文件的 I/O 操作。记录异常的性能是 throwcatch 方法或使用函数 Try 的约 1/30，比获取堆栈跟踪慢 2/3。这是一个合理的结论，因为它需要做很多额外的工作。

通过本节关于性能的讨论，你可以看到，只要不需要检查堆栈跟踪，就可以使用函数式和面向对象的方法处理错误。即使你需要检查堆栈跟踪，在大多数情况下这也不会成为问题。当代码过度使用异常并在几乎每条代码路径上都抛出异常时，你可能需要注意性能问题。

当然，有时需要打开异常堆栈跟踪并记录它以进行调试。性能结果在这方面为我们提供了更多信息。如果捕获异常并重新抛出它，那么在这个中间步骤中记录异常将导致显著的性能下降。如果你想将异常重新抛出到更高的级别，那么你不应该记录它，它将在调用堆栈中的相应级别进行处理并记录。如果捕获异常而不重新抛出，那么涉及获取堆栈跟踪的一次执行是合理的。

在大多数用例（除了高频、低延迟处理）中，本节讨论的性能影响可以忽略不计（可以安全地忽略）。因此，请将此部分更多地视为有趣的信息，而不是作为在应该使用异常的地方而不使用的借口。

在本章中，我们学习了处理异常的不同策略。不应该使用异常和错误来控制业务逻辑。它们的目的是通知你有关代码的意外行为。只要没有过度使用异常，就不应该观察与异常相关的性能问题。

在第 4 章中，我们将学习如何预见用户所需的特性。我们将看到，某些特性所能带来的好处小于维护它们的复杂性和成本。

小结

- 许多面向对象语言都存在异常和错误的层次结构。出于诊断目的，理解异常和错误的层次结构是必要的。
- 为了设计错误处理 API，我们可以选择已检测或未检测异常。已检测异常是此类 API 的显式部分，必须予以处理；未检测异常是此类 API 的隐式部分，不需要进行处理。
- 在为公共 API 设计异常处理逻辑时，我们应该分析已检测异常和未检测异常的优缺点，并将它们与我们自己代码中的异常处理进行比较。
- 使用错误处理 API，我们需要正确地对问题做出反应。分析底层代码并得出在任何情况下都不能抛出异常的结论通常是很诱人的。理解异常处理逻辑中的常见反模式有助于做出此决定。

■ 在与第三方库交互时，我们应该制定处理异常的策略。在与第三方库集成时，泄露异常类型可能导致紧耦合，因此理解封装第三方异常的需求非常重要。

■ 在涉及多线程的异步处理中处理失败应该谨慎；否则，我们可能会面临静默失败。

■ 在我们的代码中，抛出异常并不是处理失败的唯一可能方法。Try 单子结构也封装了成功或失败。

■ 我们可以为不同的异常处理策略使用性能基准，以确定哪些操作成本更高。

第 4 章　灵活性与复杂性的权衡

本章内容
- 灵活性和可扩展性以及 API 维护成本和复杂性的权衡
- 利用侦听器和钩子（Hook）API 为程序提供最大可能的可扩展性
- 处理复杂性和防范无法预知的使用

在设计系统或 API 时，我们希望在它支持的一组功能和由这些功能的复杂性引起的维护成本之间找到一个平衡。在一个理想的世界里，每一个 API 的变化，比如添加一个新功能，都将得到实证研究的支持。例如，我们可以分析我们网站上的流量，并根据需要添加一个新功能。我们还可以进行 A/B 测试，以决定哪些功能应该保留，哪些不需要。基于 A/B 测试的结果，我们可以删除不需要的功能。

但是，必须注意的是，从公共 API 中删除功能可能是有问题的或不可行的。例如，如果我们需要保持向后兼容性，删除某个功能是破坏性的变化，通常不能这样做。我们可以尝试将客户端迁移到一个没有删除功能的新 API，但这是一个复杂的任务。你将在第 12 章找到更多关于兼容性的内容。

在设计公共 API 时，从小处着手通常更好。我们可以从一组有限的功能开始，并根据最终用户的输入扩展功能列表，而不是在不可能删除它们的情况下预先实现许多功能。

另外，当我们构建组织中其他工程师和团队使用的库时，我们需要预见对某些功能的需求。如果我们创建的库具有最少的功能集，并且设计不可扩展，那么我们可能会陷入需要频繁重构代码和更改 API 的境地。此外，我们可以创建一个超级广泛的代码库，并在所有地方进行定制。

通过这样做，我们试图预见代码的所有可能用例，但我们也增加了代码的复杂性，这通常会使其过度设计。本章将帮助你在代码库的灵活性和可扩展性与由此产生的维护成本和复杂性之间找到平衡。

4.1 一个健壮但无法扩展的 API

让我们假设你的团队有一个新任务，即要创建与其他团队和用户共享的软件组件。这意味着一旦你编写了这个组件，它将被其他人使用。我们有一个需求列表，你的代码应该满足这个需求列表的内容。

4.1.1 设计一个新组件

在我们的场景中，新组件的主要职责是允许客户端对给定的 URL 执行 POST 请求。除此之外，我们还需要向代码中添加指标。如果请求成功，则递增指标 requests.success。如果请求失败，那么我们需要递增指标 requests.failure。

代码还应该提供的功能是允许重试操作。代码的调用方将指定最大重试次数。如果重试次数用尽，则处理失败。另外，如果在一次重试后成功，则重试对客户端应该是透明的。我们应该递增 requests.retry，表示完成请求需要重试。请注意，只有在重试次数用尽之后，失败才会传播到客户端。我们可以创建一个图表，显示组件应该支持的一组特性，如图 4.1 所示。

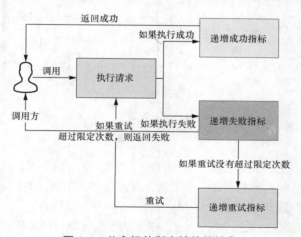

图 4.1 共享组件所支持的特性集

在设计这样一个组件时，我们需要回答关于我们将使用的第三方库的问题。但更重要的是，我们需要预见用例，以允许适当的扩展点，而无须过度设计这个新组件。有时，工程师倾向于使用将来能够扩展代码的模式开始实现阶段。当我们开始使用这种方法时，我们可能会引入许多抽象级别，从而增加系统的复杂性。

　　在本章中，我们将尝试一种不同的方法。我们将从没有扩展点的最简单的代码开始，然后从客户的角度出发，进一步开发更灵活的代码。然而，我们也会发现提高灵活性的代价是增加了代码的复杂性。

4.1.2　从最简单的代码开始

　　现在从最简单的代码开始我们的重构之旅。我们首先了解实现，然后回答有关其局限性的问题。接下来，我们将尝试预测我们可以提供的缺失用例和扩展点。

　　我们将调用新组件 HttpClientExecution。该组件的构造函数将 MetricRegistry 作为参数。这是一个来自第三方库的类，用于公开指标。代码清单 4.1 展示了该组件的初步外观。

代码清单 4.1　HttpClientExecution 组件

```java
import com.codahale.metrics.Meter;
import com.codahale.metrics.MetricRegistry;

private final int maxNumberOfRetries;
private final CloseableHttpClient client;
private final Meter successMeter;
private final Meter failureMeter;
private final Meter retryCounter;

public HttpClientExecution(
    MetricRegistry metricRegistry, int maxNumberOfRetries,
    CloseableHttpClient client) {
  this.successMeter = metricRegistry.meter("requests.success");
  this.failureMeter = metricRegistry.meter("requests.failure");
  this.retryCounter = metricRegistry.meter("requests.retry");
  this.maxNumberOfRetries = maxNumberOfRetries;
  this.client = client;
}
```

设置此组件可执行重试的次数的上限

使用 MetricRegistry 创建指标

客户端由调用方提供，调用方负责配置客户端

　　注意，这段代码中使用了第三方库提供的 MetricRegistry 类。我们会使用该类构造并发布程序的指标数据。我们把它当作一个黑盒，仅使用它宣布支持的公共 API。然而，在组件中使用这个类，也会导致 HttpClientExecution 与指标库耦合。

　　现在，让我们聚焦到带重试的执行算法的实现。为了执行 POST 请求，我们只需要提供一个表示路径的 String 类型参数。代码清单 4.2 展示了我们是如何递增指标并发布指标的。

代码清单 4.2　使用重试逻辑执行 POST 请求

```java
public void executeWithRetry(String path) {
  for (int i = 0; i <= maxNumberOfRetries; i++) {
```

只要没达到最大重试次数就持续循环

```
        try {
          execute(path);
          return;
        } catch (IOException e) {
          logger.error("Problem when sending request for retry number: " + i, e);
          failureMeter.mark();
          if (maxNumberOfRetries == i) {
            logger.error("This is the last retry, failing.");
            throw new RuntimeException(e);
          } else {
            logger.info("Retry once again.");
            retryCounter.mark();
          }
        }
      }
    }

    private void execute(String path) throws IOException {
      CloseableHttpResponse execute = client.execute(new HttpPost(path));
      if (execute.getStatusLine().getStatusCode() == HttpStatus.SC_OK) {
        successMeter.mark();
      } else {
        failureMeter.mark();
      }
    }
```

如果发生失败，则递增失败指标

如果直到执行结束都没有碰到问题，则从方法中返回

如果达到最大重试次数，对异常进行封装，并返回给调用方

如果未达到最大重试次数，递增指标，继续执行该部分代码

如果执行成功，则递增成功指标

任何非 200 的状态码都视为失败

你大概已经注意到，这段代码中，只有当 HTTP 状态码为 200 时我们才将该操作标记为成功。任何别的状态，无论是发生了异常还是返回其他非 200 的状态码，我们都会递增 failureMeter。当然，我们也可以修改这段逻辑，将 2×× 的返回状态码标记为成功，不过这对于本例希望传达的信息无关痛痒。

全面分析完这段代码，你会知道它实现了图 4.1 希望支持的所有功能。我们的代码满足了需求，不过它并未提供扩展的能力。调用方只有一种方式修改其行为，就是通过传递的参数 maxNumberOfRetries。后续的内容里，我们会对这段代码进行重构，让它更加灵活，这段代码实现可以作为重构前后对比的一个参考。

最后，为了从端到端角度理解代码的逻辑，让我们看看如何通过单元测试验证该组件的行为。第一个单元测试验证的是当一个请求成功时它应该只执行一次。代码清单 4.3 展示了这段逻辑。

代码清单 4.3　验证成功而不进行重试

```
@Test
public void shouldNotRetryIfFirstRequestsSuccessful() throws IOException {
  // 给定
  MetricRegistry metricRegistry = new MetricRegistry();
  CloseableHttpClient client = mock(CloseableHttpClient.class);
  CloseableHttpResponse response = mock(CloseableHttpResponse.class);
  when(response.getStatusLine())
      .thenReturn(new BasicStatusLine(HTTP_1_1, HttpStatus.SC_OK, null));
```

```
HttpClientExecution httpClientExecution = new
    HttpClientExecution(metricRegistry, 3, client);

when(client.execute(any())).thenReturn(response);
```
←── 模拟 HTTP 客户端
返回成功

```
// 何时
httpClientExecution
    .executeWithRetry("http://localhost/user");
```
←── 执行 executeWithRetry()，
这是公共 API

```
// 然后
assertThat(getMetric(metricRegistry, "requests.success"))
    .isEqualTo(1);
assertThat(getMetric(metricRegistry, "requests.failure")).isEqualTo(0);
assertThat(getMetric(metricRegistry, "requests.retry")).isEqualTo(0);
}
```
←── 递增 requests.success 指标

如果后续所有的重试请求都失败了，我们应该递增失败及重试指标。最后，底层导致失败的原因应该返回给客户端，就像代码清单 4.4 所展示的那样，在这段代码中，我们模拟了所有的重试都失败的场景。

代码清单 4.4 验证带重试的失败处理逻辑

```
when(client.execute(any())).thenThrow(new IOException("problem"));
HttpClientExecution httpClientExecution = new
    HttpClientExecution(metricRegistry, 3, client);

// 何时
assertThatThrownBy(
        () -> {
            httpClientExecution.executeWithRetry("url");
        })
    .hasCauseInstanceOf(IOException.class);
```
←── 完成所有的重试后，回传底层的 IOException

```
// 然后
assertThat(getMetric(metricRegistry, "requests.success")).isEqualTo(0);
assertThat(getMetric(metricRegistry,
    "requests.failure")).isEqualTo(4);
assertThat(getMetric(metricRegistry,
    "requests.retry")).isEqualTo(3);
```
←── 重试 3 次再加首次的请求，所以失败指标值为 4

←── 与我们传递给 HttpClientExecution 的参数值相同

注意 requests.failure 指标值会比客户端记录的重试次数大 1。这是因为首次请求没有包含在完整的重试指标中。

最后，如果第一次请求失败，但第二次请求成功，则重试逻辑应该允许调用通过。从客户端的角度来看，它没有关于重试的信息。只有指标数据能告诉客户端是否发生了重试。代码清单 4.5 显示了最后一个单元测试，其中第一次请求失败，第二次请求成功。

代码清单 4.5　验证重试和成功

```
when(client.execute(any())).thenThrow(new
    IOException("problem")).thenReturn(response);
```
← 模拟失败之后重试成功的场景

```
HttpClientExecution httpClientExecution = new
    HttpClientExecution (metricRegistry, 3, client);

// 何时
httpClientExecution.executeWithRetry("url");

// 然后，第一次请求失败并执行了重试，第二次请求成功
assertThat (getMetric (metricRegistry,
➡ "requests.success")).isEqualTo(1);
assertThat (getMetric (metricRegistry,
➡ "requests.failure")).isEqualTo(1);
assertThat (getMetric (metricRegistry,
➡ "requests.retry")).isEqualTo(1)
```
← 一旦组件完成处理，我们应该有一次执行成功的记录

← 与此同时，还应该有一次执行失败的记录：它是第一次的执行请求

← 发起过一次重试，该重试让第二次的执行成功通过

　　虽然我们有一个相对简单且易于维护的组件，但它有许多限制。我们没有很多扩展点，并且我们强制客户端代码使用特定的指标库实现。这意味着我们的组件和第三方库之间存在紧耦合。

　　假设我们想要改进组件，允许更大的灵活性。最终用户应该能够选择他们的库并提供实现。我们的组件不应该关心用于收集指标的实际库。在 4.2 节中，我们将看到尝试预见这个特性将如何影响代码库。

4.2　允许客户使用自己的指标框架

　　我们的组件不是很灵活，而且它严重依赖于负责收集指标的第三方库。乍一看，这没有问题，但其他工程师和系统将使用我们的代码。通过在代码库中使用第三方库中的类，我们限制了组件的未来实现。此外，我们设置了限制，即无论在哪里使用我们的代码段，都需要使用相同的指标库。

　　当你查看 HttpClientExecution 组件中的导入时，你会注意到我们依赖于第三方库。代码清单 4.6 显示了这些依赖项。

代码清单 4.6　指标依赖于第三方库

```
import com.codahale.metrics.Meter;
import com.codahale.metrics.MetricRegistry;
```

　　事实证明，我们的简单代码具有紧耦合，这使得它难以测试和扩展。因此，我们将与指标相关的代码抽象出来。将其抽象出来的模式非常简单，我们定义一个通用的接口，它可以作为系统的入口点（见图 4.2）。从现在开始，我们的代码将只能通过这个新接口与任何特定于指标的实现集成。

　　新的指标接口需要定义我们的组件和任何第三方库之间的合约。这很简单，如代码清单 4.7

所示。

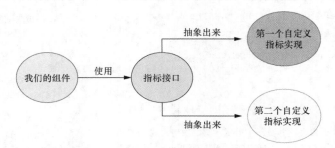

图 4.2   使用接口将指标从第三方库抽象出来

代码清单 4.7   定义指标接口

```
public interface MetricsProvider {
  void incrementSuccess();
  void incrementFailure();
  void incrementRetry();
}
```

该接口不允许调用方从组件中取回数据。然而，这是一个合理的限制，因为调用方可以注入他们的指标注册表来跟踪指标。由于这一事实，调用方拥有指标注册表代码，并可以直接访问指标，不需要在 MetricsProvider 接口中添加访问器方法。而且 MetricsProvider 不需要从第三方库导入任何类，所以我们的新 MetricsProvider 和特定的指标实现之间没有紧耦合。

HttpClientExecution 将通过这个抽象与指标进行交互。这样做，我们不需要担心实现细节，它们由客户提供。我们假设客户端想要为指标 Dropwizard 库提供一个实现。最重要的是，客户端需要实现 MetricsProvider 接口。代码清单 4.8 显示了这个实现。

代码清单 4.8   提供指标实现

```
public class DefaultMetricsProvider implements MetricsProvider {
  private final Meter successMeter;
  private final Meter failureMeter;          这部分代码负责提供
  private final Meter retryCounter;          内部的实现细节

  public DefaultMetricsProvider(MetricRegistry metricRegistry) {
    this.successMeter =
➥ metricRegistry.meter("requests.success");        ◀
    this.failureMeter = metricRegistry.meter("requests.failure");
    this.retryCounter = metricRegistry.meter("requests.retry");
  }

  @Override
  public void incrementSuccess() {    ◀   接口方法是组件的唯一集成点
    successMeter.mark();
  }
```

```
@Override
public void incrementFailure() {
  failureMeter.mark();
}

@Override
public void incrementRetry() {
  retryCounter.mark();
}
}
```

如何判断新设计对组件灵活性及复杂度的影响呢？首先，我们看到由于对组件中实际实现细节的抽象，HttpClientExecution 的逻辑得以简化，不再需要在自己的系统中实现这部分逻辑。由此可以得到的一个直观结论是，组件的复杂性降低了。与此同时，由于客户端可以自定义它们需要的任何指标实现，组件的灵活性也获得了提升。

在此例中，我们不但提升了组件的灵活性，还降低了程序的复杂性，貌似圆满地达成了"双赢"。然而，这种做法亦有其代价。我们将自身系统中剔除的复杂性转移到了其他地方。倘若多个客户端皆采用我们的组件，且它们存在共同需求，即皆需实现一个全新的指标接口。因为新的设计，现在这部分复杂性则被转移到了各个客户端的代码实现之中。从本质而言，我们仅仅是把复杂性"外包"给了外部客户端。表面看是增加了灵活性，实际却是增加了程序的复杂性。区别仅在于这部分复杂性未在我们的代码库中显现罢了。

从客户端的视角来看，采用一个需要诸多额外操作的组件，比如创建自定义的指标实现，或许会极为烦琐，会导致用户舍弃不用，转而选取其他系统或组件。一种折中的办法是我们仍然对指标接口予以抽象，与此同时，提供适宜于大多数用户的默认实现。如此一来，我们既给予了扩展性，又凭借自身系统化解了客户端潜在要应对的复杂性问题，并未将负担轻率地丢给客户端。倘若客户端确实有定制的需求，它们也能够轻而易举地完成定制并提供给组件使用。

在实际项目中，我们的系统通常倚仗多个外部组件，针对这些组件展开抽象或许并不具有现实可行性。哪怕是在我们所使用的这个简单例子中，组件亦依赖于一个 HTTP 客户端的实现。HTTP 客户端兴许提供了众多方法，而这些方法难以凭借抽象来予以隐藏。

我们皆明晰设计的复杂性将大幅提升，紧接着的 4.3 节，我们将会介绍采用最为广泛、使用最为灵活的一类机制，以提供程序所需的扩展性。我们将会学习借助钩子 API 的机制，允许客户端在组件生命周期的各个方位提供其所需的行为。我们将会使用一个全新的例子进行介绍（此新例子与指标并无关联）。

4.3 通过钩子为你的 API 提供可扩展性

几乎所有的系统抑或框架，其生命周期皆涵盖诸多步骤。与其努力预测客户端诸般可能的运用场景，不如使之具备创建自身期望行为的能力，并回馈注入至组件之中。如此一来，我们也省却了因适配新特性之需而不得不修订自身代码及 API 的开销。在此模式下，客户端全权负责自身所需的逻辑,我们的代码无须知晓其实现详情。从理论上来说,这种方案能极大地提升程序的可扩展性,我们再无须为此费力伤神。在实际操作中,我们需要格外关注注入系统的代码,因为我们对调用方所供给的代码行为全然不知,不应对其行为做任何的假定。

通过使用各种模式,例如抽象(4.2 节所示)或继承,生命周期的每个阶段都可具有可扩展性和灵活性。通常,如果想为客户端代码提供最大的灵活性,我们可以使用钩子机制。这种机制允许客户端在特定组件生命周期的各个阶段之间插入代码。在我们的示例 API 中,我们希望客户端能够在准备好 HTTP 请求之后,在向 REST 端点发送实际的 HTTP 请求之前,将其 hook 到代码中。图 4.3 显示了这种安排。

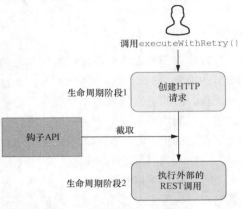

图 4.3　如何在你的代码中使用钩子 API

客户端首先调用并执行 executeWithRetry() 方法。这开始了组件的生命周期,它创建了一个 HTTP 请求方法。通常,一旦生命周期的这个阶段完成,该方法执行一个外部的 REST 调用,组件的生命周期就结束了。通过引入钩子 API,我们允许客户端拦截特定的调用。客户端只需要实现一个钩子接口。接下来,我们在组件的适当生命周期中调用这个钩子接口。这提供了一种灵活的机制,消除了预测客户将来可能需要的确切功能的负担。

支持钩子 API 的第一步是创建一个接口,允许我们的代码在代码生命周期的特定阶段调用钩子接口。新的界面很简单,它只有一个方法,如代码清单 4.9 所示。我们将调用这个方法,将 HttpRequestBase 作为参数传递,该参数是在生命周期的第一阶段创建的。

代码清单 4.9　实现钩子接口

```
public interface HttpRequestHook {
  void executeOnRequest(HttpRequestBase httpRequest);
}
```

组件的客户端注入钩子实现(客户端可以注入多个钩子)。因此,我们需要在构造函数中接收一个钩子列表,如代码清单 4.10 所示。

代码清单 4.10　实现钩子函数构造器

```
public HttpClientExecution(
    MetricRegistry metricRegistry,
    int maxNumberOfRetries,
    CloseableHttpClient client,
    List<HttpRequestHook> httpRequestHooks) {      客户端代码的
this.metricRegistry = metricRegistry;              注入钩子
this.successMeter = metricRegistry.meter("requests.success");
this.failureMeter = metricRegistry.meter("requests.failure");
```

```
this.retryCounter = metricRegistry.meter("requests.retry");
this.maxNumberOfRetries = maxNumberOfRetries;
this.client = client;
this.httpRequestHooks = httpRequestHooks;    ◁—— 保存它们以便将来
}                                                    使用
```

接下来，让我们看看钩子 API 如何插入组件的现有生命周期中。因为客户端代码在生命周期阶段之间执行，所以它迭代每个注入的钩子，并将 HttpPost 对象传递给调用方代码。代码清单 4.11 显示了这个过程。

代码清单 4.11　不带错误处理机制的 execute 实现

生命周期的第一阶段，创建
一个 HttpPost 对象
```
private void execute(String path) throws IOException {
  HttpPost httpPost = new HttpPost(path);
  for (HttpRequestHook httpRequestHook : httpRequestHooks) {   ◁—— 在生命周期阶段
    httpRequestHook.executeOnRequest(httpPost);                    之间执行客户端
  }                                                                 代码
  CloseableHttpResponse execute = client.execute(httpPost);   ◁——
  if (execute.getStatusLine().getStatusCode() == HttpStatus.SC_OK) {
    successMeter.mark();                      生命周期的第二阶段，执
  }                                           行一个外部 REST 调用
}
```

使用这种机制，客户端可以在我们的处理过程中注入他们的代码。这里我们将 HTTP POST 请求传递给客户端代码，调用方可以对其执行任何操作。因此，该解决方案的灵活性很高。

4.3.1　防范钩子 API 的过度使用

这个例子中，我们会遍历客户端提供的所有钩子，然后将 HttpPost() 方法传递给 API。在这一点上，我们可以得出结论，我们能够在不大幅增加代码复杂性的情况下获得高可扩展性。但是，我们需要认识到我们对客户端代码没有任何影响力。我们的钩子接口没有声明任何异常。然而，正如我们在关于异常的章节中所了解到的，客户端仍然可以从他们的代码中抛出未检测异常。这意味着当客户端代码做了一些不可预测的事情时，可能会导致未检测异常。

通过合约限定钩子 API 抛出异常，还是防范可能抛出异常的钩子 API

在理想的情况下，当我们向客户端公开用户的 API 时，我们应该记录它的合约。例如，我们可以声明所有钩子实现都不能抛出异常。然而，我们很难把这个要求强加给所有的客户。有些人可能会忘记这样做（或没有阅读文档）。其他人可能依赖于抛出未检测异常的其他代码，即使这不应该。出于这些原因，如果我们声明不应该抛出异常，那么明智的做法是防范可能出现的异常。否则，使用我们代码的客户端应用程序可能会因难以检测到的问题（静默失效）而失败。

我们可以通过编写一个单元测试来验证这个假设，该单元测试提供了一个抛出未检测异常

的钩子。代码清单 4.12 显示了这样一个测试。

代码清单 4.12   测试钩子中的不可预测问题

```
HttpClientExecution httpClientExecution =
    new HttpClientExecution(
        metricRegistry,
        3,
        client,
        Collections.singletonList(
        httpRequest -> {
          throw new RuntimeException("Unpredictable problem!");
        }));
```

我们无法控制的代码中抛出一个意想不到的问题

在这种情况下，我们组件的生命周期将受到影响。通过为客户端提供灵活性，我们为代码引入了复杂性。为了防范这个问题出现而导致失败，我们需要将不属于我们的代码封装到一个 try-catch 块中，如代码清单 4.13 所示。

代码清单 4.13   防范失败

```
for (HttpRequestHook httpRequestHook : httpRequestHooks) {
    try {
        httpRequestHook.executeOnRequest(httpPost);
    } catch (Exception ex) {
        logger.error("HttpRequestHook throws an exception. Please validate your
        hook logic", ex);
    }
}
```

我们必须做好思想准备，任何异常都可能被抛出

如果客户端抛出异常，我们无法直接停止组件的生命周期

从核心业务处理（调用钩子的代码）的角度来看，如果异常不是致命的，我们可以记录下来，以便向客户端提供反馈。换句话说，不管调用方注入的逻辑类型是什么，我们都不希望我们的处理受到这些问题的影响。如果钩子提供的代码失败，我们可以将其记录下来进行调试，但仍然可以继续处理。

如果我们允许这个异常传播，它将影响库的逻辑。我们不希望允许这种行为，因为我们的库代码按预期工作，但事情可能会变得更加复杂。如果我们将一个有状态对象（如 HTTP 客户端对象）传递给钩子 API，则无法影响该对象的使用方式。钩子 API 中的代码可能会执行改变客户端内部结构的代码。例如，它可以用来执行额外的 HTTP 请求。如果你针对流量调整了 HTTP 客户端（你已经配置了适当的队列大小、超时和其他设置），这可能会出现问题。

组件所提供的逻辑可能会消耗正常工作流所需的资源。因此，可能会破坏 SLA 或导致整个生命周期失败。在最坏的情况下，客户端代码可能会执行一些导致 HTTP 客户端失败的逻辑。在这种情况下，你的组件也会失败。

注意   在将任何内部状态传递给不属于你的代码时，你需要小心。记录钩子 API 代码假设是很好的第一步，但这并不能防止出现意想不到的用法。

在本节中，我们学习了如何从正确性的角度防范钩子 API 的过度使用。从性能角度看如何？让我们在 4.3.2 节中看看这个问题。

4.3.2 钩子 API 的性能影响

从正确性的角度而言，我们的代码应该处理客户端提供的代码的意外失败。但是我们需要意识到客户端提供的逻辑可能会阻塞。这意味着对我们调用钩子 API 所花费的时间没有任何影响。

假设调用方提供了执行一些 I/O 调用的钩子逻辑，例如涉及阻塞的网络或文件系统调用。每个 I/O 调用都是不可预测的，可能会导致高延迟。假设钩子 API 调用的延迟是 1,000 ms。如果我们的第一个生命周期阶段需要 100 ms，第二个生命周期阶段需要 200 ms，那么调用的总时间等于 1,300 ms，而不是 300 ms。这将极大地影响组件的性能。图 4.4 总结了这个场景。

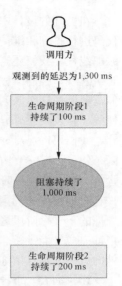

图 4.4　受钩子 API 阻塞的方法调用

调用方将观察到高延迟，并查看组件的当前设计。我们对此无能为力。钩子内部的同步调用使用与组件相同的线程，因此，在某些情况下，我们甚至可能面临死锁的风险。

想象这样一个场景：我们只有最少的线程，钩子 API 中提供的客户端代码阻塞或等待外部资源可用。即使这些外部资源在多种情况下不可用，组件和客户端代码之间共享的线程也会阻塞。如果这种情况多次发生，没有足够的线程来处理请求，可能会出现问题。

我们可以要求客户端在回调代码中执行非阻塞调用。这意味着每个客户端都需要管理一个线程池来处理钩子 API 操作。在线程上检测阻塞调用是可能的，但这会使设计变得非常复杂。

如果我们有多个相互独立的钩子，每个钩子都执行包含阻塞行为的逻辑，那么上述情况甚至会更糟。如果我们有两个阻塞钩子，每个钩子都需要 1,000 ms 的处理时间，那么我们的总处理时间将增加到 2,300 ms，这比不使用钩子 API 的代码要慢约 $\frac{7}{8}$，如图 4.5 所示。

这个问题的一个解决方案是假设钩子 API 代码是不安全的，并且总是阻塞的。通过引入这个假设，我们可以将每个钩子 API 调用封装成一个在单独的线程上执行的操作。

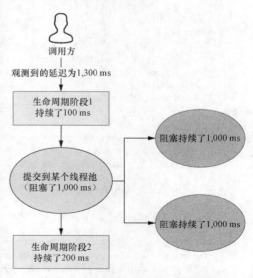

图 4.5　钩子 API 并行化阻塞调用

在当前的设计中，每个钩子 API 都被提交到一个单独的线程池中，并且线程池需要通过代码进行管理和维护。我们需要决定所需的线程数、队列大小和其他因素，比如是否允许动态添加线程。我们还需要监视线程池的使用情况和线程消耗情况。

管理单独的线程池会增加代码库的复杂性。线程池包含一个我们可以处理的任务队列，我们需要监视这个队列，这样它就不会因为挂起任务而导致超过内存上限。此外，我们还需要确保线程在发生意外异常时不会静默失效。

我们可以提交 n 个并行钩子执行，其中 n 表示线程池中的线程数。我们假设调用方提供了两个钩子。每一个钩子都执行一个持续 1,000 ms 的阻塞调用。理想情况下，这些钩子可以单独运行，而不需要在阶段之间等待。在这种情况下，它们不会影响组件调用的延迟。新的 API 允许客户端在生命周期的不同阶段之间插入代码。因此，在完成所有钩子 API 调用和进入生命周期的下一个阶段之间存在 happens-before 关系。即使可以并行调用，我们也需要等待所有调用都完成才能进行。因此而增加的延迟将至少与通过钩子 API 提供的最慢操作一样高。这种设计的灵活性通过增加延迟降低了性能。

让我们看一下考虑了正确性和性能改进的 HttpClientExecution 组件的设计。我们需要为钩子 API 创建一个专用的线程池，这会增加复杂性和维护成本。在代码清单 4.14 中，请注意每个钩子 API 都被提交到专用线程池。

代码清单 4.14　改进并行度

```
private final ExecutorService executorService =
    Executors.newFixedThreadPool(8);
private void executeWithErrorHandlingAndParallel(String path) throws
    Exception {
  HttpPost httpPost = new HttpPost(path);
  List<Callable<Object>> tasks =
  new ArrayList<>(httpRequestHooks.size());        ◁──── 调用执行 n 个任务，n 等于
  for (HttpRequestHook httpRequestHook : httpRequestHooks) {        钩子的个数
    tasks.add(
        Executors.callable(        ◁──── 为每个钩子动作构造
            () -> {                     一个 callable() 方法
              try {
                httpRequestHook.executeOnRequest(httpPost);
              } catch (Exception ex) {
                logger.error(
                    "HttpRequestHook throws an exception. Please validate
  your hook logic", ex);
              }
            }));
  }
  List<Future<Object>> responses =
  executorService.invokeAll(tasks);        ◁──── 调用执行所有的任务
  for (Future<Object> response : responses) {        遍历所有挂起
    response.get();        ◁────        任务的列表
  }
```

调用执行所有的任务

遍历所有挂起任务的列表

继续下一步前，等待所有的异步操作执行完成

```
CloseableHttpResponse execute = client.execute(httpPost);
if (execute.getStatusLine().getStatusCode() == HttpStatus.SC_OK) {
    successMeter.mark();
}
}
```

所有的钩子执行完成后，
进入最后阶段的执行

与第一次的组件设计相比，我们的代码变得复杂了。我们需要处理所有失败，以免线程池中的线程静默失效。此外，我们还需要并行化钩子的执行，但这并不能解决使用钩子引起的所有性能问题，我们需要等钩子完成。客户端使用钩子 API 所获得的灵活性并不是免费的。为此，我们将为专用线程池和解决方案的复杂性付出更高的维护成本。

在 4.4 节中，我们将研究另一种机制，即侦听器 API，它会使我们的 API 更加灵活，而不需要预见客户端可能请求的所有特性。我们还将提供一种将有关重试次数的信息传播到客户端的方法。最后，我们将看到预测这一特性会如何使逻辑复杂化。

4.4　通过侦听器为你的 API 提供可扩展性

乍一看，侦听器 API 似乎与钩子 API 类似，但二者之间是有一些区别的，值得单独解释。你可能还记得，钩子 API 设计是同步的，我们需要等待所有钩子执行完成后才能进行下一步。如图 4.6 所示，提供侦听器 API 的观察者模式采用不同的方法为客户端提供扩展点。我们的组件（在观察者模式中称为主题）允许客户端注册观察者。当组件中进行某些操作时，这些观察者将收到通知。

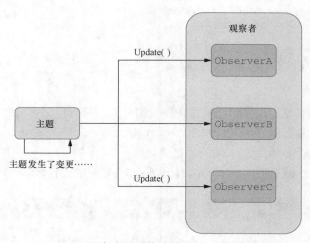

图 4.6　观察者模式允许客户端注册观察者

观察者模式允许客户端注册多个观察者。下面分析侦听器 API 和钩子 API 之间最重要的区别。

4.4.1　使用侦听器与钩子的取舍

当我们发送一些事件（例如，表示组件完成了生命周期阶段的事件）时，通知是完全异步的。事件和组件的下一阶段之间不存在 happens-before 关系。这意味着只要在单独的线程池中执行侦听器，就不会有性能降低的风险，我们也不需要等待侦听器 API 操作完成。

使用侦听器 API 公开某个事件发生的内部状态或信号可能很诱人。这是一种灵活的抽象，因为我们可以允许客户端提供它们自己的行为，而无须修改我们的代码或 API。假设我们决定要预见一个新的用例，并且在组件完成执行时发送带有重试状态的通知，如图 4.7 所示。

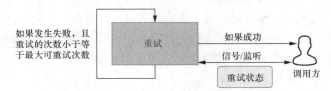

图 4.7　使用侦听器 API 发送重试状态的通知

当所有重试完成时，我们将公开重试状态。为此，我们需要创建一个新的 `RetryStatus` 类，该类用于封装我们想要传播到客户端的信息。代码清单 4.15 显示了这个新类。

代码清单 4.15　创建一个 RetryStatus 类

```
public class RetryStatus {
  private final Integer retryNumber;
  public RetryStatus(Integer retryNumber) {
    this.retryNumber = retryNumber;
  }
  public Integer getRetryNumber() {
    return retryNumber;
  }
}
```

在本例中，简单起见，重试状态只包含重试编号。它返回特定重试的指标值。

我们将允许客户端注册 `OnRetryListener`，`OnRetryListener` 在预期的操作发生时由我们的组件调用。`OnRetryListener` 接口只有一个 `onRetry()` 方法用于获取重试状态，并且每次重试都有一个专门的 `RetryStatus`。代码清单 4.16 显示了 `OnRetryListener` 的实现。

代码清单 4.16　OnRetryListener

```
public interface OnRetryListener {
  void onRetry(List<RetryStatus> retryStatus);
}                                                    保存一个侦听器列表
public class HttpClientExecution {
  private final List<OnRetryListener> retryListeners = new ArrayList<>();  ←
```

```
public void registerOnRetryListener(OnRetryListener onRetryListener) {      ◁
    retryListeners.add(onRetryListener);
}                                                                    通过专门的方法注册
// 其余的方法                                                          一个新的侦听器
}
```

当重试逻辑完成后，我们可以遍历每个侦听器并传播给定执行的所有重试状态。我们需要将这些重试状态聚合到一个列表中，然后将该列表发送到每个重试侦听器。代码清单 4.17 显示了相应实现。

代码清单 4.17　调用 OnRetryListener 方法

```
public void executeWithRetry(String path) {                用于将每次重试的状态
    List<RetryStatus> retryStatuses = new ArrayList<>();  ◁  RetryStatus 添加到一个列表中
    for (int i = 0; i <= maxNumberOfRetries; i++) {
        // 重试的逻辑                                       ◁    这部分就是之前
        retryListeners.forEach(l -> l.onRetry(retryStatuses));  ◁  的重试逻辑，没
                                                                有什么变化
    }                              将重试的状态发送
}                                  给各个侦听器
```

注意，处理失败的规则以及使代码并行运行的规则与 4.3 节中讨论的相同。乍一看，逻辑是正确的，但在将内部状态传递到调用方的代码时，需要注意一个问题。我们不能阻止调用方修改传递的状态，修改这个状态会破坏我们的逻辑。我们将在 4.4.2 节中讲解这个问题。

4.4.2　设计的不可修改性

当状态从组件传递时，我们无法确定状态是否会在客户端代码中被修改。代码清单 4.18 显示了一个单元测试，我们可以通过它来模拟这种行为。

代码清单 4.18　通过侦听器修改状态

```
httpClientExecution.registerOnRetryListener(
    List::clear);                                   客户端如果清空或者修改了
httpClientExecution.registerOnRetryListener(     ◁  状态，就会引入副作用
    statuses -> {
        assertThat(statuses.size()).isEqualTo(1);   ◁  期望的结果是列表中
    });                                                有一个重试的状态
```

传递给 OnRetryListener 的重试状态列表是对实际列表的引用。没有什么可以阻止客户端调用 clear()，或者在这个列表中删除或添加一个元素。如果第一个侦听器清除了状态，第二个侦听器将看不到修改。这意味着调用方的代码引入了一个副作用。这样的情况使我们的 API 容易出错并且具有不确定性。为了防止这种情况出现，我们可以创建一个实际列表的副本，并将其传递到客户端。代码清单 4.19 显示了对应的代码。

代码清单 4.19　复制传递给侦听器的对象

```
retryListeners.forEach(l -> l.onRetry(new ArrayList<>(retryStatuses)));
```

我们创建重试状态的副本，并将其发送给每个侦听器。因此，即使调用方修改了对象，也不会影响任何其他侦听器或 API 代码。这有几个缺点。

第一个缺点：对于原始对象的深度副本，我们需要创建数据的大量副本。深度复制将所有值从原始对象复制到新对象，这可能会大大增加应用程序使用的内存。如果我们有 n 个侦听器，就需要复制实际数据 n 次，这会增加内存消耗。第二个缺点：侦听器代码中存在潜在的静默问题。客户端可能误修改了列表，最好通过抛出异常显式地禁止此类操作。

通过将状态封装到不可变的封装器中，我们可以一石二鸟，弥补这两个缺点。对于列表，我们可以使用 ImmutableList 构造封装，如代码清单 4.20 所示。

代码清单 4.20　封装成不可变对象

```
retryListeners.forEach(l -> l.onRetry(ImmutableList.copyOf(retryStatuses)));
```

将实际状态封装成一个不可变抽象并不会创建副本。具体做法是创建一个类，当使用该类时，任何针对底层列表的修改都会抛出异常。我们不需要每次将列表传播到侦听器时都复制列表的实际内容，仅禁用那些执行修改操作的方法即可。这种方式的优点是它是显式的和快速反馈的。如果侦听器的 API 对列表内容实施修改，即刻便会收到反馈，不存在静默失败的风险。

如果要将任何状态传播到不属于你的代码中，则应该始终断言该状态是不可变的。通过这样的设计，你可以让该状态从一开始就不可变。这可以通过不可变类和 final 字段来实现。如果你正在使用的 API 是不可变的，则不需要创建防御性副本。这样内存占用率将大大降低。

在现实中，我们经常需要使用可变的库。大多数集合，如列表或映射，都是可变的。在将它们传播给客户端时需要非常小心。在这种情况下，应该将状态封装到一个不可变的类中，该类可隐藏或禁止对底层数据的修改。

在将状态传播到侦听器 API 时可能遇到的一个问题是，侦听器可能会面临流量过大的风险。如果每次执行某个操作时都调用 n 个侦听器，则意味着应用程序的内存消耗将大幅增加。调用方的代码可能跟不上流量而阻塞，从而影响应用程序的主处理。在这种情况下，你可以考虑添加回压或缓冲更多的状态事件，并批量发送它们。所有针对这个问题的解决方案都可能使你的设计变得非常复杂。如果决定从组件发送通知，应该谨慎行事。

通过上述介绍我们可以看到，即便使用侦听器 API 传递状态这么简单的操作也会让代码变得很复杂：你要确保数据是不可变的，且确定调用方的代码能够跟上流量。看起来很简单的用例也会使代码增加复杂性。

4.5　API 的灵活性分析及维护开销的权衡

从本章前面的例子中可以得到的重要结论是，每个新特性都会在一定程度上增加代码的复杂性。例如，有时我们希望抽象出所依赖的特定库。在抽象特定于度量的库时，我们看到了这种模式的一个示例。抽象的实现可以降低组件的复杂性，但会增加客户端代码的复杂性。每个客户端都需要为具体的度量库提供实现。为此，我们发现混合解决方案，即抽象，在大多数用例中可能是最好的，它提供默认的、最常用的实现。

如果我们试图猜测和预见确切的用例，我们可能会倾向于引入相当通用的模式，比如侦听器或钩子 API。乍一看，它们很灵活，不会增加很多复杂性。这种说法可能是准确的，但是我们将为增加复杂性的可扩展性付出代价。

在使用钩子 API 时，需要避免任何不可预知的用法。这意味着你的代码应该考虑到任何异常。此外，你还需要注意 API 扩展点的线程执行模型。如果你的设计允许同步客户端调用，我们必须假设一些客户端会阻塞这些调用，从而影响组件的 SLA 和资源（如线程）使用。但是在代码中引入应该并行工作的异步逻辑会增加额外的复杂性。你需要维护一个专用的线程池并监视它。

此外，你需要注意组件的扩展点以及处理阶段之间的 happens-before 关系。对于这种情况，即使处理并行，也不能将额外的延迟减少到 0。这种复杂性，你需要以向调用方公开钩子 API 为代价。

侦听器 API 类似于钩子 API，但它不涉及组件执行阶段之间的阻塞。你发出的信号是异步的，因此它不应该影响组件的整体延迟。但是你需要注意发出信号的状态。一旦你将一些代码传递给调用组件，你不知道客户端是否会修改它。因此，在侦听器 API 中传播的状态的不可变性是至关重要的。

一般来说，API 的灵活性越高，引入的复杂性就越高。如果需要引入异步处理，这些复杂性可能是代码复杂性或执行模型复杂性。图 4.8 说明了灵活性与复杂性。

比较这些方法，抽象指标库提供了一些灵活性，但我们仍然有一个客户端应该实现的显式 API 合约。另外，钩子/侦听器 API 要灵活得多。但是，它们会暴露 API 的内部事件或状态，客户可以用它们做任何事情。虽然这给了我们很大的灵活性，但我们不能推理客户端代码；我们需要防范不可预知的失败。为此，我们需要使用不可变状态。还有，我们无法推断客户端的并发模型（是阻塞执行还是异步执行）。正因为如此，有时灵活的系统会带来麻烦，我们需要在灵活性-复杂性轴上找到一个合适的位置，并相应地设计我们的系统。

本章只演示了部分使我们的 API 更加灵活的模式和方法的一小部分。我们可以使用几种不同的模式，如装饰器、工厂、代理和许多其他模式。本章的主要目的是介绍其中的一些模式，并说明它们的优缺点。当一个给定的解决方案为你提供了很高的灵活性时，你可能也想分析其固有的复杂性。这些通用规则适用于所有软件工程模式。

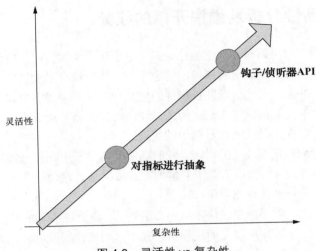

图 4.8　灵活性 vs 复杂性

在第 5 章中，你将了解到过早优化并不总是坏事。你还将了解到优化热路径是合理的情况，以及如何检测代码中的热路径，从而在优化部分代码时做出有利的决策。

小结

- 抽象第三方逻辑，可以为我们的 API 引入灵活性。
- 引入钩子 API 和侦听器 API 可以为我们的代码提供最大的灵活性。这些 API 允许我们从客户端扩展代码。
- 让系统更加通用和灵活的同时，很可能也会增加它的复杂性。
- 复杂性不仅存在于代码及其维护中，还涉及系统其他的方方面面。
- 使用钩子 API 使我们的代码具有高度可扩展性时，我们需要小心处理由这个 API 引起的失败以及执行模型的复杂性。
- 不可变性有助于我们对系统进行推理。
- 使用不同的模式时，可在复杂性和灵活性之间做不同的权衡。

第 5 章　过早优化 vs 热路径优化：影响代码性能的决策

本章内容

- 什么情况下"过早优化是万恶之源"
- 通过性能度量及测试找到代码中的热路径
- 优化热路径

计算机科学中有一个由来已久的说法：过早优化是万恶之源。持有这个观点的拥趸甚众，因为很多时候这一观点都是准确的。如果没有关于预期流量和 SLA 的任何输入，就很难判断你的代码能否满足产品所需的性能要求。这种情况下，对代码中的随机路径进行优化就像在黑暗中射击。你甚至会莫名其妙地将代码复杂化。

> **注意**　SLA 规定了服务需要处理的流量。它也会声明需要执行请求的数量，以及执行这些请求时其延迟必须低于的阈值。一个相关的概念是非功能需求(non-functional requirements，NFR)，它定义了系统的预期性能。

经过设计阶段，我们对系统可能需要处理流量的情况有了很多了解。据此，我们可以设计反映生产流量的性能基准测试。一旦我们能够模拟流量，就可以测量代码的执行路径并找到热路径。热路径是代码的一部分，它完成了大部分工作的执行，几乎覆盖每个用户请求的执行。本章中，我们将学习利用帕累托法则寻找和估计热路径发生的位置的方法。一旦我们完成热路径的检测，就可以进行针对性的优化。

有些人可能会说这是不成熟的优化，因为我们在将代码部署到生产环境之前就对其进行了优化。事实上，通过拥有足够的数据，我们可以做出理性的决策，在系统投入生产之前，我们可以做出重要的性能改进。这些数据应该来自应用程序部署到生产环境之前执行的性能基准测试。当我们为系统定义了 SLA 和关于实际生产流量的期望时，我们可以对期望流量建模。当我们有足够的数据支持我们的实验和假设时，优化就不再是不成熟的了。

本章将重点介绍如何在代码中找到热路径以及如何对其进行性能基准测试。我们将了解如何引入改进代码，并确保所做的更改将提高应用程序的性能。让我们从理解什么时候过早优化确实是糟糕的，或者至少是有问题的开始。

5.1　过早优化是万恶之源

通常，在开始编写应用程序代码时，我们对程序将要处理什么样的流量这类信息一无所知。理想情况下，我们应该对预期吞吐量和最大延迟需求这种信息一清二楚。现实中，我们经常需要遵循一种更特别的方法。我们从编写可维护且易于更改的代码开始。然而，刚开始编写代码时，我们并没有严格的性能要求。在这种情况下，预先优化代码会有太多的未知。

优化某些代码路径的性能时，我们常常会增加其复杂性。有时，我们甚至需要用某种特定的方式来实现部分代码逻辑。对系统的这些部分，我们追求的是性能，其后果可能是增加了代码的复杂性，也可能是增加了组件维护的开销或系统的复杂性。如果没有关于流量的输入数据，做出的代码变更可能不会对主要工作流的整体性能产生影响。由此导致我们引入了额外的复杂性，却没有提升产品的性能。

我们可能遇到的另一个陷阱是基于错误假设的代码优化。我们来看看犯这种错误有多容易。

5.1.1　构建账户处理管道

让我们考虑一个简单的场景，在该场景中我们有一个账户实体，且希望为其构建一个处理管道，用于查找具有给定 ID 的账户。代码清单 5.1 显示了这个账户实体的构建。

代码清单 5.1　构建一个账户实体

```
public class Account {
  private String name;
  private Integer id;
// 略过构造函数、getter 方法、setter 方法的实现
}
```

代码对账户列表执行操作，并将希望寻找的账号 ID 作为参数。代码清单 5.2 展示了账户实体的过滤逻辑。

代码清单 5.2　初始化过滤逻辑

```
public Optional<Account> account(Integer id) {
  return accounts.stream().filter(v -> v.getId().equals(id)).findAny();
}
```

这段简单的代码使用了 Stream API，并且已经隐藏了许多性能优化方面的细节。流抽象工作缓慢。这意味着只要没有找到账户，它就会执行过滤操作，检查账户 ID 是否与参数匹配。

findAny()与 findFirst()方法的对比

让我们明确一下 findAny() 和 findFirst() 的用法，它们经常在错误的上下文中使用。惰性是通过 findAny() 实现的。此方法将在找到任何元素时停止处理。如果使用 findFirst()，它将模仿与顺序处理相同的行为。如果这个处理被拆分成多个部分，那么 findAny() 可能执行得更好，因为其不关心处理的顺序。但是，使用 findFirst() 意味着必须按顺序完成处理，这会降低处理管道的速度。当我们使用并行流时，这种差异变得更加重要。

代码清单 5.2 中的代码使用了 findAny() 方法。需要注意的是，创建这段代码时，我们没有任何性能方面的需求。我们处理的账户列表可能包含几个账户，也可能包含数百万个账户。如果不了解这些信息，就很难对性能进行优化处理。

对于少量账户的场景，我们的代码已经足够好了。但是如果有数百万个账户，我们需要考虑将工作分到不同的线程。一种解决方案是手动创建这些线程，将工作分成多个批次，并将它们提交给多个线程。另一种解决方案是利用现有的多线程机制，比如并行流，并行流的优势是线程的创建以及工作分割将由并行流完成，不再需要我们做额外的工作。

问题是我们对这段代码要处理的业务场景的假设可能是错误的。我们可以假设它将处理最多 N 个元素，其中 N 等于 10,000。只要系统分析能支撑这个数据量，我们就可以开始优化这部分代码。但是，我们通常没有这种输入数据。在这样的上下文中优化代码是有问题的，这会引入额外的复杂性而不会带来任何明显的好处。接下来让我们看看错误的假设会如何使代码复杂化。

5.1.2　依据错误的假设进行优化处理

假设我们决定对这段处理逻辑进行性能优化。我们注意到所有的处理工作都由一个线程从头到尾完成。这意味着我们无法拆分工作，任务不能并发执行，程序无法充分利用 CPU 的所有内核。我们可以选用的一种优化手段是使用名为"工作窃取（work-stealing）"的算法，将工作切分成 N 个相互独立的阶段：所有输入账户的处理工作都将被划分为 N 个部分。图 5.1 说明了这种方式的工作原理。

首先，我们会把待处理的工作剖分为二，交由两个线程分别处置。此时，两个线程将各自独立处理 N 个账户中的半数。接下来，鉴于我们未完全利用所有的线程，程序会再度对任务实施切分，工作将被划分成 4 份，每个线程处理 N 个账户中的 1/4。自此，每个线程都得到了充分利用，开始执行处理工作。处理阶段应尽可能地按照可用的线程数抑或 CPU 核数对待处置账户进行划分。代码清单 5.3 呈现了如何运用 Stream API 以一种简便的方式实现上述提议的逻辑。

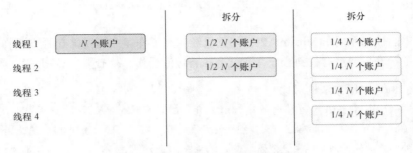

图 5.1　通过工作拆分进行性能优化

代码清单 5.3　使用 parallelStream() 拆分工作

```
public Optional<Account> accountOptimized(Integer id) {
  return accounts.parallelStream().filter(v ->
    v.getId().equals(id)).findAny();
}
```

parallelStream() 方法会将工作拆分成 N 个部分。它使用内部 fork-join 线程池，其线程数量等于内核数量−1。它看起来很简单，但背后隐藏着很大的复杂性。最重要的变化是我们的代码现在是多线程的，这意味着处理应该是无状态的（例如，我们不应该通过任何用作过滤器的处理方法修改状态）。因为我们使用线程池，所以应该监视它的使用情况和利用率。

工作窃取算法所呈现的另一个隐藏的复杂性在于拆分工作的阶段。这个阶段需要额外的时间，会增加代码的性能开销。这种开销可能比我们通过使其并行所获得的收益还要高。

由于我们的优化工作是基于错误（或没有）假设的，所以我们无法推断这段代码在生产环境中的表现。为了验证我们的性能优化是有效的，我们需要编写一个性能基准测试来验证这两种方法。

5.1.3　对性能优化进行基准测试

你可能还记得，我们假设处理将适用于 N 个账户，其中 N 等于 10,000。无论如何，如果这个数字是基于经验数据或我们的假设，我们至少应该编写一个性能基准测试来验证我们的优化。

我们的基准测试代码将生成 N 个 ID 为 0~10,000 的随机账户。为此，我们可以使用 UUID 类创建一个随机字符串。fork 参数声明所有测试都应该在相同的 JVM 中运行。对于这个需求，我们将使用 JMH 工具进行基准测试。其他平台也有其他工具可以帮助你正确地对代码进行基准测试，例如用于.NET 的 BenchmarkDotNet。基准测试有许多微妙之处，值得你花时间学习适合自己平台的经过测试的工具，而不是尝试自己开发工具。

在实际的基准测试逻辑之前，我们需要运行一个允许 JIT 优化代码路径的预热。这是使用

@Warmup 注解配置的。我们将执行 10 次迭代的测量，这已经足够好了——执行的迭代越多，结果的可重复性就越高。我们感兴趣的是该方法所花费的平均时间，结果将使用毫秒作为时间单位。让我们看一下基准测试初始化逻辑，如代码清单 5.4 所示。

代码清单 5.4　初始化账户基准测试

```
import org.openjdk.jmh.annotations.Benchmark;
import org.openjdk.jmh.annotations.BenchmarkMode;
import org.openjdk.jmh.annotations.Fork;
import org.openjdk.jmh.annotations.Measurement;
import org.openjdk.jmh.annotations.Mode;
import org.openjdk.jmh.annotations.OutputTimeUnit;
import org.openjdk.jmh.annotations.Warmup;
import org.openjdk.jmh.infra.Blackhole;

@Fork(1)
@Warmup(iterations = 1)
@Measurement(iterations = 10)
@BenchmarkMode(Mode.AverageTime)
@OutputTimeUnit(TimeUnit.MILLISECONDS)
public class AccountsFinderPerformanceBenchmark {
  private static final List<Account> ACCOUNTS =
      IntStream.range(0, 10_000)
          .boxed()
          .map(v -> new Account(UUID.randomUUID().toString(), v))   ← 生成用于基准测试
          .collect(Collectors.toList());                             的 N 个账户
  private static final Random random = new Random();   ←
  // 实际的测试方法                                调用随机生成器获取
                                                要查询的 ID
```

baseline() 方法执行账户查找器逻辑的第一个版本。parallel() 方法执行使用 parallelStream 的改进版本，如代码清单 5.5 所示。

代码清单 5.5　实现账户基准测试逻辑

```
@Benchmark
public void baseline(Blackhole blackhole) {
  Optional<Account> account =
    new AccountFinder(ACCOUNTS)                        账户查找函数 AccountFinder()
  ⇒ .account(random.nextInt(10_000));   ←              会搜索以随机数标识的账户
    blackhole.consume(account);   ←
}                                        标记结果，通知 JIT
                                        该账户已经被使用

@Benchmark
public void parallel(Blackhole blackhole) {
  Optional<Account> account =
      new AccountFinder(ACCOUNTS)                      并发版本的逻辑
  ⇒ .accountOptimized(random.nextInt(10_000));   ←     是相同的
    blackhole.consume(account);
}
```

让我们执行基准测试逻辑并查看结果。请注意，你的机器上的确切数字可能不同，但总体趋势是相同的。代码清单 5.6 显示了在我的机器上执行基准测试逻辑时的结果。请注意，这两种解决方案的性能几乎相同。

代码清单 5.6　查看性能基准测试的输出

```
CH05.premature.AccountsFinderPerformanceBenchmark.baseline
➥ avgt   10   0.027 ± 0.002   ms/op
CH05.premature.AccountsFinderPerformanceBenchmark.parallel
➥ avgt   10   0.030 ± 0.002   ms/op
```

并行版本可能稍微慢一些，因为在实际工作之前需要拆分开销。但是，如果增加账户数量，你可能会注意到并行版本稍微快一些。但总的来说，两种解决方案之间的差异可以忽略不计。

从这个简单的测试，我们看到并行解决方案的性能结果并不能证明增加使用多线程解决方案所产生的额外复杂性是合理的。但是，无论你选择 parallelStream() 还是标准 stream()，代码复杂性都不会增加。复杂性隐藏在 parallelStream() 方法的内部。此外，我们的优化可能在生产中产生不同的结果，因为我们是基于错误的假设决定性能改进的。在这种情况下，在我们了解代码将在生产中使用的方式之前过早地优化代码可能是有问题的。

为了总结工作，我们在优化系统中的特定代码部分上做了一些工作。事实证明，我们的改进并没有带来任何价值。本质上，我们把时间浪费在错误的假设上。我们假设将为特定数量的元素调用代码。在这种情况下，代码的第二个版本并没有表现得更好。问题是，用于进行测试的数字是一种猜测。在真实的系统中，要处理的元素数量可能会有很大的不同（更高或更低）。这意味着我们将有更多的经验数据来优化代码，但这一次它将基于真实情况的假设。在这种情况下，我们可以重新优化代码——这次使用正确的数字。

如果你预先知道账户数量将随着时间的推移而增长，那么你需要调整基准测试代码。一旦数量达到某个阈值，parallelStream() 将比标准 stream() 执行得更好。在这种情况下，它不再是不成熟的优化。

我们研究了有用的性能优化所需的输入信息的一个方面。在实际系统中，我们有很多代码路径。即使假设我们知道所有输入处理的 N，优化所有这些路径可能也不可行。我们应该知道给定代码路径执行的频率，以决定其是否值得优化。有些代码路径很少执行，比如代码初始化。但是，我们有针对每个用户请求执行的代码路径。我们称这条代码路径为热路径。在这条路径上优化代码通常是值得的，这会大大提高整个系统的性能。在 5.2 节中，我们将学习如何对热路径进行推理。

5.2　代码中的热路径

在 5.1 节中，我们看到了一个基于错误假设的优化示例。我们还看到，优化代码时有用的基础数据特征之一是输入元素的数量（N）。这可能是每秒请求的数量或需要读取的文件数量。我们知道，算法的复杂性可以通过输入元素的数量（N）来计算。我们可以选择合适的算法，但我们也可以估计内存使用情况。

知道 N 是至关重要的，但并不是我们应用程序中的所有代码在实际生产系统中都具有同样的重要性。例如，让我们考虑一个简单的 HTTP 应用程序，它具有经常执行的不同端点。图 5.2 显示了端点访问频率的区别。

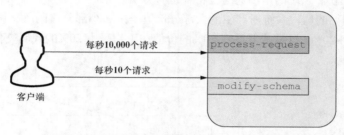

图 5.2　处理不同请求的端点，其访问频率的区别

第一个请求端点 process-request 提供了应用程序的主要功能。它执行几乎每一个客户端调用，完成代码的主要工作。我们假设这个端点每秒被客户端执行 10,000 次。我们还可以假设两个端点的 N 是根据经验数据或我们的服务提供的 SLA 计算出来的。在这个例子中，我们使用的是基于实际数据支撑的假设数据。

与此同时，我们还提供了另一个方法 *modify-user-details*，它可以承担更繁重的工作。该方法可以修改 HTTP 应用所使用的底层数据库中的数据结构。*modify-user-details* 的调用频率不高，因为修改用户详情并不是客户端的常见任务。一旦用户详情信息发生更改，它会长时间保存在同一数据结构中。

现在，假设我们要测量两个端点的延迟的 99 百分位数（p99，即 99% 的请求都比某个特定值更快）。过了一段时间，我们得到了结果，process-request 的 p99 延迟等于 200 ms，而 modify-user-details 的 p99 延迟等于 500 ms。如果只看这些度量，不考虑每秒请求数的上下文，我们可能会得出这样的结论：我们应该首先优化 modify-user-details 端点。但是，当我们结合请求数的上下文时，很容易看出优化 process-request 端点将为我们节省更多的资源和时间。

例如，如果我们能够将 process-request 的 p99 延迟降低 20 ms（10%），我们整体将减少 200,000 ms 的延迟：

$$(10{,}000\times200)-(10{,}000\times180)=200{,}000$$

根据这个计算，我们可以得出结论，优化经常调用的端点所节省的时间，是优化执行时间更多的端点所节省时间的 80 倍：$200{,}000\div2{,}500=80$。

如前所述，被大多数请求执行的代码路径称为热路径。如果我们想优化应用程序的性能，找到并优化热路径是至关重要的一个方向。

事实证明，在生产系统中，应用程序中代码路径间不均匀分布流量的情况经常出现。大量实证研究证明，帕累托法则可以简化我们对系统的思考。我们会在 5.2.1 小节介绍这一法则。

5.2.1　从软件系统的角度理解帕累托法则

我们对多种系统（组织、软件系统等）进行了研究，发现了其中大多数系统共有的一些有趣特征。我们将从软件系统的角度对这些特征进行分析。

事实证明，我们的软件系统所产生的大部分价值是由一小部分代码所交付的，最常被检测到的比例是 80% 和 20%。这意味着系统 80% 的价值和工作是由 20% 的代码交付的。图 5.3 描述了这一比例。

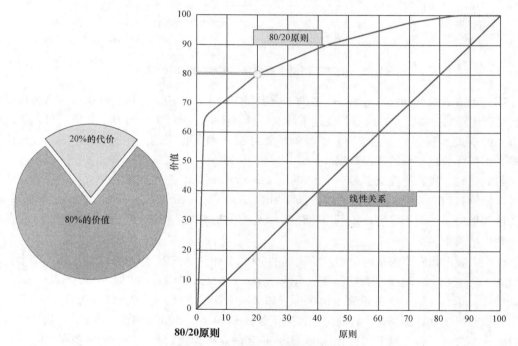

图 5.3　80/20 原则，符合帕累托法则

如果我们的行为是线性的，那么代码中的每条路径都具有相同的重要性。在这种情况下，向系统中添加一个新组件意味着交付给客户的价值按比例增加。实际上，每个系统都有一个为核心业务提供最大价值的核心功能。其余的功能，如验证和处理边缘情况与故障的功能，并不重要，也不会产生太多价值（比如 20%），但它们需要 80% 的时间和精力来构建。

当然，实际的比例并不同，这取决于业务领域和系统，可能是 30% 和 70%，甚至是 10% 和 90%。具体数字并不重要。我们从这个特征中得到的最重要的结论是什么？我们可以得出：

优化代码库的一小部分将影响我们的大多数客户。

　　在创建新系统时，我们应该有 SLA 要求，其中包含系统可以处理的预期流量上限。一旦我们有了这些数字，我们就可以创建性能测试来模拟真实的流量。

5.2.2　依据 SLA 配置线程（并发用户）数

　　假设我们的服务需要提供每秒处理 10,000 个请求的 SLA，平均延迟为 50 ms。如果我们想通过性能工具检查这样的系统，那么必须设置正确的线程数，以便在压力下执行对系统的请求。

　　如果我们选择一个线程，每秒最多可以处理 20 个请求（1000÷50=20）。这样的性能设置不允许我们检查系统 SLA。然而，一旦我们知道一个线程每秒可以处理 20 个请求，我们就可以计算出我们需要的线程数。然后，我们可以将期望的每秒请求数除以一个线程可以处理的请求数，得到 10,000÷20=500。

　　意味着我们需要 500 个线程来饱和系统或网络流量。一旦有了这个数字，我们就可以相应地配置基准测试工具了。如果压力测试工具无法在一个节点上创建那么多线程，我们可以将流量划分为 N 个压力测试节点，其中每个测试节点处理一部分流量。例如，我们可以执行来自 4 个压力测试节点的请求。在这种情况下，每个节点都需要为 125 个线程执行请求（500÷4=125）。请注意，这些计算可能略有不同，这取决于你使用的性能工具。

　　如果性能工具使用事件循环（非阻塞 I/O），则可以通过一个线程执行多个请求。在这种情况下，首先需要测量一个线程可以处理的请求数，并根据该数量调整其余的计算。然后，你应该创建比计算的线程数多一些的线程，因为计算是基于平均延迟的，仍然可能有一些异常值会降低并发线程的速度。要查看有多少异常值，我们可以查看较高百分位数的延迟，例如 p90、p95、p99。基于此，我们可以将平均 SLA 所需的线程总数乘某个因子（例如 1.5），以便在系统压力暂时放缓时分配额外的线程。

　　最后，我们可以度量关键代码路径的调用次数和所花费的时间。有了这些数据，我们就可以检测热路径，并计算通过优化一小部分代码可以获得多大的性能提升。由于大多数系统都遵循帕累托法则，通过优化热路径，我们可以对大多数客户产生影响并提供改进。在 5.3 节中，我们将应用此框架来优化具有已定义 SLA 的系统，并在此基础上构建一个新系统及其域，且根据我们的新认识，来优化它的热路径。

5.3　具有潜在热路径的单词服务

　　假设我们要搭建一个单词服务，该服务通过两个 API 端点提供对外服务。图 5.4 显示了该服务的体系架构。

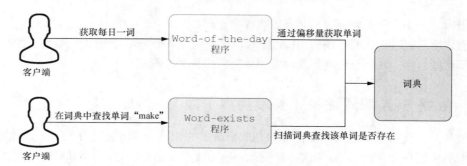

图 5.4　提供两个功能的单词服务体系架构

　　该服务提供的第一个功能是获取每日一词。服务根据当前日期计算偏移量，并返回该偏移量对应位置索引的单词。

　　该服务的第二个功能是查询单词是否存在。用户传入一个单词作为参数，服务会遍历其自身的字典，查询该单词是否存在，并在响应体中返回查询的结果信息。代码清单 5.7 所展示的是系统的核心组件单词服务，它基于 WordsService 接口。

代码清单 5.7　实现 WordsService 接口

```
public interface WordsService {
  String getWordOfTheDay();
  boolean wordExists(String word);
}
```

　　getWordOfTheDay() 方法不接收任何参数，只返回对应的单词。wordExists() 方法则以需查找的单词为参数，返回值表明该单词是否存在。WordsService 第一个版本的实现甚为简单，未进行任何过早的优化，因为此时我们还没有定义任何有关 SLA 或流量的指标。

5.3.1　获取每日一词

　　获取每日一词的核心功能是计算给定日期的索引。代码清单 5.8 展示了这个逻辑，它通过年份、日期和一个乘法因子一起协作来实现更优的返回单词分布。

代码清单 5.8　word-of-the-day

```
private static final int MULTIPLY_FACTOR = 100;
private static int getIndexForToday() {
  LocalDate now = LocalDate.now();
  return now.getYear() + now.getDayOfYear() * MULTIPLY_FACTOR;
}
```

　　注意　我们选择的乘法因子为 100，其实它可以是任意的数字。

单词服务的实现需要将实际字典文件的路径作为参数来加载并扫描。提供每日索引的函数可以通过传递一个 Supplier 函数来模拟，如代码清单 5.9 所示。这对于单元测试很有用，因为我们不希望将测试基于 LocalDate.now() 调用返回的状态。

代码清单 5.9　为 `DefaultWordsService` 添加构造函数

```
public class DefaultWordsService implements WordsService {          ◁─ DefaultWordsService
                                                                       实现了 WordsService
  private static final int MULTIPLY_FACTOR = 100;
  private static final IntSupplier DEFAULT_INDEX_PROVIDER =
      DefaultWordsService::getIndexForToday;          ◁─ supplier 使用本地日期
  private Path filePath;                                  执行函数调用
  private IntSupplier indexProvider;

  public DefaultWordsService(Path filePath) {          ◁── 参数必须为指向字典文件的路径
    this(filePath, DEFAULT_INDEX_PROVIDER);
  }

  @VisibleForTesting                              ◁─── 第二个构造函数仅用于
  public DefaultWordsService(Path filePath,              单元测试
➡ IntSupplier indexProvider) {          ◁── 使用来自 supplier 的整数
    this.filePath = filePath;                   作为每日一词的索引
    this.indexProvider = indexProvider;
  }
```

计算每日一词的逻辑使用 Scanner 类，它允许我们惰性地扫描文件。如果我们想要检索下一行，则需要调用检索它的方法。一旦我们完成了处理，就不需要加载更多的行了。

这个例子的逻辑非常简单。只要没有找到表示当天所需单词的行号索引，它就会遍历文件。如果有更多行，会继续执行我们的逻辑。最后，如果当前处理索引等于预期单词的索引，则返回该单词并完成处理。代码清单 5.10 演示了 word-of-the-day 的逻辑。

代码清单 5.10　添加 `getWordOfTheDay()` 方法

```
@Override
public String getWordOfTheDay() {               获取当前日期
  int index = indexProvider.getAsInt();          ◁─ 的索引
  try (Scanner scanner = new Scanner(filePath.toFile())) {;          ◁─ 向 scanner 提供字典
    int i = 0;                                                         文件的路径
    while (scanner.hasNextLine()) {
      String line = scanner.nextLine();          ◁── 以字符串的形式返回
      if (index == i) {                              下一行内容
        return line;
      }
      i++;
    }
  } catch (FileNotFoundException e) {
    throw new RuntimeException("Problem in getWordOfTheDay for index: " +
      filePath, e);
  }
}
```

```
        return "No word today.";
    }
```

注意，在处理结束时，我们正在处理一个边缘情况。如果当天单词的索引太大，则不返回当天的单词。当给定日期的索引超出基础文件的范围时，就会出现这种情况。

5.3.2 验证单词是否存在

单词服务提供的第二个功能是验证单词是否存在（word-exists）。获取此信息的逻辑类似于 word-of-the-day 的逻辑，但是为了确定单词是否存在，我们需要遍历整个文件。使用 wordExists()方法搜索作为参数传递的对应单词，如果从文件中加载的行等于单词的参数，则返回 true，这意味着单词存在。最后，如果在遍历整个文件后没有找到单词，则返回 false。通过代码清单 5.11 中的代码，让我们看看这个功能如何实现。

代码清单 5.11 添加 wordExists()方法

```
@Override
public boolean wordExists(String word) {
  try (Scanner scanner = new Scanner(filePath.toFile())) {
    while (scanner.hasNextLine()) {
      String line = scanner.nextLine();
      if (word.equals(line)) {
        return true;
      }
    }
  } catch (FileNotFoundException e) {
    throw new RuntimeException("Problem in wordExists for word: " + word, e);
  }
  return false;
}
```

wordExists()的逻辑没有优化，因为我们没有定义 SLA。我们还没有执行性能测试来度量当前解决方案的性能，但是现在我们可以在 API 端点下公开我们的逻辑。

5.3.3 使用 HTTP 服务，向外提供单词服务

WordsController 公开了两个端点，如代码清单 5.12 所示。第一个端点/word-of-the-day 使用一个不接收任何查询参数的 HTTP GET 请求。请求触发用字典加载文件，然后加载 words.txt 文件。第一个端点功能作为/word-of-the-day API 路径公开。（在我们的例子中，每个路径的前缀都是/word。）第二个功能暴露在/word-exists 端点下。它使用一个单词作为查询参数，并验证这个单词是否存在。

代码清单 5.12　添加 WordsController

```
@Path("/words")
@Produces(MediaType.APPLICATION_JSON)
@Consumes(MediaType.APPLICATION_JSON)
public class WordsController {
  private final WordsService wordsService;

  public WordsController() {
    java.nio.file.Path defaultPath =
        Paths.get(                                              构造单词服务的
            Objects.requireNonNull(                             默认实现
      getClass().getClassLoader().getResource("words.txt")).getPath());
    wordsService = new DefaultWordsService(defaultPath);
  }
  @GET
  @Path("/word-of-the-day")                                    将 word-of-the-day 封装
  public Response getAllAccounts() {                           于 HTTP 的响应体内
    return Response.ok(wordsService.getWordOfTheDay()).build();
  }
  @GET
  @Path("/word-exists")
  public Response validateAccount(@QueryParam("word") String word) {
    boolean exists = wordsService.wordExists(word);
    return Response.ok(String.valueOf(exists)).build();        将单词是否存在的
  }                                                            信息封装到一个
}                                                              HTTP 响应中
```

最后，我们可以使用 Dropwizard 嵌入式 HTTP 服务器启动 HTTP 应用程序。我们的应用程序需要扩展 io.dropwizard.Application 类，该类提供了启动 HTTP 服务器的功能，如代码清单 5.13 所示。因此，我们需要使用默认功能来扩展 Application 类，这将创建一个 WordsController 来提供业务功能。接下来，将该控制器注册为 API 端点。最后，我们的应用程序会启动 HTTP 服务器，它可以在 http://localhost:8080/words 下访问。

代码清单 5.13　启动一个 HTTP 服务器

```
public class HttpApplication extends Application<Configuration> {

  @Override
  public void run(Configuration configuration, Environment environment) {
    WordsController wordsController = new WordsController();
    environment.jersey().register(wordsController);
  }

  public static void main(String[] args) throws Exception {
    new HttpApplication().run("server");
  }
}
```

注意　如果运行这个主功能，带有两个控制器的 Words 应用程序将在本地机器上启动并运行。

在 5.4 节中，我们将使用有关预期流量的信息来检测热路径。为此，我们将使用 Gatling 基准测试来建模流量，并使用 Dropwizard 的 `MetricRegistry` 来测量代码路径。我们将查看应用程序的结构是否遵循 5.2 节中描述的帕累托法则。

5.4　检测代码中的热路径

假设我们的流量估计和 SLA 表明，`/word-of-the-day` 端点每秒将执行 1 个请求。另外，`/word-exists` 端点将以每秒 20 个请求的速度被更频繁地调用。简单的计算会告诉我们，这超过了帕累托法则（80/20 法则）所定义的值。

$$1 \div (20 + 1) \approx 5\%$$
$$20 \div (20 + 1) \approx 95\%$$

以上计算表明，word-exists 功能可以满足约 95%的用户请求。但是，在开始优化 `/word-exists` 端点之前，我们应该为两个端点创建一个性能测试，以给出延迟。通过了解请求和延迟的数据，我们可以计算优化一个功能的总体效益。为此，我们将使用 Gatling 工具进行性能测试。

5.4.1　使用 Gatling 创建 API 的性能测试

我们想要建模两个性能测试场景。第一个场景应该以/word-of-the-day 端点为目标，每秒执行 1 个请求。该基准测试的持续时间为 1 min，以获得快速反馈。这对于满足我们比较初始版本和优化版本的要求来说已经足够了。但是，当你测试真实系统的性能时，持续时间的值应该大得多。

使用 Gatling 的模拟是用 Scala 编程语言编写的，每个模拟都需要扩展 Simulation 类。word-of-the-day 场景很简单。我们需要对给定端点执行 GET 请求，并且每个请求都将在 http://localhost:8080/words URL 的上下文中执行。如果希望将 words 应用程序部署在单独的服务器上，则需要更改此 URL。我们的 API 端点接收并生成 JSON 格式的数据。基准测试场景在 `/word-of-the-day` 端点上执行 HTTP GET 请求，我们期望结果等于 HTTP 响应代码 200，任何其他代码都将被视为错误。代码清单 5.14 显示了其实现。

代码清单 5.14　获取 **word-of-the-day** 的性能数据

```
class WordsSimulation extends Simulation {
  val httpProtocol = http
    .baseUrl("http:/ /localhost:8080/words")
    .acceptHeader("application/json")

  val wordOfTheDayScenario = scenario("word-of-the-day")    ← 通过该场景
    .exec(WordOfTheDay.get)                                      生成流量
```

```
object WordOfTheDay {
  val get = http("word-of-the-day").get("/word-of-the-day").check(status is
    200)

}
```

第二个场景类似，但是 HTTP GET 请求需要将单词作为 HTTP 参数发送以进行验证。因此，我们要在场景中添加需要验证的单词。代码清单 5.15 显示了示例 words.csv 文件中的单词。

代码清单 5.15　用于性能测试的单词

```
word
1Abc
bigger
presence
234
zoo
```

请注意，我们的字典中有 bigger 这个单词，也有 presence 这个单词，字典末尾还有 zoo 这个单词。除此之外，还有两个不存在的单词，它们将触发完整文件扫描。

验证场景使用 words.csv 文件并将其作为查询参数传递给 API 端点。feeder 从 words.csv 中获取单词并随机执行它们。最后，该场景使用 word 查询参数执行 GET 请求。代码清单 5.16 显示了这个场景的代码。

代码清单 5.16　验证 word-exists 的性能

```
val validateScenario = scenario("word-exists")          ◁——  word-exists 场景负责
  .exec(ValidateWord.validate)                                 执行验证的逻辑

object ValidateWord {
  val feeder = csv("words.csv").random
  val validate = feed(feeder).exec(
    http("word-exists")
      .get("/word-exists?word=${word}").check(status is 200)
  )
}
```

一旦我们定义了场景，就应该将它们注入执行引擎中，并指定预期的流量。代码清单 5.17 显示了如何做到这一点。第一个场景每秒执行 1 个请求。第二个（验证）场景负责 95% 的客户端请求，每秒执行 20 个请求。

代码清单 5.17　配置流量模型

```
setUp(
    wordOfTheDayScenario.inject(
      constantUsersPerSec(1) during (1 minutes)
    ),
```

```
validateScenario.inject(
  constantUsersPerSec(20) during (1 minutes)
)).protocols(httpProtocol)
```

现在，我们可以开始实际的性能基准测试了。必须先启动 HttpApplication。一旦应用程序在本地主机上运行，我们就可以通过发出命令 mvn Gatling:test 开始使用 Gatling 执行基准测试。这将启动应用程序的性能测试。一段时间后，结果将以 HTML 网页的形式呈现。

我们会对这两种场景的性能结果进行分析。如图 5.5 所示，word-of-the-day 场景的性能似乎足够好。

所有对/word-of-the-day端点的访问请求都在800 ms之内执行成功，p99 延迟为361 ms。

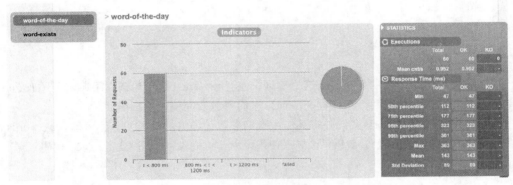

图 5.5　查看 word-of-the-day 的初始性能测试结果

现在让我们看看 word-exists 场景的性能测试结果。如图 5.6 所示，对/word-exists 端点的请求占据了请求的绝大多数。

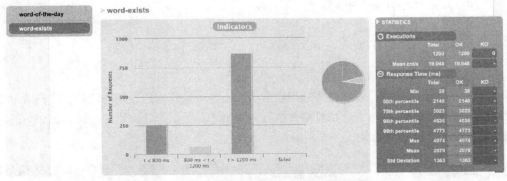

图 5.6　查看 word-exists 的初始性能测试结果

大部分对/word-exists 端点的请求延迟都高于 1,200 ms。这里，p99 延迟甚至能达到 5 s。通过查看这两个结果，我们可以看到 word-exists 的性能是有问题的。解决这个问题将影响我们 95% 的客户。没有必要过早地优化 word-of-the-day，因为性能已经足够好了，它只影响我们 5% 的客户。

让我们使用第 2 章中的公式计算两个端点的性能影响。word-of-the-day 的 p99 延迟是 360 ms[①]，但我们每秒只有 1 个请求：1×360=360。另外，word-exists 的 p99 延迟几乎是 5,000 ms，但每秒可以处理 20 个请求：20×5,000=100,000。我们可以计算出，word-of-the-day 只占我们服务请求处理工作负载的不到 1%：$360/(100,000 + 360) \approx 0.003=0.3\%$。

一旦有了这些计算，我们应该把优化工作的重点放在哪里就很明显了。word-exists 逻辑占我们系统总工作负载的约 99.7%。

一旦知道 word-exists 逻辑有问题，我们就需要从代码的底层获取信息。我们需要了解代码路径的哪些部分花费了最多的处理时间。我们可以通过测量热路径上的代码来获得这些信息，这将在 5.4.2 小节进行介绍。

5.4.2 使用 MetricRegistry 度量代码路径

在 5.3 节中，检查单词是否存在的代码实现很简单，没有进行任何优化。我们当时并不能意识到优化是必要的。现在，我们对服务要处理的请求数有所了解了。性能测试表明，有 95% 的用户在请求 /word-exists 端点服务时都存在延迟问题。

Gatling 测试是黑盒测试，这意味着我们获得了关于特定端点如何执行的信息，但我们没有关于系统中最耗时部分的任何内部信息。我们现在来看一下。

wordExists() 方法有两个主要功能：第一个功能是加载存放了待检查单词的文件；第二个功能是在扫描阶段查找待验单词是否存在。我们可以将这两个功能分别封装到不同的计时器，以测量每次方法调用所花费的时间，从而了解关于它们的性能的更详细的信息。在代码清单 5.18 中，我们创建了两个计时器。第一个计时器测量加载文件所花费的时间，第二个计时器测量扫描所花费的时间（即查找到待验单词所花费的时间，或得出该单词不在字典中的结论所花费的时间）。

代码清单 5.18 度量 word-exists 代码逻辑的性能

```
@Override
public boolean wordExists(String word) {
    Timer loadFile = metricRegistry.timer("loadFile");
    try (Scanner scanner = loadFile.time(() -> new
     Scanner(filePath.toFile())))) {          ◄──── 度量读取文件创建一个
                                                    新的 scanner 的性能

    Timer scan = metricRegistry.timer("scan");
    return scan.time(                          ◄──── 度量方法主
        () -> {                                      逻辑的性能
            while (scanner.hasNextLine()) {
```

---

① Word-of-the-day 的 p99 延迟为 361 ms，猜测作者为了计算方便，取整为 360 mm。——译者注

```
            String line = scanner.nextLine();
            if (word.equals(line)) {
              return true;
            }
          }
        return false;
      });

    } catch (Exception e) {
      throw new RuntimeException("Problem in wordExists for word: " + word, e);
    }
  }
```

每一次操作都会执行计时器，并给出百分比、均值和调用次数。你可以在满足你需要的任何粒度级别上度量代码路径。度量每条代码路径可能会影响处理逻辑的整体性能，因此应该谨慎使用。一旦优化了逻辑，就可以决定删除部分或全部度量。

重新运行性能测试之前的最后一步是在 `WordsController` 中使用新的 `Measured-DefaultWordsService`。代码清单 5.19 显示了相应的代码。

代码清单 5.19   使用 **MeasuredDefaultWordsService**

```
wordsService = new MeasuredDefaultWordsService(defaultPath);
```

我们重新启动应用程序时，它将测量每个命中`/word-exists` API 端点的请求。完成 Gatling 性能测试之后，我们可以访问 `http://localhost:8081/metrics?Pretty=true` 端点查看应用程序公开的所有指标。你可以看到一个专门用于 `loadFile`（加载文件）的部分，其中包含百分比数据。我们最感兴趣的是 p99，所以让我们在代码清单 5.20 中看看它。

代码清单 5.20   查看 **loadFile** 的性能

```
"loadFile": {
"count": 1200,
"p99": 0.000730684,
"duration_units": "seconds"
}
```

结果以秒为单位。我们可以看到 loadFile 操作的 p99 约等于 0.7 ms。loadFile 操作并不是导致我们使用 Gatling 测试检测到性能问题的原因。

你还有一个显示特定代码调用次数的计数。使用该计数，你可以比较不同的代码路径，查看在哪里花费的时间最多。如果没有关于预期流量或 SLA 的预定义信息，这可能很方便。如果你有这些信息，你就可以使用指示来验证你的假设。在这样的场景中，你可以使用指示将应用程序部署到生产环境中，并计算大多数时候调用了哪些代码路径。通过这些信息，你可以检测热路径并专注于提高其性能。代码清单 5.21 显示了扫描计时器性能。

代码清单 5.21 测量扫描性能

```
"scan": {
"count": 1200,
"p99": 4.860273076,
"duration_units": "seconds"
}
```

我们可以看到，p99 几乎是 5 s。似乎我们找到了性能问题的根本原因。扫描操作的执行时间较长，并且占用了大部分请求的处理时间。

一旦检测到潜在的原因，我们就可以开始优化热路径了。我们将在 5.5 节中这样做，并验证我们的改进是否会带来更好的性能。

注意 如果不能将度量代码添加到正在进行性能测试的应用程序中，我们可以考虑使用分析技术来获得更多关于代码特定部分所花费时间的见解。在 JVM 世界中，我们可以使用 Java Flight Recorder。

5.5 改进热路径的性能

我们希望重点优化 word-exists 代码路径。当我们尝试使用 wordExists() 方法并尝试不同的方法时，我们应该得到关于其性能的反馈。我们可以使用现有的 Gatling 性能测试，但它们是高级别的，运行起来更耗时。为此，我们需要启动实际的 Web 服务器，启动 Gatling 测试，并收集结果。因为我们知道应该优化的确切代码路径，所以我们可以编写更多只关注特定代码路径的更低级别微基准测试。使用这种方法，我们将得到更快的反馈，这将允许我们找到一个更有效的解决方案。

值得注意的是，如果我们有那些更高级别的性能测试，那么为每个改进编写微基准测试可能就没有必要了。微基准测试需要做更多的工作，但另一方面，它们提供了更快的反馈。如果你想测试 N 个解决相同低级别问题的解决方案，你可能会发现微基准测试更有用。

在本节中，我们将展示如何实现微基准测试以供学习。然而，你可以想出一个不同的解决方案来解决我们的问题。你还可以编写另一个微基准测试，将其与本节提供的解决方案进行比较。

5.5.1 为现有代码创建 JMH 基准测试

在优化代码路径之前，让我们为现有代码创建一个 JMH 基准测试。我们将此基准称为基线。在改进代码时，我们将把它作为一个参考点。基准测试将涵盖占用大部分请求处理时间的热路径的逻辑。

让我们看一下基准测试的设置逻辑（见代码清单 5.22）。它为我们的示例运行执行 10 次迭代（迭代次数越多，结果就越准确）。我们想要测量基准测试方法所花费的平均时间。一个基准测试测量调用 wordExists NUMBER_OF_CHECKS * WORDS_TO_ CHECK.size() 的次数。每次迭代执行 100 次验证，以模拟更真实的用例。service 这个单词将被重用 100 次，然后将开始下一次迭代。

代码清单 5.22　创建 word-exists 的基准测试

```
@Fork(1)
@Warmup(iterations = 1)
@Measurement(iterations = 10)
@BenchmarkMode(Mode.AverageTime)
@OutputTimeUnit(TimeUnit.MILLISECONDS)
public class WordExistsPerformanceBenchmark {
  private static final int NUMBER_OF_CHECKS = 100;
  private static final List<String> WORDS_TO_CHECK =
      Arrays.asList("made", "ask", "find", "zones", "1ask", "123");
```

请注意，我们从字典文件的开头、中间和结尾选择要验证的单词，也有一些不存在的单词。

基线创建 DefaultWordsService（没有任何优化的当前逻辑）。验证单词是否存在将迭代 100 次，并且每次迭代将验证单词列表中的每个单词。

每个 JMH 度量迭代创建一次 WordsService。它被重用 100×WORDS_TO_CHECK.size() 次。对每个单词都调用 wordExists() 方法。如代码清单 5.23 所示。

代码清单 5.23　获取基准测试基线

```
@Benchmark
public void baseline(Blackhole blackhole) {
  WordsService defaultWordsService = new DefaultWordsService(getWordsPath());
  for (int i = 0; i < NUMBER_OF_CHECKS; i++) {
    for (String word : WORDS_TO_CHECK) {
      blackhole.consume(defaultWordsService.wordExists(word));
    }
  }
}

                                              获取字典文件
                                              的路径
 private Path getWordsPath() {  ←────┘
    try {
      return Paths.get(
          Objects.requireNonNull(getClass().getClassLoader()
➥ .getResource("words.txt")).toURI());
    } catch (URISyntaxException e) {
      throw new IllegalStateException("Invalid words.txt path", e);
    }


Benchmark                                       Mode   Cnt    Score      Error   Units
CH05.WordExistsPerformanceBenchmark.baseline    avgt          55440.923          ms/op
```

测量基线之后,可以尝试创建 `wordExists()` 方法的另一个优化变体,并添加基准测试。通过这样做,我们将能够验证我们的优化是否会影响性能。基线结果向我们展示了每次操作的毫秒数。我们将使用这些数字来看看改进后的版本与此版本相比如何。

5.5.2 利用缓存优化 word-exists 程序

我们假设用于验证单词是否存在的 words 文件是静态的,不会发生变化。这个假设在我们的逻辑中很重要。这意味着一旦我们验证单词是否存在,其值在未来将不会改变。

我们可以构造一个静态映射,其中键是一个单词,值表示它是否存在。构建这样一个映射需要在应用程序初始化时完成。图 5.7 显示了我们用例的理论。

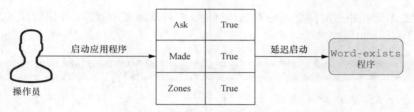

图 5.7 提前初始化并计算

字典文件可能包含数百万条记录,预先构造映射意味着应用程序的启动时间将大大增加;在这种情况下,我们使用的是提早优化。这也意味着我们需要使用大量资源来预计算未来可能不需要的数据。

无论服务的实际使用情况如何,我们都会使用一部分 RAM。结果可能是只验证了一小部分单词,而其他单词则不需要。那些不需要的单词会毫无理由地占用内存空间,因此程序将使用比必要更多的 RAM。

我们可以选择的另一个解决方案是惰性地构造缓存。这意味着我们从一个空缓存开始,并在请求到达时构造它。我们假设 words 文件是静态的,不会改变。如果我们的文件包含少量数据,我们可以无限期地缓存它,而不需要删除。然而,在生产系统中可能会出现需要加载更多数据的情况。例如,我们可以想象一个应用程序,它要在更多语言(例如,英语、西班牙语、汉语等)中检查单词是否存在,并且需要加载所有的字典。对于这种情况,我们希望减少不必要的内存使用,因此可以选择对过时一段时间的数据使用时间驱逐。

根据通信量信息可以计算出驱逐时间。例如,如果我们记录请求日志,就可以得到关于请求单词的统计信息。根据请求的时间,我们可以得到请求之间的时间间隔。下一步是构造这些时间间隔的统计分布。一旦我们有了这些信息,就可以得到例如 p90 等值,并为这个值设置驱逐时间。这保证了缓存能够满足 90%的请求。如果 p99 的驱逐时间不是太大,我们也可以选择这个值作为驱逐时间。

我们的解决方案侧重于应用程序尚未部署的情况，除了 SLA 和预期每秒请求数之外，我们没有太多关于流量分布的信息。在这种情况下，我们可以根据预测选择一些值并记录缓存统计信息。一旦应用程序投入生产，我们就可以获得缓存命中、缓存未命中和其他类似的统计信息，以查看我们的缓存是否执行良好。如果漏检率较高，则应考虑增加驱逐时间。

让我们基于缓存实现解决方案并度量其性能（见代码清单 5.24）。我们需要构造一个缓存，在给定的单词不存在时调用现有的 word-exists 方法。为此，我们将默认驱逐时间设置为 5 min。一旦有了更多关于生产流量分布的数据，我们就可以对其进行调整。我们正在构造缓存，因此一个单词就是一个键，关于它存在的信息就是值。为此，我们将使用 Guava 的 LoadingCache。

> **注意**　我们使用谷歌 Guava 库，因为它是 Java 中最常用的缓存库之一。我们也可以选择其他的
> 缓存库（比如 Caffeinate），但是，本章的总体结论还是一样的。

当特定的单词在驱逐时间之前没有被访问时，它将从缓存中删除。代码清单 5.24 展示了如何构造 word-exists 的缓存。

代码清单 5.24　构造 word-exists 的缓存

```
public static final Duration DEFAULT_EVICTION_TIME = Duration.ofMinutes(5)

LoadingCache<String, Boolean> wordExistsCache =
    CacheBuilder.newBuilder()
        .ticker(ticker)
        .expireAfterAccess(DEFAULT_EVICTION_TIME)
        .recordStats()                              ◁──┤ 记录统计数据以
        .build(                                         了解缓存效率
            new CacheLoader<String, Boolean>() {
              @Override
              public Boolean load(@Nullable String word) throws Exception {
                if (word == null)
                  return false;
                }
                return checkIfWordExists(word);     ◁──┤ 否则，执行实际
              }                                          的验证方法
        });
```

如果单词为 null，则立即优化并返回 false ┘（指向 return false）

在测试改进的解决方案的性能之前，让我们先测试它的正确性。我们将使用 FakeTicker() 来模拟时间推移，而不需要使用睡眠线程，如代码清单 5.25 所示。第一次验证单词是否存在将触发实际的验证操作。在此验证之后，缓存应该有一个条目。

代码清单 5.25　为 word-exists 缓存创建单元测试

```
@Test
public void shouldEvictContentAfterAccess() {
    // 给定
    FakeTicker ticker = new FakeTicker();
    Path path = getWordsPath();
```

```
CachedWordsService wordsService = new CachedWordsService(path, ticker);

    // 何时
    assertThat(wordsService.wordExists("make")).isTrue();

    // 然后
    assertThat(wordsService.wordExistsCache.size()).isEqualTo(1);
    assertThat(wordsService.wordExistsCache.stats()
.missCount()).isEqualTo(1);
    assertThat(wordsService.wordExistsCache.stats()
.evictionCount()).isEqualTo(0);

    // 何时
    ticker.advance(
CachedWordsService.DEFAULT_EVICTION_TIME);
    assertThat(wordsService
.wordExists("make")).isTrue();

    // 然后
    assertThat(wordsService.wordExistsCache.stats()
.evictionCount()).isEqualTo(1);
}
```

首次请求触发了实际
的数据加载

该条目并未被淘汰，
它依旧存储于缓存中

调整时间来模拟
缓存淘汰

调用 wordExists()方法
触发缓存淘汰

通过上述操作，该条目被
淘汰：淘汰计数器 = 1

最后，代码清单 5.26 展示了如何编写微基准测试，并使用 JMH 验证我们的新设计是否提高了 wordExists() 的性能。与基准测试的唯一区别是，此处我们使用了缓存支持的不同实现。

代码清单 5.26　编写 word-exists 缓存的微基准测试

```
@Benchmark
public void cache(Blackhole blackhole) {
    WordsService defaultWordsService = new CachedWordsService(getWordsPath());
    for (int i = 0; i < NUMBER_OF_CHECKS; i++) {
        for (String word : WORDS_TO_CHECK) {
            blackhole.consume(defaultWordsService.wordExists(word));
        }
    }
}
```

让我们再次启动基准测试，并比较第一个基准版本和基于缓存的改进版本之间的结果。代码清单 5.27 展示了如何做到这一点。

代码清单 5.27　基准版本与基于缓存的改进版本的基准测试结果

```
Benchmark                                         Mode  Cnt     Score   Error    Unit
CH05.WordExistsPerformanceBenchmark.baseline      avgt         55440.923          ms/op
CH05.WordExistsPerformanceBenchmark.cache         avgt           557.029          ms/op
```

我们可以得出结论，新解决方案的平均性能提高了约 100 倍。这是一个出色的结果，我们准备以端到端方式测试整个应用程序。为了让 Word 应用程序使用基于缓存的新实现，我们需要做的唯一更改是在 `wordsService` 中初始化它。代码清单 5.28 展示了如何做到这一点。

代码清单 5.28   在 `WordsController` 中使用 `CachedWordsService`

```
wordsService = new CachedWordsService(defaultPath);
```

我们已经准备好运行 Gatling 性能测试。运行测试时，我们使用了与 5.4 节相同的过程。让我们看看性能测试的结果（见图 5.8）。

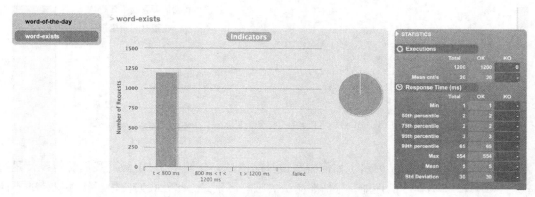

图 5.8   改进版 word-exists 的性能测试结果

我们可以看到，新解决方案的性能大大提高了。p99 延迟等于 65 ms。它几乎比最初的解决方案快了 80 倍。

一旦进行了优化，就应该重新衡量该部分代码对性能的影响。p99 延迟现在减少到 65 ms。我们可以使用公式来计算 word-of-the-day 和 word-exists 逻辑对性能的影响。

- word-exists 的流量处理能力现在是每秒 20 个请求，p99 延迟为 65 ms。

$$20 \times 65 = 1,300$$

- word-of-the-day 每秒处理 1 个请求，p99 延迟约为 360 ms。

$$1 \times 360 = 360$$

最后，我们可以计算两个端点产生的流量的百分比。我们可以通过计算 word-of-the-day 的流量来做到这一点。

$$360 \div (360 + 1,300) \approx 0.21 = 21\%$$

如图 5.9 所示，根据我们的计算，word-of-the-day 流量产生了系统上约 21% 的工作负载，word-exists 流量负责另外约 79% 的工作负载。我们将 word-exists 工作负载从 99.7% 减少了，尽管它仍然负责大部分工作负载。然而，正如我们之前计算的那样，这会影响 95% 的用户请求。经过优化后，word-of-the-day（影响用户请求的 5%）占用了约 21% 的处理资源。如果我们寻求进一步的优化，我们可以用 5.2 节的公式计算可能节省的时间。假设我们可以进一步将两个端点的性能提高 10%。优化后的 word-of-the-day 将为我们节省 36 ms 的时间，因为我们每秒只有一个请求：0.1×360×1=36。

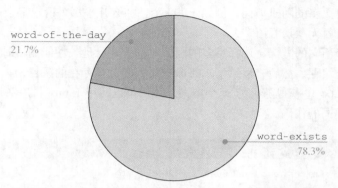

word-of-the-day
21.7%

word-exists
78.3%

图 5.9　word-of-the-day 和 word-exists 流量各自的百分比

将 word-exists 的性能再提高 10%可以节省 130 ms 的时间，因为我们每秒有 20 个请求：$0.1 \times 65 \times 20 = 130$。

然而，进一步提高现有性能 10%可能是不实际的或难以实现的。我们可以计算出，只要优化 word-of-the-day 40%，就会比优化 word-exists 节省 10%的时间：0.4×360×1=144。

如果优化 word-of-the-day 40%比优化 word-exists 10%更可行，我们可能会决定专注于非热路径优化。然而，正如你所注意到的，优化热路径可以用更少的努力获得更多的好处。在现实生活中，优化 10%的特定代码路径比优化 40%的特定代码路径更现实。

> **注意**　在优化一个端点的性能时，我们通常需要分配更多的资源来处理流量。这可能会提高给定端点的延迟和/或吞吐量，但也可能意味着需要从其他端点获取这些资源。因此，其他端点的性能可能会受到影响。出于这个原因，监视所有暴露给客户的端点的性能并确保端点的性能不会下降是至关重要的。此外，我们使用的资源越多，应用程序运行所在节点的利用率就会越高。在某些情况下，我们需要将应用程序扩展到更多的节点（水平扩展）或拥有更强大的节点（垂直扩展）。因此，提高性能通常（但不总是）意味着我们需要分配更多的资源，而对更多资源的需求会影响可伸缩性。

5.5.3　调整性能测试，使用更多的输入单词

还有个重要的观察要做。最终解决方案使用缓存来支持我们的逻辑，这意味着只对 6 个输入单词进行性能测试并不能很好地验证性能，我们只使用了几个现有值进入缓存。

在对使用缓存执行解决方案进行性能测试时，应该使用更多的输入单词进行测试。这样才能更好地验证缓存是否会过早地删除数据，还可以验证缓存是否会给系统带来太大的内存压力。

让我们从字典中随机选取 100 个单词，将其放入 Gatling 模拟使用的 words.csv 文件中。单词数量应该根据预期流量来确定。我们的测试持续 60 s，每秒执行 20 个请求，总共执行 1,200 个请求。如果使用更多的随机单词，例如 1,000 个，那么几乎每个请求都会以未加载的值访问缓存，性能改进也就无从谈起了。

我们可以选择不同的方法，选择更多的随机单词，并且延长性能测试时间。通过这样做，我们将用数据填充缓存。然后，后续请求将命中缓存中已经存在的条目。

为了从 words.txt 中获得随机的 N 个单词，我们可以使用 Linux 排序命令。代码清单 5.29 显示了获取随机单词的代码。

代码清单 5.29　使用随机数目的单词

```
sort -R words.txt | head -n 100 > to_check.txt
```

最后，我们需要将 to_check.txt 文件中的单词复制到 Gatling 模拟使用的 words.csv 文件中，并再次启动模拟。图 5.10 所示的显示结果有很大的不同。

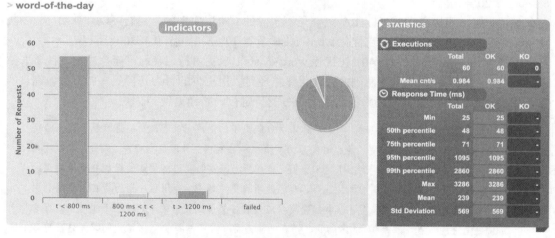

图 5.10　使用更多输入单词的 word-exists 性能测试结果

性能仍然比初始解决方案好得多，但是有更高的延迟。这是因为大约 10%（100 ÷ 1,200）的请求命中了冷缓存。

你可以尝试不同的流量模式和性能测试时间。从本节可以得到的重要经验是，在更改解决方案的细节（例如更改为缓存）时，还可以考虑调整性能测试以捕获更真实的流量分布。

发布软件之前，通过分析和收集大量信息，你不再需要进行过早优化。基准测试将为你的代码提供很多见解。当你拥有基于接近真实流量的基准测试时，你可以生成真实的性能数据。一旦你获得了这些数据，你就可以优化代码的适当部分，并确保这些优化将给你带来良好的结果。

　　在本章，我们介绍了在不将应用程序部署到生产环境的情况下减少延迟并提高应用程序的性能。当我们有足够的关于 SLA 和预期流量的输入数据时，提早优化是可能的，并且可以产生很好的结果。我们需要记住在优化随机代码路径之前要遵循找到瓶颈的策略。如果你的应用程序提供了功能，并且在代码中遵循了流量分配的帕累托法则，那么你应该很容易找到热路径。一旦找到热路径，就可以使用微基准测试来缩小范围，你将获得更快的反馈循环，从而能够更有效地优化代码。一旦优化了热路径，瓶颈可能会转移到代码的不同部分。

　　在第 6 章，我们将学习 API 的简洁性与维护成本的权衡取舍，还将了解抽象底层系统及其权衡的好处。

小结

- 即使你的代码不在热路径上，也可能需要大量时间来执行，通常会出现非热路径代码比热路径代码的执行慢几个数量级的情况。因此，你的代码可能需要优化。
- 你可以使用 5.2 节的计算来查找代码路径，从而集中精力进行优化。
- 使用 Gatling 性能工具编写基准测试允许我们基于预期流量检测热路径。
- 我们的部分代码可以使用指标来度量。
- 使用微基准测试和 JMH 可以缩小性能测试的范围。
- 通常，我们可以使用缓存优化热路径。
- Gatling 的输出可以用于性能结果的验证和比较。

第 6 章 API 的简洁性 vs 维护成本

6

本章内容
- 集成第三方库时，用户体验与维护成本的取舍
- 暴露给客户端的配置的演进之路
- 对你不负责的代码进行抽象的利弊取舍

为用户构建系统时，简洁的 API 以及友好的用户体验（user experience，UE）至关重要。需要注意的是，所有涉及交互的场景都应该考虑用户体验。我们可以设计简洁、友好的图形用户界面（graphical user interface，GUI），还可以以用户体验友好的方式创建 REST API。再深入一点，命令行工具也可以是用户体验友好的或者不友好的。基本上，每个需要以某种方式与用户交互的软件都应该对其用户体验进行斟酌和设计。

系统配置是我们为客户端提供的入口，也是组件用户体验友好的重要因素。通常，我们的系统需要协同多个组件一起工作来提供最终的处理结果。每个依赖的组件都需要以某种方式暴露其需要单独设定的配置。

我们可以对下游组件（即我们正在为其设计用户体验的任何系统元素）需要的配置进行抽象，而不直接将这些组件的设置暴露给与用户交互的工具。这将改善系统的用户体验，但也会带来较高的维护成本。

我们也有另一种方案，可以暴露所有相关的配置。采用这种方案，我们不会有太高的维护成本，但是这需要付出一定的代价。例如，我们的服务或工具使用的下游组件会与客户端产生紧耦合。这会让组件的变更变得困难。以用户体验友好且向后兼容的方式处理下游组件的变更

是很困难的，甚至是不可能的。

这两种解决方案各有利弊，我们将以此作为讨论 API 的简洁性与维护成本的基础。这是本章重点讨论的方面，我们会在本章详细阐述个中的权衡取舍。我们会从分析一个拥有配置机制的云组件开始。接下来，我们会通过两个工具来使用这个组件，它们分别采用了不同的策略来降低维护成本、改善用户体验。

6.1　一个为其他工具服务的基础库

为了交付业务价值，我们的应用程序需要集成、使用各种软件系统。例如，我们的应用程序可能需要与数据库、队列或云服务集成。我们的应用程序可能还需要与操作系统的某些部分集成，例如文件系统、网络接口或磁盘。我们的应用程序所依赖的大多数系统都有自己的软件开发工具包（software development kit，SDK）或客户端库。这些 SDK 或客户端库可以让我们的应用程序轻松地完成与相关系统的集成，而无须从零开始开发整个集成。图 6.1 展示了集成这一方面的特色。

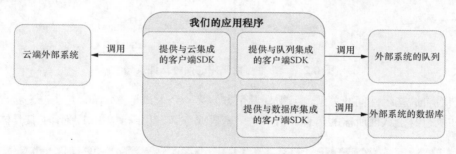

图 6.1　提供外部系统集成的客户端 SDK

如前所述，在现实世界中，我们的应用程序可能需要与数据库、队列或云服务（譬如 EC2 或 GCP）集成。所有这些服务都提供了自己的客户端库或 SDK。使用它们，我们不需要从头编写每个集成，可以更快地交付更健壮的软件。

与第三方系统交互之前，几乎每个客户端都需要进行一定的配置，例如，可能是身份验证凭据、超时、缓冲区大小或各种其他内容的配置。配置信息可以通过系统属性、环境变量或配置文件提供，且所有客户端组件的用户都需要为客户端库做配置。

为了清晰和简洁，本章的示例将构建一个简单的云组件，使用之前我们需要对其进行配置。之后，我们会通过两个工具调用这个组件向最终用户交付价值。接下来，我们会创建这个组件并介绍它的使用。

6.1.1　创建云服务客户端

我们的云服务客户端会为云组件调用方提供一个方法，以处理将数据加载到云服务的请求。处理请求之前，我们会对请求方执行身份认证。我们提供了两种认证身份的策略：第一种策略通过令牌来认证，第二种策略通过用户名和密码来认证。认证策略则根据用户提供的配置来选择。图 6.2 展示了这两种认证策略。

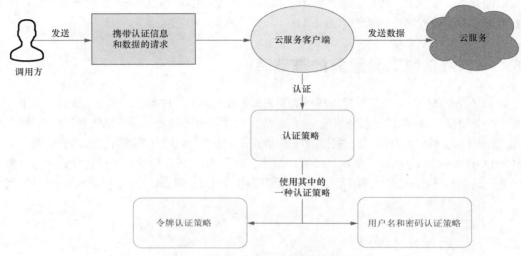

图 6.2　云组件可能采用的两种认证策略

我们看看这些组件间的关系。云组件调用方的第一个入口是 Request 类。它包含数据元素列表和执行身份认证所需的信息：用户名、密码或令牌。代码清单 6.1 展示了其具体实现。

代码清单 6.1　创建访问云服务的请求

```
public class Request {
  @Nullable private final String token;          告知使用方令牌
  @Nullable private final String username;        可以为空
  @Nullable private final String password;
  private final List<String> data;
  // 构造函数、hashCode 方法、equals 方法、getter 方法和 setter 方法的定义略过
}
```

CloudServiceClient 组件处理请求（我们可以把这个组件看作 AWS、Azure、GCP 等云服务的云服务客户端库）。组件的接口很简单，如代码清单 6.2 所示。该组件的客户端仅能使用一个声明为 public 的方法。

代码清单 6.2　创建 CloudServiceClient 接口

```
public interface CloudServiceClient {
  void loadData(Request request);
}
```

loadData()方法处理服务请求，并将数据加载到云服务中。该方法同时还负责执行身份认证。现在，我们来看看该客户端能使用的身份认证策略在组件中是如何实现的。

6.1.2   漫谈认证策略

我们的云组件支持两种身份认证策略。第一种是简单的用户名和密码身份认证策略，具体实现如代码清单 6.3 所示。这种策略要求请求中传入的用户名和密码都是非空的。组件会根据配置构造对应的动作，检查请求中的用户名、密码是否与配置匹配。

代码清单 6.3   添加"用户名和密码"方式的认证策略

```
public interface AuthStrategy {
  boolean authenticate(Request request);          ◁──  两种认证策略都实现了
}                                                        AuthStrategy 接口

public class UsernamePasswordAuthStrategy implements AuthStrategy {
  private final String username;
  private final String password;

  public UsernamePasswordAuthStrategy
➡ (String username, String password) {           ◁──  从配置文件中提
    this.username = username;                            取用户名及密码，
    this.password = password;                            创建认证策略
  }

  @Override
  public boolean authenticate(Request request) {
    if (request.getUsername() == null
➡ || request.getPassword() == null) {             ◁──  只要用户名或密码任何一值
      return false;                                      为 null，则返回 false
    }

    return request.getUsername().equals(username) &&
      request.getPassword().equals(password);      ◁──  实际的认证检查，判断用户
  }                                                       名与密码是否与配置一致
}
```

两种认证策略都实现了 AuthStrategy 接口。如果请求包含值为 null 的用户名或密码，authenticate()方法就会返回 false。注意，将密码存储为字符串可能会有问题，因为它可能从应用程序中泄露出去。因此，攻击者可以窃取它们。稍后我们将讨论处理这个问题更好的解决方法。

第二种身份认证策略与第一种类似，不过使用的是令牌来认证请求。如果请求中的令牌与构造函数提供的令牌匹配，authenticate()就返回 true，如代码清单 6.4 所示。

代码清单 6.4　令牌认证策略 **TokenAuthStrategy**

```
public class TokenAuthStrategy implements AuthStrategy {      ←── 实现 AuthStrategy
  public TokenAuthStrategy(String token) {                         接口
    this.token = token;
  }

  private final String token;

  @Override
  public boolean authenticate(Request request) {
    if (request.getToken() == null) {
      return false;
    }
    return request.getToken().equals(token);      ←── 检查令牌
  }                                                    是否匹配
}
```

代码清单 6.4 与代码清单 6.3 中的身份认证机制是基本相同的，不过代码清单 6.4 使用的是请求中的令牌来进行认证。

6.1.3　理解配置的机制

客户端通过 YAML 配置文件定义云服务配置。

注意　现实世界中，大量框架和库都使用了非常类似的基于 YAML 的配置机制（即 Spring Boot），所以你可以将本章中的一些例子与它们联系起来。然而，为了使本章与实际技术无关，我们将使用自定义代码而不是现有的框架。

根据 YAML 配置文件中的配置，我们将创建云服务以实现使用的 CloudService-Configuration 类。在客户端库的阶段，配置只包含我们将在身份认证机制中使用的 AuthStrategy。代码清单 6.5 显示了创建云服务配置的代码。

代码清单 6.5　实现一个 **CloudServiceConfiguration**

```
public class CloudServiceConfiguration {
  private final AuthStrategy authStrategy;

  public CloudServiceConfiguration(AuthStrategy authStrategy) {
    this.authStrategy = authStrategy;
  }

  public AuthStrategy getAuthStrategy() {
    return authStrategy;
  }
}
```

从 YAML 配置文件中加载配置应该从 CloudServiceClient 的实现中抽象出来。如果要支持另外的配置文件,比如 JSON 文件、HOCON 文件等,这种抽象可能会很有用。为此,我们将创建 DefaultCloudServiceClient,它通过构造函数注入 CloudService-Configuration。loadData()方法首先验证请求是否应该进行身份认证。它使用配置对象中提供的cloudServiceConfiguration.getAuthStrategy(),如代码清单 6.6 所示。

代码清单 6.6 创建默认的 `CloudServiceClient`

```java
public class DefaultCloudServiceClient implements CloudServiceClient {
  private CloudServiceConfiguration cloudServiceConfiguration;
  public DefaultCloudServiceClient(CloudServiceConfiguration
      cloudServiceConfiguration) {
    this.cloudServiceConfiguration = cloudServiceConfiguration;
  }

  @Override
  public void loadData(Request request) {
    if (cloudServiceConfiguration.getAuthStrategy().authenticate(request)) {
      insertData(request.getData()); ←──── 认证通过后,将数据
    }                                       保存到云服务中
  }
}
```

我们需要做的最后一步是读取 YAML 配置文件并构建云服务客户端。YAML 配置文件应该包含专门用于身份认证配置的部分。代码清单 6.7 显示了 YAML 配置文件如何查找用户名和密码策略。

代码清单 6.7 云服务中用户名及密码的配置

```yaml
auth:
  strategy: username-password
  username: user
  password: pass
```

我们将使用策略值 username-password 来构造一个正确的 AuthStrategy 实现。对于令牌认证策略,YAML 配置文件看起来有点不同。出于测试目的,实际的令牌值可以是任何 UUID。在实际的生产系统中,令牌不会被硬编码。它们是动态生成的,并基于某个时间间隔进行刷新。代码清单 6.8 显示了我们的令牌认证策略。

代码清单 6.8 云服务的令牌

```yaml
auth:
  strategy: token
  token: c8933754-30a0-11eb-adc1-0242ac120002
```

最后,让我们构造负责加载配置和构造 DefaultCloudServiceClient 的构建器类。我们将使用 ObjectMapper 读取 YAML 配置文件并解析它。因为我们使用的是 YAML,所以配置文件的结构可以表示为映射的映射。第一个外部映射包含认证部分所需的所有配置。第二

个外部映射包含其他配置。图 6.3 提供了 YAML 配置文件结构。

如图 6.3 所示，内部映射以属性名（例如策略）作为键，值可以是任何对象（例如令牌）。外部映射在配置中有一个专门的部分。认证部分就是一个专门的外部映射。如果我们将来想添加一个配置部分，将会有一个新的专用部分（例如其他设置部分）。

在代码清单 6.9 中，CloudService-Client-Builder() 构造函数创建一个 map 类型的映射来读取 YAML 配置文件。我们还有带有策略标识符的常量（例如，USERNAME_PASSWORD_STRATEGY）来构造适当的身份认证策略。对于本例，我们将使用 Jackson 库中的 YAMLFactory 类。ObjectMapper 从 YAML 配置文件中读取配置。

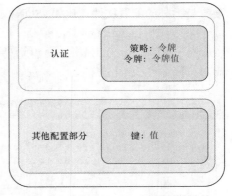

图 6.3　我们的 YAML 配置文件结构

代码清单 6.9　**CloudServiceClientBuilder** 的构造器

```
public class CloudServiceClientBuilder {
  private static final String USERNAME_PASSWORD_STRATEGY = "username-password";
  private static final String TOKEN_STRATEGY = "token";
  private final ObjectMapper mapper;        ← mapper 用于读取 YAML
  private final MapType yamlConfigType;        配置文件

  public CloudServiceClientBuilder() {
    mapper = new ObjectMapper(new YAMLFactory()); ← 由于配置文件格式为 YAML，
    MapType mapType =                                因此我们使用了 YAMLFactory
        mapper.getTypeFactory().constructMapType(HashMap.class, String.class,
        Object.class);
    yamlConfigType =              ← 内部映射类型有一个
        mapper                       字符串键和对象值
            .getTypeFactory()
            .constructMapType(
                HashMap.class, mapper.getTypeFactory()    ← 外部映射包含
                .constructType(String.class), mapType);      内部映射类型
  }
  // ...
```

现在，让我们看看云服务客户端的最后一部分。如代码清单 6.10 所示，有两个方法负责创建对象。我们允许此代码的调用方将路径传递给 YAML 配置文件。不过，我们还公开了在不使用 YAML 配置机制的情况下以编程方式提供 CloudServiceConfiguration 的方法。公开这两种配置机制的事实允许调用方以两种方法配置客户端。两者都有各自的利弊，我们将在后面分析它们。

代码清单 6.10　基于配置创建 **DefaultCloudServiceClient**

```
public DefaultCloudServiceClient
  create(CloudServiceConfiguration cloudServiceConfiguration) {          将配置传递给
  return new DefaultCloudServiceClient(cloudServiceConfiguration);        构造函数
}

public DefaultCloudServiceClient create(Path configFilePath) {
  try {
                                                                          通过 configFilePath
    Map<String, Map<String, Object>> config =                            读取 YAML 配置
      mapper                                                              文件
        .readValue(configFilePath.toFile(), yamlConfigType);
    AuthStrategy authStrategy = null;                                     提取出认证
    Map<String, Object> authConfig = config.get("auth");                 的配置项

    if (authConfig.get("strategy")
      .equals(USERNAME_PASSWORD_STRATEGY)) {                             如果认证策略是
      authStrategy =                                                      USERNAME_PASSWORD_
        new UsernamePasswordAuthStrategy(                                 STRATEGY……
          (String) authConfig.get("username"),
          (String) authConfig.get("password"));
    } else if (authConfig.get("strategy")                                TOKEN_STRATEGY 也
          .equals(TOKEN_STRATEGY)) {                                      遵循类似的代码逻辑
      authStrategy = new TokenAuthStrategy((String) authConfig.get("token"));
    }
    return new DefaultCloudServiceClient(new
      CloudServiceConfiguration(authStrategy));
  } catch (IOException e) {
    throw new UncheckedIOException("Problem when loading file from: " +
      configFilePath, e);
  }
}
```

……我们就创建 UsernamePassword-AuthStrategy

　　基于 YAML 的 create()方法从配置中提取身份认证部分。接下来，它检查策略是否与 CloudServiceConfiguration 匹配。如果匹配，则 create()逻辑尝试构造 UsernamePasswordAuthStrategy 类。否则，如果策略是 TOKEN_STRATEGY，则创建 TokenAuthStrategy。

　　一旦我们准备好了云服务客户端库，就可以实现两个使用它的工具。它们采用了不同的整合方法。第一种方法直接公开云服务客户端的配置，我们将看到这对维护成本的影响。第二种方法将这些配置抽象出来，公开其配置并将其映射到云服务。让我们从直接公开配置的工具开始。

6.2　直接暴露依赖库的配置

　　我们实现的首个工具将云服务客户端作为批处理服务。它的主要职责是缓存传入的请求，直到缓冲区的使用大小超过设定的批处理大小。一旦缓冲区满，该工具就调用云服务客户端执

行身份认证并将数据发送到云端，如图 6.4 所示。

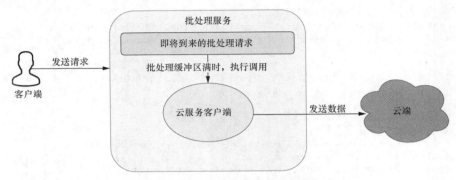

图 6.4　云服务客户端的批处理服务架构

　　客户端使用批处理服务之前，我们需要对该服务进行配置。由于批处理服务会使用云服务客户端，我们还需要将客户端的配置传递给云服务客户端。最终用户需要提供构造底层 CloudServiceClient 所需的配置，该 CloudServiceClient 会被 BatchService 所使用。

　　批处理服务的配置非常简单，它只包含一个专门用于批处理服务的设置——批处理大小。代码清单 6.11 显示了批处理服务的配置。

代码清单 6.11　`BatchServiceConfiguration` 的实现

```
public class BatchServiceConfiguration {
  public final int batchSize;

  public BatchServiceConfiguration(int batchSize) {
    this.batchSize = batchSize;
  }

  public int getBatchSize() {
    return batchSize;
  }
}
```

　　批处理服务通过其配置来限制聚合事件的数量。当批处理中的数据有足够多（等于或超过 batchSize）的元素时，就开始利用云服务客户端发送数据。我们已经在前一节中学习了 BatchService 是如何操作 Request 类的，下面让我们看看 BatchService 的实现逻辑，如代码清单 6.12 所示。

代码清单 6.12　`BatchService` 的实现

```
public class BatchService {
  private final BatchServiceConfiguration batchServiceConfiguration;
  private final CloudServiceClient cloudServiceClient;
```

```
private final List<String> batch = new ArrayList<>();

public BatchService(
    BatchServiceConfiguration batchServiceConfiguration, CloudServiceClient
    cloudServiceClient) {
  this.batchServiceConfiguration = batchServiceConfiguration;
  this.cloudServiceClient = cloudServiceClient;
}

public void loadDataWithBatch(Request request) {
  batch.addAll(request.getData());
  if (batch.size() >=
  ➥ batchServiceConfiguration.getBatchSize()) {
    cloudServiceClient.loadData(withBatchData(request));
  }
}

private Request withBatchData(Request request) {
  return new Request(request.getToken(), request.getUsername(),
    request.getPassword(), batch);
}
}
```

缓存列表中的数据

使用注入的 CloudServiceClient

缓存的容量等于或超过设定的批处理大小……

……使用云服务载入数据

需要注意的是，批处理服务执行请求时直接使用了云服务客户端。批处理工具与云服务客户端之间的集成点是构造函数中注入的 CloudServiceClient。

对 CloudServiceClient 的封装

本例中，我们对 CloudServiceClient 接口进行操作。对这个特定云库的上下文而言，该接口是通用的。然而，如果我们想要更大的灵活性，可以考虑创建一个单独的类来封装具体的 CloudServiceClient。如此一来，切换底层库将更加容易，也不会影响调用方的代码（因为这些代码将通过抽象层使用云服务客户端）。

配置批处理工具

关于用户体验和批处理服务的维护，最重要的决策之一是如何向底层云服务客户端提供配置。我们已经决定批处理工具的最终用户需要以 YAML 配置文件的形式提供配置。该文件的认证部分直接传递给底层云服务客户端配置加载器，如图 6.5 所示。

需要注意的是，批处理服务配置的认证部分必须具有与云配置的 YAML 相同的结构。这也意味着我们将云服务客户端配置的内部细节公开给批处理服务客户端。由于采用了这种方法，我们不需要对构建云配置进行任何维护。批处理服务客户端提供配置，批处理服务按原样传递配置。

批处理服务使用配置的批处理部分。批处理服务构建器将 YAML 配置文件作为参数并加载该文件。接下来，它提取批处理部分并用它来构建 BatchServiceConfiguration。最后，它将整个 YAML 配置文件传递给云服务客户端服务构建器。你可能还记得，CloudService-ClientBuilder() 从文件中提取身份认证部分并构建客户端。代码清单 6.13 显示了 YAML 配置文件的传递。

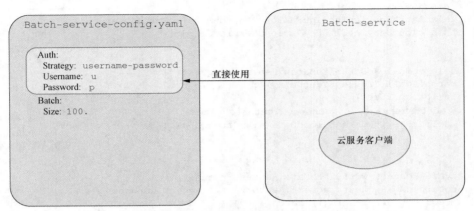

图 6.5 从 YAML 配置文件中直接读取云服务客户端的配置

代码清单 6.13 将 YAML 配置文件传递给云服务客户端

```
public class BatchServiceBuilder {
  public BatchService create(Path configFilePath) {
    try {

      Map<String, Map<String, Object>> config =
          mapper.readValue(configFilePath.toFile(), yamlConfigType);
      Map<String, Object> batchConfig = config.get("batch");   ◁─── 读取配置的
      BatchServiceConfiguration batchServiceConfiguration =          批处理部分
          new BatchServiceConfiguration
          ➥ ((Integer) batchConfig.get("size"));   ◁─── 使用 BatchConfig 构建
                                                         BatchServiceConfiguration
      CloudServiceClient cloudServiceClient =
          new CloudServiceClientBuilder()
          ➥ .create(configFilePath);
      return new BatchService(batchServiceConfiguration, cloudServiceClient);
    } catch (IOException e) {
      throw new UncheckedIOException("Problem when loading file from: " +
      configFilePath, e);
    }
  }
}
```

向构建器传递 YAML 配置文件的路径（原始配置信息）

只要传递给云服务客户端构建器的配置结构是正确的，批处理服务就不需要执行任何特定的处理。如果存在问题，则抛出异常。

让我们分析一下创建 YAML 配置格式并在其中嵌入云服务客户端库结构是如何影响我们的软件的。这种方法的第一个问题是，通过将配置文件的路径直接传递给云配置加载器，我们在服务和底层云服务客户端库之间引入了紧耦合。这需要该配置文件中的认证部分，如果缺少该部分，则抛出异常。如果我们将来想要迁移到不同的云库，就会很困难。由我们的工具公开的认证部分变成了一个合约（API）。如果这个工具被公开使用，我们的软件系统客户端将需要提供包含身份认证配置的 YAML 配置文件。如果认证部分不再需要或具有不同的格式，我们也不能删除或更改。

这种方法的第二个问题是，云服务客户端可能更改或弃用并删除某些配置设置。我们将在本章后面更详细地讨论这个问题。

这种方法也有优点。如果你正在集成公开数十个或数百个设置的下游系统，那么直接传递配置对你来说可能是一个不错的选择。同样重要的是，调用方必须知道下游系统配置格式，并在其代码中使用。我们的用例满足了这个需求，因为云服务客户端允许调用方直接传递设置。此外，在这种情况下，调用方知道下游设置的结构：一个带有认证部分的 YAML 配置文件。你不需要担心将设置映射到正确的结构，这里没有维护成本。

在 6.3 节中，我们将使用新的配置方式来创建工具流（streaming tool），提升 API 的用户体验。在新的实现中，我们不会直接暴露底层云服务客户端的设置。

6.3 一个将依赖库的配置抽象化的工具

现在让我们关注第二个工具，它采用不同的方法来配置依赖的云服务客户端。我们在本节中构建的流服务现在只公开它拥有的设置。它使用这些设置来构造一个云服务客户端。但是，它从用户那里抽象了云服务客户端的创建和配置。流处理工具的最终用户将对底层使用的云服务客户端完全无感。代码清单 6.14 提供了特定于流服务的配置，其中只包含一个设置：maxTimeMs。

代码清单 6.14 构建 **StreamingServiceConfiguration**

```java
public class StreamingServiceConfiguration {
  private final int maxTimeMs;

  public StreamingServiceConfiguration(int maxTimeMs) {
    this.maxTimeMs = maxTimeMs;
  }

  public int getMaxTimeMs() {
    return maxTimeMs;
  }
}
```

maxTimeMs 值用于以毫秒为单位跟踪请求的时间。如果请求的时间超过该值，则记录警告。在这种情况下，流服务不会批量处理请求，因为低处理延迟是至关重要的。loadData()方法使用 Request 对象（前一个批处理服务使用相同的对象）。总处理时间由云服务加载后的时间减去开始时间计算得出。让我们在代码清单 6.15 中查看此逻辑，其中代码会验证总处理时间是否大于流处理工具配置对象的最大时间。

代码清单 6.15　流处理工具的代码实现

```
public void loadData(Request request) {
  long start = System.currentTimeMillis();
  cloudServiceClient.loadData(request);
  long totalTime = System.currentTimeMillis() - start;
  if (totalTime > streamingServiceConfiguration.getMaxTimeMs()) {
    logger.warn(
        "Time for a streaming request exceeded! It is equal to: {}, but
    should be less than: {}",
        totalTime,
        streamingServiceConfiguration.getMaxTimeMs());
  }
}
```

现在让我们看看加载流配置的机制。我们还将看到它如何抽象出云服务配置。

配置流处理工具

流服务依然使用 YAML 文件进行配置。流服务配置与 6.2 节中介绍的批处理工具的配置之间最显著的区别是流服务所有设置都在"streaming"这个部分定义。此外，流处理工具只支持"用户名/密码"方式的认证，这一点很重要。代码清单 6.16 显示了 YAML 文件中的相关配置。

代码清单 6.16　流服务配置

```
streaming:
  username: u
  password: p
  maxTimeMs: 100
```

流处理工具在配置文件中分配了固定的 streaming 部分来保存相关的定义和配置。因此，客户端对底层的云服务客户端是完全无感的。换句话说，云服务的配置是从用户处抽象出来的。streaming 部分的配置定义了流工具的明确合约。从用户体验的角度来看，新的做法更简单，但是仍需要一些维护的工作。如从流的格式映射到云服务客户端配置。

现在让我们看看代码清单 6.17 中的流服务创建逻辑。所有与流处理工具相关的设置都是从配置文件的 streaming 区段获取的。流服务创建时，会读取配置里的 maxTimeMs，并构建出 StreamingServiceConfiguration。这段代码中最重要的部分出现在我们构造云服务客户端时。内部云服务客户端及其所提供的 UsernamePasswordAuthStrategy 对用户而言是完全透明的。StreamingService 的客户端对它的配置机制亦是一无所知。此外，UsernamePasswordAuthStrategy 的构造会使用 Username 和 password 配置项，接下来，该策略会使用编程配置 API 来创建云服务客户端。

代码清单 6.17 构建流服务

```
public StreamingService create(Path configFilePath) {
    try {

        Map<String, Map<String, Object>> config =
            mapper.readValue(configFilePath.toFile(), yamlConfigType);
        Map<String, Object> streamingConfig =              读取流服务对应
        config.get("streaming");                           的配置信息

        StreamingServiceConfiguration streamingServiceConfiguration =
            new StreamingServiceConfiguration((Integer)
            streamingConfig.get("maxTimeMs"));             使用 maxTimeMs
                                                           创建配置

        CloudServiceConfiguration cloudServiceConfiguration =
            new CloudServiceConfiguration(
                new UsernamePasswordAuthStrategy(          使用 username
                    (String) streamingConfig.get("username"),  和 password 创
                    (String) streamingConfig.get("password")));  建配置
        return new StreamingService(
            streamingServiceConfiguration,
            new CloudServiceClientBuilder().create(cloudServiceConfiguration));
    } catch (IOException e) {
        throw new UncheckedIOException
        ("Problem when loading file from: " + configFilePath, e);
    }
}
```

使用编程配置API来创建云服务客户端

值得注意的是，对于云服务客户端的构建，我们需要做一些额外的工作。我们需要将流服务公开的设置映射到云配置。一旦系统发布，我们就需要维护这个映射。因此，它涉及额外的维护成本。另外，我们的流处理工具配置的用户体验更好，因为调用方只需要关注一个专用的配置部分。流工具使用的云服务客户端是抽象的。

假设你正在集成一个下游系统，该系统公开了数十个或数百个设置。重要的是，我们选择的配置选项将这些设置抽象出来。因此，你需要将每个下游库的设置映射到工具中的设置。这可能意味着大量的代码只需要重写这些设置。如果你有 N 个服务或工具，它们使用的下游系统公开了许多设置，那么这种影响将更高一个数量级。在这种情况下，维护成本是不可忽略的。

在 6.4 节，我们将从这两种工具的用户体验和维护成本的角度出发分析将新设置添加到云服务客户端时的配置。我们将会预先支付维护成本。幸运的是，从长远来看，这个成本会给我们带来好处。现在让我们分析一下这些场景。

6.4 为云服务客户端库添加新的配置

假设我们修改了客户端服务，并公开了负责超时的新设置。这个新设置将在 YAML 配置文件中有一个专用的超时部分，如代码清单 6.18 所示。

代码清单 6.18　添加新的超时配置

```
auth:
  strategy: username-password
  username: user
  password: pass

timeouts:
  connection: 1000
```

我们也会为 CloudServiceConfiguration 添加这个新的配置，如代码清单 6.19 所示。

代码清单 6.19　为 CloudServiceConfiguration 添加新的超时配置

```
public class CloudServiceConfiguration {
  private final AuthStrategy authStrategy;
  private final Integer connectionTimeout;
    // 构造器、hashCode 方法、equals 方法、getter 方法和 setter 方法的定义略过
}
```

云服务客户端的构建器会从 YAML 配置文件中读取超时配置，并使用其构造云服务客户端。代码清单 6.20 展示了如何添加云服务客户端库的新配置。

代码清单 6.20　在 CloudServiceConfiguration 中配置超时

```
Map<String, Object> timeouts = config.get("timeouts");
// ...
return new DefaultCloudServiceClient(
        new CloudServiceConfiguration(authStrategy, (Integer)
    timeouts.get("connection")));
```

对这两个工具（流处理工具和批处理工具）而言，这是一个重大的变化，因为这种变化是无法保证后向兼容的。与此相反，如果云服务客户端提供未配置的默认值，这种变化是可以保持后向兼容的。不过，如果默认值与设定值都未设置，将无法成功构造新版本的云服务客户端。两个工具都需要提供新的超时值才能完成云服务客户端的构造。我们先分析此更改如何影响将设置直接传递给云服务客户端构建器的批处理工具。

6.4.1　为批处理工具添加新配置

批处理工具直接将配置从调用方传递给云服务客户端构建器。这意味着客户端需要提供新的超时部分来运行批处理工具。代码清单 6.21 展示了新的 YAML 批量配置是如何进行的。

代码清单 6.21　添加一个新的超时配置

```
auth:
  strategy: username-password
  username: u
```

```
password: p
```

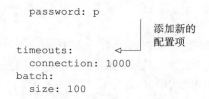

添加新的
配置项

```
timeouts:
  connection: 1000
batch:
  size: 100
```

如果我们希望批处理工具使用新的配置设置构造云服务客户端，所有客户端都需要添加此部分。如果不添加此部分，云服务客户端和使用它的批处理工具的构造将会失败。

关于添加这个新设置，有一点至关重要。你可能还记得，在 6.2 节中，`BatchServiceBuilder` 将 YAML 配置文件直接传递给云服务客户端。因此，不需要更改任何用来处理批处理工具的新超时参数的代码，原始配置会被传递到底层云服务客户端库，如图 6.6 所示。

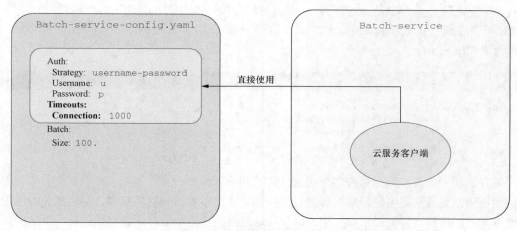

图 6.6 直接向云服务客户端传递新的超时配置

我们可以得出结论，解决方案的用户体验并没有发生实质性的变化。客户端仍然需要仔细检查底层云服务客户端构造，并同步添加批处理工具的配置。批处理工具的维护成本接近于 0，因为我们不需要做任何代码更改来支持新设置。原始文件被传递，`CloudServiceClientBuilder` 从 YAML 配置文件中提取认证和超时部分。

如果你预计更改将经常发生，并且它们将是叠加的，那么你可以发现本节中介绍的方法效果很好。此外，让我们假设你有多个与相同下游云服务客户端集成的服务。这意味着当你添加一个新设置时，你不需要更改这些服务中的任何内容。客户有责任处理新的设置，为你的工具提供这些设置。维护成本会传递给工具的调用方，所以我们可以说，在这种情况下，这是一个不理想的用户体验。让我们看看流处理工具如何处理新增的云服务客户端设置。

6.4.2　为流处理工具添加新配置

流处理工具使用了不同的策略来管理底层库的配置以提升其用户体验：它负责所有配置项的管理，使用专用的 streaming 小节来进行对应的配置。为了添加新的超时设置项，我们需要在流处理工具的 YAML 配置文件中添加该部分内容，如代码清单 6.22 所示。

代码清单 6.22　流处理配置中新增的超时配置项

```
streaming:
  username: u
  password: p
  maxTimeMs: 100
  connectionTimeout: 1000
```
新增的超时配置项
connectionTimeout

由于流处理工具以编程方式构造云服务客户端，因此需要更改负责的代码。为此，我们需要从 YAML 配置文件中提取 connectionTimeout 并传递给 CloudServiceConfiguration，如代码清单 6.23 所示。

代码清单 6.23　**CloudServiceConfiguration** 中新的超时配置

```
new CloudServiceConfiguration(
        new UsernamePasswordAuthStrategy(
            (String) streamingConfig.get("username"),
            (String) streamingConfig.get("password")),
        (Integer) streamingConfig.get("connectionTimeout"));
```

每新添加一个设置到云服务客户端都伴随着相应的维护成本。实际生产系统中，添加配置项可能更为常见，并且可能经常需要进行这样的更改。添加的配置项越多，与之相关的维护成本就越高。如果你预计会经常发生更改，并且这些更改是附加的，让我们来分析一下这种情况下的配置机制。

底层云服务客户端的每个新设置都需要以编程方式映射。如果有多个服务使用该云服务客户端库，那么所有服务的代码都需要进行相应的适配。请记住，每一次代码更改都会产生相应的维护成本。你需要使用端到端测试来验证这些更改，还需要执行一些高级集成测试或端到端测试。一旦新的代码更改的质量通过验证，你就需要将更改后的应用程序部署到生产环境中。

使用下游客户端库的每个服务或工具都需要重复此过程！使用云服务客户端并添加新设置的服务越多，你要做的工作就越多。支持封装的维护成本相当高。此时，你可能看不到这种额外的复杂性带来什么好处。

在 6.4.3 小节，我们将演示一个新的示例，通过该示例说明此方案的优势以及对可维护性的牺牲是否值得。让我们总结一下这两种方案在添加新设置时用户体验和维护成本方面的优缺点。

6.4.3　方案对比：用户体验的友好性 vs 维护成本

通过之前的章节，我们看到为云服务客户端依赖的底层库添加新配置项会对工具的配置机制产生影响。

- 批处理服务将变化直接透传给了终端用户。
- 流服务试图通过使用的云服务抽象这部分变化对用户的影响。

批处理服务中，客户端的职责仅仅是为云服务客户端提供一个新的配置项。该方案最重要的优势是对实现侧而言没有任何的维护成本。由于配置文件直接传递给了云服务客户端的构造器，新增配置时，我们不需要做任何代码变更。然而，其劣势是所有的维护成本都转移到了终端用户手上。工具及服务的所有使用方都需要根据云服务客户端下游新的配置做适配工作。

由于流服务对它使用的云服务进行了抽象，它需要将终端用户提供的配置信息映射为云服务客户端的配置。为云服务客户端添加新的配置意味着也需要为流服务添加新的配置，后者是该配置的主要使用方。终端用户对云服务底层的构造一无所知。这种设计带来的问题是会产生维护成本。下游系统需要的每一个新配置都需要按照预期的格式暴露给流服务。也因此，每个配置都伴随着维护成本：我们需要对流服务做对应的代码变更。

表 6.1 对之前我们讨论的各种场景做了总结。需要注意的是，表 6.1 是从单一服务的角度对用户体验与维护成本进行的比较。

表 6.1　为云服务客户端添加新的配置，其对两种工具的影响对比

工具名	维护成本	用户体验
批处理工具	无成本	用户需要添加新的配置
流处理工具	成本随着配置项增加而增大	用户需要添加新的配置

如果你在 N 个服务中都使用了云服务客户端，其维护成本就需要乘系数 N。随着使用云服务客户端的软件组件以及封装配置增加，维护成本也水涨船高。

6.5 节中，我们会讨论另外一个场景：流处理工具对配置的抽象恰如其分地弥补了它引入的额外成本。在该场景中，云服务客户端需要弃用/删除一些配置。

6.5　弃用/删除云服务客户端库的某个配置

在本节，我们会分析一个新的场景，该场景中云服务客户端的某个配置被弃用了，需要被删除。你可能还记得，云服务客户端连接云服务时，会使用认证策略。我们做一个假设，一段时间之后，由于密码是以明文的方式保存在 YAML 配置文件和内存中的，当前使用的 UsernamePasswordAuthStrategy 就变得不再安全了。从安全性的角度而言，这是极其危险的，可能导致恶意攻击者盗取代码中存储的密码信息。

我们决定开发新的 UsernamePasswordHashedAuthStrategy 策略，新的认证策略在认证时使用的是通过哈希计算的密码。我们会使用 hashing 类中的 SHA-256 算法。采用该算法进行请求认证时，会对照密码的哈希版本。代码清单 6.24 展示了如何使用新的哈希认证策略。

代码清单 6.24　新的 **UsernamePasswordHashedAuthStrategy** 认证策略

```
public class UsernamePasswordHashedAuthStrategy implements AuthStrategy {
  private final String username;
  private final String passwordHash;
  public UsernamePasswordHashedAuthStrategy(String username, String          以哈希的形
    passwordHash) {                                                          式存储密码
    this.username = username;
    this.passwordHash = passwordHash;
  }
  @Override
  public boolean authenticate(Request request) {
  if (request.getUsername() == null || request.getPassword() == null) {
    return false;
  }
  return request.getUsername().equals(username)
    && toHash(request.getPassword()).equals(passwordHash);          基于密码的哈希版
  }                                                                  本进行用户认证
  public static String toHash(String password) {
    return Hashing.sha256().hashString(password,
      StandardCharsets.UTF_8).toString();          采用 SHA-256 算法对
  }                                                 密码进行哈希计算
}
```

新认证策略独一无二的标识符就是经由"用户名-密码-哈希"（username-password-hashed）计算而来的，如代码清单 6.25 所示。云服务客户端的配置应该使用新的配置值，而不是旧版本的"用户名-密码"（username-password），后者用纯文本的方式保存密码。

代码清单 6.25　禁止使用旧版本的认证策略

```
public class CloudServiceClientBuilder {
  private static final String USERNAME_PASSWORD_STRATEGY = "username-password";
  private static final String TOKEN_STRATEGY = "token";
  private static final String                                         实现新的
➡ USERNAME_PASSWORD_HASHED_STRATEGY = "username-password-hashed";◄    username-
                                                                      password-hashed
  // ...                                                              策略
  public DefaultCloudServiceClient create(Path configFilePath) {
    // ...
    if (authConfig.get("strategy").equals(USERNAME_PASSWORD_HASHED_STRATEGY))
    {
      authStrategy =
        new UsernamePasswordHashedAuthStrategy(          构造 UsernamePassword-
          (String) authConfig.get("username"), (String)  HashedAuthStrategy
    authConfig.get("password"));

    } else if (authConfig.get("strategy").equals(TOKEN_STRATEGY)) {
      authStrategy = new TokenAuthStrategy((String) authConfig.get("token"));
    } else if (authConfig.get("strategy").equals(USERNAME_PASSWORD_STRATEGY))
    {
      throw new UnsupportedOperationException(
        "The " + USERNAME_PASSWORD_STRATEGY + " strategy is no longer
```

如果指定使用 username-password 策略，就抛出一个异常

```
      supported.");
    }
    return new DefaultCloudServiceClient(
        new CloudServiceConfiguration(authStrategy, (Integer)
    timeouts.get("connection")));
  }
}
```

云服务创建认证策略时，如果发现使用了旧的 username-password 策略，程序就会抛出一个异常，通知用户该策略已不再被支持。这意味着对于所有的调用方，如果他们依旧希望使用该云服务客户端，则必须迁移到新的策略。接下来，让我们看看这一行为的改变对批处理工具的影响。

6.5.1 删除批处理工具的某个配置

通过之前的内容，我们已经了解到批处理工具直接将用户提供的 YAML 配置文件透传给了云服务客户端。截至目前，所有用户采用的都是 username-password 或者令牌形式的认证策略。更新认证策略后，如果用户依旧指定旧的 username-password 认证策略，批处理服务会抛出一个异常。现在，所有的用户如果希望继续使用批处理工具，都需要迁移到新的认证策略。这样的变更会极大地影响方案的用户体验。

所有配置了使用批处理工具的客户端都会遇到由底层云服务客户端变更导致的认证问题。我们可以通过一个使用 batch-service-config-timeout.yaml 配置文件，并指定采用 username-password 认证策略的单元测试观察这一问题。代码清单 6.26 展示了该单元测试。

代码清单 6.26　由于指定采用不支持的认证策略，程序抛出一个异常

```
@Test
public void shouldThrowIfUsingNotSupportedAuthStrategy() {
  // 给定
  Path path =
    Paths.get(
        Objects.requireNonNull(
            getClass().getClassLoader().getResource("batch-service-
  config-timeout.yaml"))
            .getPath());

  // 何时
  assertThatThrownBy(() -> new BatchServiceBuilder().create(path))
    .isInstanceOf(UnsupportedOperationException.class)
    .hasMessageContaining("The username-password strategy is no longer
  supported.");
}
```

现在所有的客户端都会遇到 UnsupportedOperationException 异常。这意味着所有使用批处理工具的客户端都需要对它们的 YAML 配置进行迁移，使用新的配置

username-password-hashed。这种方案的用户体验是极其糟糕的。我们将内部使用的第三方库的内部配置直接暴露给客户，导致该配置的每个变更都需要客户端代码的适配。

我们假设这样一个场景，多个客户端工具都集成了我们的批处理服务。我们新发布了一版批处理服务程序，这个版本的批处理服务会禁止终端用户使用 username-password 认证策略。一旦终端用户更新采用新的批处理服务，如果不对他们的 YAML 配置进行调整，就无法进行部署。使用新的批处理服务后，每个保持默认认证配置的客户端都会遇到运行时异常。为了前向兼容，减少这种用户体验方面的问题，我们不得不利用一些"丑陋"的折中方案。

首先，我们需要载入 configFilePath 路径下的配置文件。接着，我们读取并定位到 auth.strategy 的映射项。一旦我们得到该映射项，就可以用 username-password-hashed 替换 username-password 完成认证策略的配置修改。接下来，我们还要提取出配置文件中明文形式的密码，对其进行哈希转换，再用它替换掉 password 映射中对应的值。代码清单 6.27 展示了这个折中方案。

代码清单 6.27　**BatchServiceBuilder** 的折中方案

```
// 不要这样做
public BatchService create(Path configFilePath) {
  try {
    Map<String, Map<String, Object>> config =
        mapper.readValue(configFilePath.toFile(), yamlConfigType);
    Map<String, Object> batchConfig = config.get("batch");
    BatchServiceConfiguration batchServiceConfiguration =
        new BatchServiceConfiguration((Integer) batchConfig.get("size"));

    Map<String, Object> authConfig = config.get("auth");
    if (authConfig.get("strategy").equals(USERNAME_PASSWORD_STRATEGY)) {
      authConfig.put("strategy",
        ➥ USERNAME_PASSWORD_HASHED_STRATEGY);
    }
    String password = (String) authConfig.get("password");
    String hashedPassword = toHash(password);
    authConfig.put("password", hashedPassword);
    Path tempFile = Files.createTempFile(null, null);
    Files.write(tempFile, mapper.writeValueAsBytes(config));

    CloudServiceClient cloudServiceClient = new
    CloudServiceClientBuilder().create(tempFile);
    return new BatchService(batchServiceConfiguration, cloudServiceClient);
  } catch (IOException e) {
    throw new UncheckedIOException
    ➥ ("Problem when loading file from: " + configFilePath, e);
  }
}
```

一处云服务配置抽象信息的泄露

对另一个配置抽象信息的覆盖

保存修改后的配置

覆盖配置可能导致程序难以调试的问题出现

另一处云服务配置抽象信息的泄露

创建临时文件

传递变更后的配置文件（而非调用方最初使用的配置文件）

最后，我们需要将修改后的配置保存到一个新的临时文件路径中，并将该文件位置传递给

CloudServiceClientBuilder。这样的解决方案很糟糕：它会在用户不知情的情况下调整原始文件，更改配置值，并可能引入难以调试的错误。除此之外，每次创建客户端时，我们都需要创建一个临时文件。

还需要注意的是，实际的配置设置名称正从 CloudServiceClientBuilder 泄露到新的 BatchServiceBuilder 解决方案中，这引入了组件之间的紧耦合。只负责从 YAML 配置文件加载配置部分的服务构建器突然需要知道确切的云服务客户端配置结构并对其进行更改。

流服务采用了不同的配置方法。让我们在 6.5.2 小节中看看流处理工具是如何处理设置删除的。

6.5.2　删除流服务中某个配置

使用流处理工具时，云库使用的内部身份认证策略可以从用户那里抽象出来。流处理工具的客户端对它的配置机制一无所知。我们可以透明地更改身份认证策略，而不需要用户了解，也不会破坏兼容性。我们可以在不影响用户的情况下进行迁移，流服务的 YAML 配置也不会发生任何变化。

在代码清单 6.28 中，我们使用与前面传递的相同的用户名和密码，以纯文本形式传递密码。StreamingServiceBuilder 构造 UsernamePasswordHashedAuthStrategy，然后将密码的哈希版本传递给它。

代码清单 6.28　对哈希认证策略构造函数的抽象

```
CloudServiceConfiguration cloudServiceConfiguration =            构造哈希认证策略而
    new CloudServiceConfiguration(                               不是明文认证策略
        new UsernamePasswordHashedAuthStrategy(
            (String) streamingConfig.get("username"),
            toHash((String) streamingConfig.get("password"))),
        (Integer) streamingConfig.get("connectionTimeout"));
```

在将密码传递给哈希认证策略之前对其进行哈希转换

这种行为变化对流处理工具用户而言是隐藏的。此解决方案提供的用户体验更好，因为它不需要更改流服务的配置。流服务的最终用户可以轻松地使用新版本的流服务，而不需要更改任何内容。

流服务可以更改它正在使用的云服务客户端库，而无须向最终用户公开。如果正在开发流服务的团队决定将云服务客户端更改为不同的库，将很容易做到。在设置的映射已经就位的情况下，只有映射层需要适应新的配置格式。

迁移过程需要在某些时候实现，但是由于流处理工具封装了底层云配置，因此简化了迁移过程。例如，我们可以引入一个带有哈希密码的新配置属性。如果最终用户提供了哈希密码，我们不需要手动从纯文本密码映射到哈希密码。相反，我们可以使用新的 Username-PasswordHashedAuthStrategy。

在迁移过程中，我们应该同时支持两种提供密码的方式。这将允许流处理工具客户端和平迁移，而不用担心破坏底层云服务客户端的更改。

6.5.3 小节将介绍并比较两种解决方案的用户体验与维护成本。

6.5.3　两种方案用户体验与维护成本的比较

我们可以得出结论，当下游系统删除或弃用设置时，两种方案的用户体验与维护成本是不同的。让我们看看它们的区别。

流处理工具拥有整个配置，它可以更容易地处理任何下游组件的迁移。如果我们想完全移除云服务客户端，用一个不同的客户端来替代它，使用流服务会更容易。

在这种情况下，批处理服务将设置直接从其客户端传递到云服务客户端的做法非常糟糕。删除依赖设置意味着所有客户端同时需要迁移到新值。

流服务中引入的额外配置抽象使我们有可能以用户体验友好的方式发展我们的工具。让我们用表 6.2 来结束讨论，表中展示了两种工具的比较。

表 6.2　从客户端删除或弃用某个配置，其对工具的影响

工具名	用户体验	维护成本
批处理工具	差，对用户影响大	高/甚至是不可行的
流处理工具	好，用户不会受影响	非常低

维护成本的决策与是否会对下游组件产生破坏，是否会产生向后不兼容更改的风险息息相关。如果下游云服务客户端库以一种向后不兼容的方式演进，使用客户端的服务就需要抽象其配置机制。假设你正在开发一个服务，并且会对底层库的生命周期产生影响。这种情况下，你可以减少向后不兼容更改的数量。你甚至可以禁止这样的更改，并在不破坏更改的情况下演进下游云服务客户端库。在这种情况下，你可能不需要支付与抽象其配置机制相关的额外维护成本。

与此相反，让我们假设你正在使用一个以不可预测的方式演进的下游云服务客户端库，并且你不影响这个库的生命周期。这意味着不向后兼容的更改是可能的，你应该防范这些更改。在这种情况下，额外的维护成本可能是值得的。你将创建一个更好的用户体验工具，一个容易被你的客户使用的用户体验工具。

在本章中，我们学习了设计工具的不同方法。我们首先创建了一个云服务客户端库，该库后来被两个工具使用：流工具和批处理工具。前者采用间接的方式进行配置，它从底层库中抽象出来，在添加新设置时支付一些维护成本。后者直接使用云服务客户端配置 API，而不需要抽象层。当添加底层库的新设置时，我们能够在没有任何维护成本的情况下发展批处理工具。

当下游设置被弃用并删除后，情况发生了巨大变化。在流服务中引入的抽象使我们能够以较低的维护成本保持良好的用户体验。但是，批处理服务不能在这种变化下保持良好的用户体

验。在第 7 章中，我们将学习使用日期和时间 API 时的权衡和错误。

小结

- 技术决策会影响用户体验。
- 可以以零维护成本将新设置添加到下游云服务客户端库。
- 额外的抽象可以让我们在不破坏兼容性的情况下改进我们的工具。然而，这增加了维护成本。
- 如果底层组件的每个更改都会导致代码中的额外工作，则使用额外的抽象。
- 如果我们的产品是面向公众的，并且用户体验很重要，那么明智的做法是不要暴露代码中使用的库的内部细节。

第 7 章　高效使用日期和时间数据

本章内容

- ▣　结合上下文深入理解日期和时间信息
- ▣　界定需求的范畴并准确记录产品的需求
- ▣　选择合适的日期和时间库
- ▣　保持代码中日期和时间定义的始终如一，并确保其可测试性
- ▣　为日期和时间数据选择适当的文本格式
- ▣　日历算法及时区的极端情况

　　日期和时间在几乎所有的应用程序中都很常见，即便它们只是以时间戳的形式出现在应用程序的日志消息中。但是，它们常常会导致严重的问题，要么是过于复杂的代码，要么是每年可能只出现两小时的缺陷或者是仅在地球某个偏远角落的用户才会遇到的缺陷。忽略这些缺陷太容易了，不过，凭借正确的工具集，我们完全可以避免它们。

　　这里的工具有两种不同的形式。

- ▣　概念——帮助你清晰地思考和书写你正在处理的信息。
- ▣　库——帮助你将概念转化为代码。

　　有时，你使用的库是底层平台的一部分。例如，如果你使用 Java，Java 8 中引入了时间库；它们也可能是你需要显式安装的第三方库，随便举个例子，用于.NET 的 Noda 时间库就是其中之一。（好吧，也许不是那么随便。乔恩是 Noda 时间库的主要贡献者。）

　　鉴于你使用的平台和库，本章介绍的概念和你将来表示它们的类型之间可能无法做到一一对应。这不是大问题。毫无疑问，这会让我们的学习变得更加困难，但这些概念依旧能应用到

你的项目中；你只需要更加细致地记录自己的意图，无论是通过注释、命名、文档，还是这三者的混合体。

除了讨论这些概念以及如何利用程序代码实践它们，本章还将指导你如何有效地测试与日期和时间相关的代码。本章结束时，你将能严谨而自信地设计与实现日期和时间的逻辑。

为了具象化我们介绍的所有内容，便于读者理解，我们将使用一个在线购物的场景。图 7.1 展示了最初提交给开发团队的产品需求。

阅读本章时，我们将看到这个需求是如何转换成一个更详细、更清晰、可测试、有验收标准的需求的。接着我们将实现需求并编写相应的测试。我们会从概念展开介绍，现在几乎不涉及任何代码实现。

图 7.1　在线购物商店的初始需求

7.1　日期和时间信息的概念

同很多话题一样，你总是能通过不断深挖，找到越来越多日期和时间的使用技巧。如果在这个方向上继续挖下去，你甚至可能会忘记做这件事的初心。有的平台和库则在相反的方向上犯错，以至于忽略了真正重要的事。我们刻意调整了本节介绍的概念，试图达到平衡：它们足够详细，能够涵盖大多数业务应用程序的需要，但又不会过于琐屑，让原本一章的内容洋洋洒洒蔓延成一整本书。

注意　这确实意味着如果你在特定的小众领域工作的话，需要从别的地方寻找灵感，但即便如此，这里的概念对于大多数应用程序来说也已经足够了。如果你正在构建 GPS 设备、表示古代历史的数据，或者编写网络时间协议（network time protocol，NTP）客户端，那么这里的概念对于大多数应用程序来说可能已经足够了。我们希望尽可能限制小众和琐屑的内容。

这也意味着，如果你非常了解闰秒，可能会反对这里的一些说法。我非常理解，但这是一个若要绝对准确就会妨碍清晰表达的问题。

本章介绍的概念会涉及使用 java.time 和 Noda 时间库，我们会列出相应的类型，如果你愿意的话，可以进一步使用它们做一些试验。我们首先会从基本概念开始：时间戳、纪元以及持续时间。

7.1.1　机器时间：时间戳、纪元以及持续时间

人类处理日期和时间信息的方法受文化差异影响较大。甚至可以说，这可能是软件工程中受文化影响最大的领域之一。虽然理解文化因素的影响很重要，但尽可能地将其从公式中剥离出来也非常有意义。因此我们首先介绍的是更纯粹的概念，它不包含人类试图给软件附加的偏

向性。

时刻（INSTANT）

java.time 中的类型：java.time.Instant。Noda 时间库中的类型：NodaTime.Instant。

时间戳是一个通用时刻。世界（甚至更远的地方！）上任何地方的两个人都可以就"现在"的含义达成一致。虽然因为所处时区不同，他们看手表可能看到不同的当地时间，抑或因为文化差异而对自己所处的月份产生分歧，但他们仍然可以在同一个时刻达成一致。你可以把时刻想象成一种机器时间，它不受人类概念，如日或年的影响。

你可以把时刻想象成在时间线上绘制的一个不可再做任何划分的点。该概念的图例请参见图 7.2。

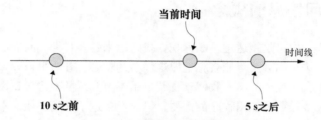

图 7.2 由不可再划分的时刻构成的时间线

如果我们需要考虑相对论及其他棘手的物理问题，即便时刻也会变得非常复杂。这就是为什么任何一个应用，若试图实现物理宇宙的绝对正确性将是一个灾难。

时刻是思考某事何时发生时使用的自然概念类型，例如，何时提交数据库事务，或何时创建日志条目。你可能想了解计算机内部如何表示时刻，虽然这是一个实现细节，但它仍然是一个值得思考的问题。

纪元（EPOCH）

图 7.2 所示的时间线上没有任何绝对时间数字，时间线上的点表示相对时间。典型的解决方案是商定一个人为的零点，称为纪元，然后从那里开始度量。让我们在现有的示例中添加一个纪元，其中纪元是 15 s 之前。此时，我们可以将每个时刻表示为自纪元以来的秒数。如图 7.3 所示，通过添加纪元和其中的相对持续时间来扩展图 7.2。

让所有人都使用同一个新纪元来表示时间这件事仅仅将问题向前推进了一点，但这一点非常重要。我们仍然需要就如何定义时间中的一个时刻达成一致，这之后，就能表示任意一个时刻了。

大多数系统使用的纪元是 UNIX 纪元，它发生在 UTC 时间 1970 年 1 月 1 日开始的午夜。我们还没有讨论 UTC、月或年，讨论日期和时间的固有问题之一是，这些概念可能会有周期性。

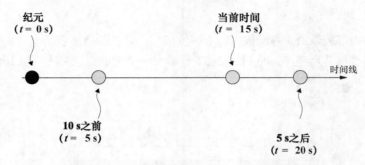

图 7.3 以新纪元时间作为初始时间的时间线

然而，这并不是唯一常用的纪元。.NET 运行时中的纪元是公元 1 年 1 月 1 日开始的午夜。

Excel 和微软的 COM 都使用 1900 年的初始表示纪元，然而由于软件错误，1900 年被误认为闰年，这些缺陷使得纪元的讨论越发困难。

采用封装良好的日期和时间库，你不需要了解其内部使用的是哪个纪元，尽管许多库提供了库表示和 UNIX 纪元之后的秒数之间转换的函数。出于这个原因，你甚至不会在日期和时间库中看到封装新纪元概念的类型。

迄今为止的示例中，我们仅介绍了纪元以来以秒为单位的时间量，但是，现实生活中，我们经常需要更细粒度的时间量。与其总假设某个特定的单位，不如将经过的时间长度这一概念封装为持续时间。

持续时间

java.time 中的类型：java.time.Duration。Noda 时间库中的类型：NodaTime.Duration。

持续时间（duration）是对一段过去时间的度量，它并非某个时间点。如果你需要对比时间线上两个点之间的差异，那就要使用持续时间。当你按下秒表开始计时时，呈现在表盘上的数字就是持续时间。持续时间可能是正数，也可能是负数（譬如，纪元之前的时刻在内部可能就是以负的持续时间形式表示的）。逻辑上，可以对时刻及持续时间执行下面的操作：

- 时刻−时刻=持续时间；
- 持续时间+持续时间=持续时间；
- 时刻+持续时间=时刻；
- 时刻−持续时间=时刻。

图 7.4 展示了这些关系，特别是：

- 当前时间−x 的结果是 10 s 的持续时间；
- 10 s+5 s 的结果是 15 s 的持续时间；
- 我们可以通过减去或者加上某个持续时间得到当前时间之前 10 s，或者当前时间之后 5 s

的时刻。

持续时间的内部表示通常在精度方面有一些限制。常见的精度包括毫秒、微秒、纳秒或滴答，最后一种精度仅适用于 Windows 或.NET 环境，一个时钟滴答大约耗时 100 ns。

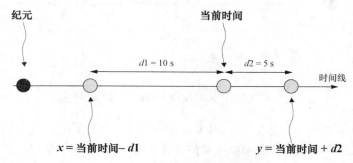

图 7.4　时间线上的时刻及持续时间计算

就度量消逝时间这件事而言，持续时间应该是绝对恒定的，这一点非常重要。所以虽然 1 s、5 μm 和 3 h 都是有效的持续时间，但 2 个月不是，因为每个月的长度是变化的。一天是否是有效的持续时间取决于你如何理解一天。如果你认为它是第一天午夜到第二天午夜之间经过的时间，那这并不是有效的持续时间，因为它会受时区范围的影响，不同时区的一天可能有 23 h 或 25 h。但是，如果你认为一天是 24 h 的同义词，那么它就是一个有效的持续时间。

注意　如果需要的话，你可以把时刻想象成几何图形上的点，而持续时间是个矢量。如果查看时
　　　刻和持续时间之间可用的操作，就会发现它们都可以映射为点操作和矢量操作。

之前，很多时间库试图避免封装持续时间的概念，它们将数字和单位分别处理、保存。这种设计导致了下面的函数签名（来自 java.util.concurrent.locks.Lock）：

```
boolean tryLock(long time, TimeUnit unit)
```

虽然在某些情况下这是有用的，但它通常比在任何与消逝时间相关的地方使用持续时间类型要尴尬得多。

虽然时间戳和持续时间是机器时间中最重要的概念（纪元是一种背景概念），但方便起见，库通常会提供其他类型。其中最常见的是时间间隔，它只封装了一对时间戳：一个开始时间戳和一个结束时间戳。不同的库对时间间隔是否可以是开放式的（没有开始时间戳或没有结束时间戳）以及开始时间戳是否可以晚于结束时间戳（一种负间隔）采取了不同的方法。

机器时间在某些情况下是有用的，但它对最终用户非常不友好，甚至对想查看信息的开发人员也不友好。如果你正在读取日志文件，你希望看到哪个？是 1605255526 还是 2020-11-13T08:19:46Z？当人类参与进来时，计算通常会变得复杂得多，在日期和时间信息领域尤其如此。让我们看看人类是如何将时间划分为不同的概念的。

7.1.2　民用时间：日历系统、日期时间以及期间

如果你遇到过时区相关的缺陷，你可能会惊讶地发现，本节描述的概念列表中并没有时区。别担心，我们会介绍相关的内容——只是时机暂时还没到。首先，我们可以想象一个没有时区的世界，你会发现它并非你想象中的简单天堂。让我们从一个你可能认为很直接的问题开始：今天是星期几？

日历系统：将时间分成天、月和年

java.time 中的类型：`java.time.chrono.Chronology`、`java.time.LocalDate` 以及 `java.time.chrono.ChronoLocalDate`。**Noda** 时间库中的类型：`NodaTime.CalendarSystem` 和 `NodaTime.LocalDate`。

首先，人类有一个相当普世的经验，即我们都遵循一天又一天这样的生活方式。几乎每一种文明都有白天和黑夜的概念，我们日出而作，日落而息。因此将时间线按照天进行划分，就成了天经地义、自然而然的事。

其次，有史以来，季节这个概念对大多数人而言都很重要，即使现在社会中以农耕为生的人口已经不是那么多。每年的周期仍然对我们的生活有很大的影响，所以以年为单位划分时间线也是合理的。

月的存在更像是出于方便，它是一个从实用角度出发的粒度划分。月相的周期约为 29.5 天，这可能对早期文明设计他们的日历系统产生了影响，但月对于我们生活的影响没有天和年的大。

> **注意**　当我们从天、月和年这种人类角度思考时间时，这种时间被称为民用时间。它与文化密切
> 　　　　相关，与我们在 7.1.1 小节中介绍的机器时间大相径庭。

写这本书时，当前的日期是 2020 年 11 月 20 日，至少以英国时间而言是这样。这听起来没什么问题，它是一个明确且清晰的陈述，即使如此，这段话也有一个隐含的假设，因为我们也可以说今天是 2020 年 11 月 7 日。两个日期怎么可能同时出现呢？如果采用公历，那么今天是 2020 年 11 月 20 日，如果采用儒略历，今天则是 2020 年 11 月 7 日。这一天同时也是希伯来历 5781 年基斯流月 4 日，是回历 1442 年赖比尔·阿色尼月 4 日。这些只是世界各地使用的日历系统中的一小部分。表 7.1 显示了所有这些日历系统中今天日期的前后几天。

不同日历系统的特点可能天差地别。格里高利历和儒略历很相近，二者的主要区别在于哪些年份是闰年。希伯来历的马西班月和基斯流月，其长度每年都不同，闰年不是一年多了一天，而是一年多了一个月。（亚达月分为亚达一月和亚达二月。）许多历法如果只是简单地提及采用伊斯兰历法系统，很难确切地知道指的是哪一天。

编码处理日历信息时，最让我们惊讶的日历系统是巴哈伊信仰中使用的巴哈伊历，该日历系统中每年有 19 个月，每个月有 19 天；而第 18 个月和第 19 个月之间还有 4 或 5 天，且这几

天根本不在哪个月之内。

表 7.1   4 个日历系统中日期的时间线

格里高利历 （Gregorian calendar）	儒略历 （Julian calendar）	希伯来历 （Hebrew calendar）	回历 （Hijri calendar）
2020 年 11 月 16 日	2020 年 11 月 3 日	5781 年赫舍汪月 29 日	1442 年赖比尔·敖外鲁月 30 日
2020 年 11 月 17 日	2020 年 11 月 4 日	5781 年基斯流月 1 日	1442 年赖比尔·阿色尼月 1 日
2020 年 11 月 18 日	2020 年 11 月 5 日	5781 年基斯流月 2 日	1442 年赖比尔·阿色尼月 2 日
2020 年 11 月 19 日	2020 年 11 月 6 日	5781 年基斯流月 3 日	1442 年赖比尔·阿色尼月 3 日
2020 年 11 月 20 日	2020 年 11 月 7 日	5781 年基斯流月 4 日	1442 年赖比尔·阿色尼月 4 日
2020 年 11 月 21 日	2020 年 11 月 8 日	5781 年基斯流月 5 日	1442 年赖比尔·阿色尼月 5 日
2020 年 11 月 22 日	2020 年 11 月 9 日	5781 年基斯流月 6 日	1442 年赖比尔·阿色尼月 6 日

上面所有的描述都包含一个假设，即每个人都认同一天是何时结束的、第二天是何时开始的——那就是午夜。这对吗？从历史经验而言，并非所有日历系统都遵循这一原则。在希伯来历法和伊斯兰历法（以及其他历法）中，一天的边界是日落，而不是午夜。

这一切听起来有点复杂，不过我们将在 7.2.1 小节中看到，大多数情况下你不需要对此过于担忧，这是好消息；坏消息是，即便使用公历系统，你也需要保持警惕。但是，一旦我们将时间线（同样，让我们暂时忽略时区的因素）划分为年、月和天，说明一天中的时间就相对简单了。

日期和时间

java.time 中的类型：java.time.LocalTime。**Noda** 时间库中的类型：NodaTime.LocalTime。

虽然已经有计时系统选择不同的时间单位，但大多数情况下，你可以忽略它们。

除此之外，你还可以暂时忽略时区和闰秒，我们可以认为大家都认同每天由 24 h 组成，每小时由 60 min 组成，每分钟由 60 s 组成。秒可以再进一步细分为你感兴趣的任何精度单位，例如毫秒、微秒或纳秒。

几乎就是这么简单，这是本章中最简短的部分。唯一棘手的问题是 24:00 作为一天中的时间是否有用，它代表一天结束的时间，而 00:00 代表一天开始的时间。24:00 的使用不是很广泛，但是你可能会遇到需要考虑它的情况。

现在我们来聊聊更复杂的话题，探讨民用时间的计算。在机器时间的范畴内，这很简单直接：你总是可以把持续时间加在一起，在一个时刻上增加或减去一个持续时间，然后用两个时刻之间的差来得到另一个持续时间。一切都是可预测的。然而，在民用时间中，时间的计算要复杂得多。

期间：民用时间中的时间计算

java.time 中的类型：`java.time.Period`。Noda 时间库中的类型：`NodaTime.Period`。

通常情况下，我们说起数学计算，总是认为有一个正确的答案。如果你像孩子那样做数学计算，要求计算 5+6，正确的答案很明确就是 11。你的答案要么正确要么错误——不太可能出现模棱两可的情况。

日历时间的计算并不像这样。至少在一些极端场景中存在着差异，并且这些极端场景并不在少数，是无法忽视的存在。如果你面对的问题是"2021 年 5 月 31 日之后 1 个月是哪一天？"，你可能会理性地回答是"2021 年 6 月 30 日"，或者"2021 年 7 月 1 日"。图 7.5 展示了这种不确定性。

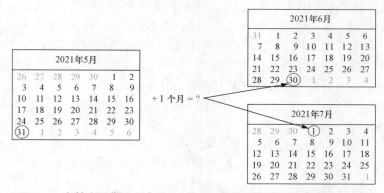

图 7.5　在某个日期之后加上 1 个月，其答案并不一定是唯一确定的

然而，我们依旧可以通过定义一个有用的概念——期间（period），来解决这一问题。期间类似于一个由不同日历单位值所组成的向量，譬如若干年、若干月等。因此，我们可以通过 3 年、1 个月零 2 天等来表示一个期间。日期时间库内并没有统一的规定期间的最小单位到底是天还是比天更小的单位（譬如，时、分、秒，甚至是可以划分的更小单位）。

> **注意**　持续时间一般表示过去一段固定长度的时间，它并不考虑上下文。过去 3 s 总是 3 s 的时长。
>
> 期间的过去时间则可能是变化的，最典型的例子是过去 1 个月，它取决于当前基于的那个月，过去的这个月是变化的（譬如 2 月，闰年与非闰年之间是有区别的）。

期间也可能是听起来略微荒谬的数字。某个期间是 16 个月或者 35 天是完全合理的，即便乍听起来有些奇怪。虽然你可以名正言顺地将 16 个月转换为 1 年零 4 个月（如果你采用的是格里高利日历系统），然而将 35 天转换成等价的期间，譬如 1 个月零 x 天却并不合适，因为 x 的值取决于你准备使用期间时，该月的长度。

对多个期间进行纯算术运算是非常简单的：譬如将 2 个月零 3 天和 1 年零 2 天相加，会得到 1 年 2 个月零 5 天。在日期和时间库中，执行减法是否总是有意义的，这是一个见仁见智的问题；两个期间之差可能是 1 年、−2 个月或者−1 天，可以通过代码非常方便地进行处理，但这是否能产生有意义、有价值的结果，人们尚未达成一致意见。更通俗地说，由于这种情况极少自然发生，问题变成了处理期间时使用混合符号是否是一个好的决策。

总的来说，我们希望可以支持下面这些操作（指定你想要使用的单位）：

■　日期+期间=日期；

■　日期−期间=日期；

■　日期−日期=期间；

■　期间+期间=期间；

■　期间−期间=期间。

虽然纯粹的期间计算比较简单，但是一旦我们引入了日期和期间的计算（上述清单中的前两个操作），我们就面临潜在的问题。回到之前我们提到的极端场景，对于有些计算，不同的库会给出不同的答案，如果你询问不同的人，他们也可能给出不同的答案。无论库给出了什么答案，它很可能违背你的某些直观预期。有两个问题让很多人都很惊讶。

首先，日历计算中的加法是没有关联性的。例如，假设我们要将 2021 年 1 月 31 日、1 个月和 2 个月的值相加，我们可以用两种不同的方式来表示：

■　(2021 年 1 月 31 日 +1 个月)+2 个月；

■　2021 年 1 月 31 日 +(1 个月 +2 个月)。

无论是在 java.time 中，还是在 Noda 时间库中，上述第一个操作的结果都是 2021 年 4 月 28 日，而第二个操作的结果是 2021 年 4 月 30 日。下面是这些结果的计算过程：

■　(2021 年 1 月 31 日 +1 个月)+2 个月

　　2021 年 1 月 31 日 +1 个月=2021 年 2 月 28 日

　　2021 年 2 月 28 日 +2 个月=2021 年 4 月 28 日；

■　2021 年 1 月 31 日 +(1 个月 +2 个月)

　　1 个月 +2 个月=3 个月

　　2021 年 1 月 31 日 +3 个月=2021 年 4 月 30 日。

其他的库可能返回不同的结果，即对这个例子的情况返回结果一致。

其次，日期和期间的加法操作是不可逆的。换句话说，对于日期 d 和期间 p，你可能希望 (d + p)-p 的结果总是 d，但实际情况不是这样。例如，无论一个库的规则是怎样的，如果你在 1 月 31 日加上 1 个月，然后从结果中减去 1 个月，你将不会得到 1 月 31 日。

如果这一切在现实世界中听起来无关紧要，请考虑图 7.6 所示的假设情况：2022 年 2 月 28 日有一场选举，任何在选举日年满 18 岁的人都有资格投票，那么 2004 年 2 月 29 日出生的人是否可以在选举中投票呢？

虽然这个例子是虚构的，但这样的选举是可能发生的。例如，英国就在 1974 年 2 月 28 日举行了大选。如果你可以决定相关的日期，尽量避免出现这种可能的模糊性是明智的。

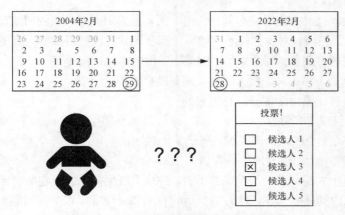

图 7.6　日历计算对现实世界选举的影响

你准备如何使用算法来表达这个需求？这里有两个听起来合理的选择。

■ "从选举日当天减去 18 年。任何在这一天出生的人都可以投票。"

■ "在一个人的出生日期上加上 18 年。如果选举在当天或之后举行，他就可以投票。"

java.time 和 Noda 时间库的时间是一致的，但是对于不同的选择会返回不同的结果。采用第一种选择时这个人不能投票，因为这个人不是 2004 年 2 月 28 日出生的。采用第二种选择时这个人可以投票，因为从 2004 年 2 月 29 日算起再加 18 年，就是 2022 年 2 月 28 日。另一个库可能会决定将结果"滚动"到 2022 年 3 月 1 日。

我们倾向于第二种选择是这里更合适的选择，采用该选择，无论是 java.time 还是 Noda 时间库，其返回值在历法上是最可能正确的。但我们并不知道是否世界上的每个国家都会这样表述自己的历法——完全有可能出现有的国家其历法是模糊的，甚至是前后不一致的情况。

这一切都不是危言耸听。我们介绍这些内容的目的是鼓励你在执行日历计算时认真思考，确保每个关联方都持有一致的预期。

到目前为止，我们已经介绍了机器时间和民用时间。不过，我们尚未涉及如何将机器时间映射到民用时间。为了达成这一目标，我们需要引入新的概念——时区。

7.1.3　时区、UTC 以及 UTC 偏移量

java.time 中的类型：`java.time.ZoneId` 和 `java.time.ZoneOffset`。Noda 时间库中的类型：`NodaTime.DateTimeZone` 和 `NodaTime.Offset`。

你大概已经了解什么是时区了，至少已经有了个大概的印象。然而，非常遗憾，通常人们对时区的理解在很多方面存在偏颇，我们试图在本节纠正这些误解。为了达到这一目标，假设格里高利历是唯一的日历系统。实际上，将这里的时区描述扩展到其他日历系统并不难，但这会使我们的解释听起来更加复杂。

通常人类喜欢以这种方式看待时间：任何一天，当太阳直射头顶的时候，这时的时间大约就是中午 12:00 了。然而，对世界的不同地方，那一刻的时间戳是大相径庭的。时区的引入就是为了解决这一问题。例如，写这本书的时候，英国的本地时间是下午 3:53；对于居住在旧金山的人而言，是早上 7:53；对印度人来说，则是晚上 9:23。

时区从根本而言，是由 3 部分信息组成的：

■　时区标识符或者名称；

■　地球表面的一个区域，该区域隶属于某个时区；

■　将时间戳映射为民用时间的函数。

如果你想象每个人都戴着一块精确的手表，并且手表根据他们所在的时区进行了正确的配置，那么同一时区内的每个人在任何时刻看到的日期和时间都应该是相同的，这是时区映射的结果。不同时区的两个人可能会看到相同的日期和时间，然而它们实际上是不同的，即使现在他们看到彼此相同的日期和时间，1 min 后他们看到的日期和时间可能完全不同。

介绍纪元时，我们提到 UNIX 纪元表示的是由 UTC 时间 1970 年 1 月 1 日午夜开始的那一刻。那么 UTC 是什么？它是空时区或者基准时间，用于描述其他时区。严格而言，它根本不是一个时区（因为地球上没有任何区域可以被指定为在 UTC 时区内），但它经常被当作一个时区来使用，而且是最简单的时区。在这里介绍它是因为它是使用真实的、更复杂的时区的基础。

使用 UTC 将一个时间戳映射为民用时间很简单。你已经知道由纪元表示的 UTC 日期和时间（例如 1970 年 1 月 1 日 00:00:00），而时间戳只是在纪元的基础上叠加持续时间。UTC 中，每天是 24 h，每小时是 60 min，以此类推。这里并不涉及接下来要讨论的其他时区的恼人之处。你仍然需要处理闰年，但这并不难。纪元之前的时间戳也可以通过比较直观的方式进行计算；如果你处理的是 UNIX 纪元，而这个时间戳的持续时间是-10 s，那么它代表的是 1969 年 12 月 31 日 23:59:50。

一旦你掌握了 UTC 的概念，将任意时间戳映射到时区中的民用日期和时间的函数可以等效于将任意时间戳映射到 UTC 偏移量的函数——该偏移量可以告诉你该时区在该时刻超前或落后 UTC 多远。

举个具体的例子，映射到 UTC 时间 2020 年 11 月 20 日下午 3:53 的时刻，旧金山时区的 UTC 偏移量是-8 h。据说此时旧金山时间比国际标准时间晚 8 h，是早上 7:53。在印度，这一时刻的 UTC 偏移量是 5 h 30 min，这就是为什么在那里是晚上 9:23。

但是，从一个时间戳到 UTC 偏移量的映射函数不必为所有时间戳提供相同的结果，在大多数时区中也不是这样。例如，2020 年 6 月 20 日下午 3:53，旧金山时区的 UTC 偏移量是-7 h，所以应该是上午 8:53。印度的 UTC 偏移量仍然是 5 h 30 min——自 1945 年以来印度一直使用这个偏移量。

虽然从某个时间戳到某个民用日期和时间的映射是明确的，但反过来就不是了。有些民用日期和时间是不明确的（当多个时间戳映射到该民用日期和时间时），有些会被跳过（当没有时间戳映射到该民用日期和时间时）。例如，在旧金山时区中，偏移量在当地时间 2020 年 11

月 1 日凌晨 2:00（UTC 上午 9:00）从 UTC-7 更改为 UTC-8，当时发生了夏令时更改。这意味着任何一个拥有精确手表的旧金山人都可以看到以下时间序列：

- 01:59:58；
- 01:59:59；
- 01:00:00（这里发生了时间的回拨）；
- 01:00:01；
- 01:00:02。

这意味着 2020 年 11 月 1 日凌晨 1:45 的民用日期和时间出现了两次。旧金山的两个人可以说他们在当天凌晨 1:45 被他们的猫叫醒，实际上他们两次醒来的时间已经相差了 1 小时。

另一方面，2020 年 3 月 8 日，旧金山的时钟在当地时间凌晨 2:00（国际标准时间上午 10:00）往前走了 1 h，从 UTC-8 变成了 UTC-7。所以这一次，旧金山人会看到这样的时间序列：

- 01:59:58；
- 01:59:59；
- 03:00:00（这里发生了时间的前拨）；
- 03:00:01；
- 03:00:02。

这意味着 2020 年 3 月 8 日凌晨 2:45 的民用日期和时间根本没有出现。在旧金山，任何声称在那天凌晨 2:45 被他们的猫吵醒的人都是错的。

图 7.7 显示了 2020 年 4 个时区（欧洲/莫斯科时区、欧洲/巴黎时区、美洲/亚松森时区和美洲/洛杉矶时区）的 UTC 偏移量。美洲/亚松森是巴拉圭时区，美洲/洛杉矶是旧金山时区。请注意巴拉圭是在南半球，所以它的秋季回拨日期是在 3 月，春季前拨日期是在 10 月。

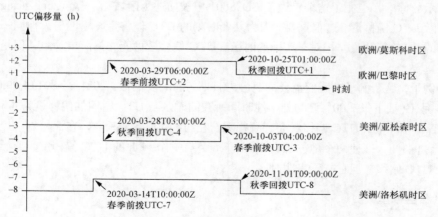

图 7.7 使用 UTC 偏移的 4 个时区其时间调整分布

你不需要了解哪个时区发生了什么事情这样确切的细节（这是时区数据库存在的意义和价

值。稍后我们将详细讨论时区数据库）。你需要记住的是，特定的时区内，从时间戳转换为民用日期和时间是明确的，但反方向进行转换却不一定成立，需要考虑某些极端情况。

什么是时区

前面的示例中，我们故意没有使用术语，即太平洋标准时间或太平洋夏令时来表示旧金山的时区。虽然它们通常被用作 UTC 偏移量的一种简写，但它们本身并不是时区。更确切地说，包括旧金山在内的时区会随着时间的推移在太平洋标准时间和太平洋夏令时之间交替。其他时区有时也遵循太平洋标准时间，但有时与旧金山的时间不同。所以通常而言，太平洋标准时间以及类似的描述，不是时区的名称。

> **注意**　令人烦恼的是，Windows 时区数据库确实使用太平洋标准时间作为包括旧金山在内的时区的标识符，并且对许多其他时区也遵循相同的模式。因此，你可以要求太平洋标准时间的时间描述，并获得太平洋夏令时的结果。我们建议尽可能避免使用 Windows 时区数据库，而是使用因特网编号分配机构（Internet Assigned Numbers Authority，IANA）时区数据库（稍后会介绍）。

鉴于这些半时区的描述性名称并不是真正的时区名称，因此从它们派生出来的缩写（譬如 PST 和 PDT）也不应该作为时区的名称，这是合理的。这些缩写甚至比描述性名称更糟糕，因为它们更容易引起混淆。例如，BST 同时是英国夏令时（british summer time）和英国标准时间（british standard time）的缩写，后者仅在 1968 年至 1971 年间使用。缩写可以在给用户显示时使用，但在其他所有情况下，你都应该避免使用它们。

最后，我们想说的是，UTC 偏移量本身并不是时区。但是，即使是 ISO 8601（文本日期和时间表示的标准）也犯了这个错误。ISO 8601 中被描述为区域指示器（zone designator）的值仅仅表示 UTC 偏移量。这很重要，因为某个时刻的 UTC 偏移量并不能告诉你同一时区内另一个时刻的 UTC 偏移量。相对于实际的时区，UTC 偏移量可能非常简单易用，但是区分这两个概念很重要。

举个例子，这个例子中我们需要同时考虑日期、时间及偏移：2021-06-19T14:00:00-04，即 2021 年 6 月 19 日下午 2:00，该时刻本地时间所在的时区与 UTC 时间的偏移量为 4 h。2021 年 12 月 19 日下午 4:00，UTC 偏移量会有哪些呢？在纽约，它会是-5 h，在亚松森（巴拉圭的首都），它会是-3 h，即使两个地方都在 2021 年 6 月有一个-4 h 的 UTC 偏移量。原始信息确实包含一个 UTC 偏移，但它并不表明时区。

时区信息源自哪里？

java.time 中的类型：`java.time.zone.ZoneRuleProvider`。Noda 时间库中的类型：`NodaTime.DateTimeZoneProviders` 和 `NodaTime.IDateTimeZoneProvider`。

前面提到了 Windows 时区数据库，所有 Windows 机器上都安装了时区数据库，并通过

Windows Update 服务更新。然而，这并不是最常用的时区信息源。几乎所有非 Windows 系统都在使用由 IANA 维护的由志愿者运行的数据库。由于它历史悠久，IANA 时区数据库有多个其他的名称。你可能听过 Olson 时区、zoneinfo、tz 或 tzdb 这些名称，这些指的都是同一个数据源，是其在不同时期的名称。

> **注意** 不同的开发平台往往采用不同的方法获取时区数据。例如，Java 默认使用 IANA 时区，即使在 Windows 上运行。.NET 会使用平台本地的时区，因此在 Linux 上运行时使用 IANA 时区，在 Windows 上运行时使用 Windows 时区。.NET 6 在这方面进行了改进。值得注意的是你的代码将使用的时区信息，要考虑代码将在哪些操作系统上运行。

IANA 时区通常的表示方式是"大洲或者海洋，紧接着该区域内的最大城市"。目前为止，我们在示例中使用的时区如下。

- 旧金山：美洲/洛杉矶时区。
- 莫斯科：欧洲/莫斯科时区。
- 巴拉圭：美洲/亚松森时区。
- 英国：欧洲/伦敦时区。
- 印度：亚洲/加尔各答时区。

时区的规则每年会改变多次。当谈论规则的改变时，我们不是在谈论美洲/洛杉矶时区每年从 UTC-8 变到 UTC-7 或者相反的变化，而是对管理这些变化的规则的改变。例如，2005 年的《能源政策法案》（*Energy Policy Act of* 2005）改变了美国何时实行日光时节约能源的规则。时区规则是一个政治问题，由各国政府决定。当 IANA 时区数据库的志愿者小组意识到规则的改变（有明确的文件表明它已经被政府批准，而不仅仅是提议）时，就会将这些改变加入数据库并发布。有时，多个改变会批量发布在单一版本中。发布的名称通常基于发布年份加后缀的形式构成（例如，2020 年的第一次发布是 2020a，后续是 2020b 等）。

根据上下文不同，信息的变化映射到运行代码的计算机上的形式是多种多样的。我们将在稍后的 7.4.4 小节中再次讨论这一问题，以及它对代码的影响。

回顾一下，到目前为止，我们已经学习了 3 组概念：

- 机器时间——时间戳、纪元和持续时间；
- 民用时间——日历系统、日期时间以及期间；
- 时区、UTC 和 UTC 偏移量。

其他概念可以由这些基础概念派生出来，优秀的日期和时间库通常会提供非常丰富的类型，使用它们，你的代码能清楚而准确地实现你的设计。但是，在开始仔细思考代码之前，我们想指出，上面的描述中遗漏了一些东西。

7.1.4　让人头疼的日期和时间概念

大多数时候，我们对技术图书的准确性要求很高。你为什么要读一本明知不准确的技术图书呢？不过，有些时候，完全准确会妨碍你的发挥。前文已经提到了日期和时间处理的几个方面，本章不会再详细介绍那些内容，我们试图在本节介绍更多的内容。你可以完全跳过这一部分，这不会影响你对后续章节的理解。辛苦工作了一天之后，你可以这样安慰自己："我不得不处理时区规则的变化，但至少我不需要处理相对性。"这就是我们的第一个话题。

相对性

在剧集《神秘博士》（*Doctor Who*）中我最喜欢的一集"眨眼"里，博士说："人们认为时间是因果的严格进展，但实际上，从非线性、非主观的角度来看，它更像一个不停摆动、时间无常的大球……的东西。"这大概就是我对相对论的理解。我对它的理解足以让我感到害怕，尤其是我们（人类和机器）对时间的体验是不同的，取决于参照系、速度和加速度。

我们从所有人都认同的时间戳概念开始讨论。身处不同时区和日历系统的两个人，在思考时间戳这个概念时，仍然会不约而同地给出"现在"这个答案。相对性表明，事情并没有那么简单，甚至"现在"这个概念也没有多大意义。

某些基础设施（譬如 GPS）的确需要考虑到这一点。幸运的是，业务代码的确没有太大的必要考虑到这一点。

闰秒

时间不是唯一摇摆不定的东西。地球的自转也不稳定，而且它的速度正在逐渐变慢。这意味着"观测到的太阳时间"（格林尼治子午线处的正午太阳总是在头顶上）和原子钟报告的时间之间有轻微的差异。闰秒（leap second）是解释这一点的方法。在需要时，闰秒会被插入（或从 UTC 时间线中删除，理论上是这样），以保持 UTC 时间与观测太阳时间接近。

插入或删除闰秒的方式仅仅是改变 6 月底或 12 月底最后 1 min 的长度。这意味着 1 min 通常持续 60 s，但它可能会持续 61 s 或 59 s。例如，2016 年年底插入的闰秒发生在 2016-12-31 23:59:60。撰写本书时，还没有任何负闰秒（即从时间线上删除 1 s 而不是添加 1 s），但这是有可能的。

不同的系统有不同的报告闰秒或假装闰秒不存在的方式。例如，一些系统使用闰秒弥补（leap smear），这可以有效地将额外的秒分配到更长的时间内。因此，在插入闰秒的时间附近，1 s 可能会比 1 s 长一点。是的，这听起来非常荒谬。

闰秒是不可预测的，但会提前 6 个月被公布，这比某些时区的变化要好得多，但即便如此，这也意味着你需要仔细考虑你可能存储的关于未来的任何数据的有效性。我们将在 7.4.4 小节中更详细地讨论这个问题。同样，一些基础设施（如 NTP）需要非常当心闰秒的变化，但大多数其他软件不需要。

火星上的时间是怎样的

如果你认为在地球上的多个时区组织一个会议很困难，那么想象一下这样一个场景：一个与会者在火星上（一天为 24 h 37 min），另一个与会者在木星上（一天不到 10 h），还有一个与会者在金星上（一天大约为 5832 h）。如果你组织好了会议，在会议结束时有人说："明天同一时间吗？"

有人认真地建议过，新的日期和时间库应该处理非地面时间——我希望在它与主流软件工程相关联的时候退休。

日历系统转换

在 1582 年的罗马，10 月 4 日之后是 10 月 15 日。在 1752 年的伦敦，9 月 2 日之后是 9 月 14 日。这些都是从儒略历过渡到公历的例子。

这意味着来自不同国家的通常使用同一日历系统的人们可能会对日期产生分歧，例如，1665 年 6 月 13 日或者 1665 年 6 月 3 日发生的洛斯托夫特海战，采用哪个日期取决于你站在哪一方。

一个值得注意的奇怪现象是瑞典从儒略历过渡到格里高利历。瑞典曾计划从 1700 年开始逐步跳过所有的闰日，直到它们与公历一致。不幸的是，当 1700 年按计划进行时，瑞典被大北方战争（1700—1721 年）分散了注意力，忘记了这个计划。瑞典将 1704 年和 1708 年视为闰年，这与后来被放弃的计划相反。为了回到儒略历系统，瑞典在 1712 年加入了两个闰日：2 月 29 日和 2 月 30 日。

一些日期和时间库试图处理这样的日历转换，尽管我不确定是否有主流的日期和时间库模仿了瑞典历史。在我看来，这样做会导致比正常情况下更奇怪的运算，因此最好避免。

这些都是你几乎不需要担心的奇怪的极端情况。在 7.2 节中，我们将讨论在开始计划一个特性时，以及在开始编写代码之前，一定要考虑的一些方面。

7.2 准备处理日期和时间信息

如果你在 7.1 节结束时急于看到代码，那么恐怕有一些坏消息要告诉你：这一节中也没有太多代码。我保证我们会讲到那里，但是这一章的结构是为了提出一个有效的日期和时间处理方法。如果你仔细准备并事先思考了概念，那么实际的代码是简单的部分。现在我们了解了一些常用的概念和术语，可以考虑如何将这些概念和术语应用到现实产品中了。

7.2.1 对范畴做界定

经由前文的介绍，我们已经看到了日期和时间信息的世界是如此令人眼花缭乱。所幸的是，你的应用程序可能不需要那么复杂。当你开始计划使用日期和时间的应用程序或某个功能时，明确地界定工作内容和范畴，并保留好书面记录是极为必要的。

你可以从排除最复杂和最小众的需求入手，譬如：

- 你的应用程序需要处理相对性吗？
- 你是否需要注意并处理闰秒？
- 你是否需要处理非常古老的、可能受到历史上不同历法系统变化影响的日期？

如果这些问题的答案是肯定的，那么你可能会发现你可以使用的库是有限的，你肯定会比平时更加小心，并做大量的研究。我没有更具体的建议，因为我从来没有关于这类应用程序的工作经验，但是我认为在这种情况下选择合适的类型来表示产品概念比正常情况下更重要。

要考虑的另一个复杂性与日历系统和时区有关。除了公历，你还需要使用其他历法吗？大多数业务应用程序可能只使用公历，但肯定会有反例，特别是如果你的应用程序的受众是特别关注特定日期的宗教群体。消费者应用程序更有可能需要对用户首选日历系统进行支持，但在承诺之前，你可能需要权衡这样做的成本和收益。（收益将取决于具体的应用，成本可能取决于技术；对非公历系统的支持差异很大。）

不同时区的复杂性差异很大。在这里要问自己的问题如下。

- 产品是否需要支持时区？有时，可以围绕机器时间概念构建整个应用程序，这可以大大简化工作。
- 产品是否需要与其他系统指定的时区进行互操作？如果是，它使用哪个时区的数据库？
- 产品是否需要允许用户选择时区，或者仅仅依靠检测他们的默认时区？
- 产品是否需要在多个时区工作？如果是，你肯定这种情况会持续下去吗？
- 产品是否需要在时区规则方面保持绝对的最新，积极地跟踪更改，或者它可以只使用平台或库默认提供的时区规则？
- 产品是否需要存储任何自然包含时区信息的数据，或者任何时区交互纯粹是为了显示？
- 就跳过和模糊的时间而言，你需要对时区转换给予多少关注？例如，你正在编写一个学校时间表系统，学生不太可能在时区转换时上课。

大多数需要向用户显示日期和时间值的应用程序都需要具备一定的时区识别能力，但是你可以通过不构建超出所需的灵活性来简化工作。当然，这里有一个权衡：如果你在编写代码时假设只需要使用巴黎的时区，那么你可能会发现以后很难消除这个假设的影响。不过，从简单性的角度来说，这确实会带来很大的不同。减轻未来需求风险的一种方法是确保团队中的每个人都知道所做出的假设，并在依赖这些假设时进行反思。保存系统中与假设相关的位置的文档可以使以后回溯起来更容易。

这种范畴界定通常在你有详细的产品或功能需求之前是可能的。例如，一个产品意外地改变为需要支持多个日历系统是相当罕见的。（当然，这是可能的。这种新需求更有可能是开拓新市场的一部分，而不是增加新的个人功能。）团队中的开发人员可以自己解决上述问题，然后与产品负责人一起记录并验证结果。

注意　我使用术语"产品负责人"来代表那些负责决定产品应该做什么的人。不同的公司可能使用不同的名称，例如产品经理。根据你的确切的开发模型，这些人可能是与开发人员在同一公司的人，也可能是不同公司的人，还可能是这些人的混合。他们可能本身就是开发人员，但值得把这个角色与决定产品如何实现的角色区分开来。

然而，当涉及详细的需求时，产品负责人必须参与进来。

7.2.2　澄清日期和时间的需求

在本节的开始我先给你一个提醒：要确保与日期和时间相关的产品需求清晰、无歧义，做这些事情你在团队中就不太可能受欢迎。你可能会碰到很多类似这样的回答："这些需求难道不明显吗？"——即便一个人的回答与另一个人的回答是迥然不同的。但这些努力都是值得的。一旦需求明确了，编码就很简单了。如果没有明确的需求，你可能会发现参与产品设计的每个人对它都有不同的期望，从而导致混乱。

当然，如何计划和记录你的需求取决于你自己，这里没有特殊的方法论。你可以有一个全面的、前瞻性的设计，也可以按照敏捷的方式小步迭代单个小功能。不过，假如你采用的是仅关注当下需求的工作风格，可能需要特别注意。如果你在第一个 sprint 中只有某个特定功能需要支持日期，但是当你进入第 4 个 sprint 时，突然发现还需要支持日期和时间（也许是时区），这会让你接下来的工作变得更加困难。你可以试着在某种程度上预测未来的自然需求，但不要太过度，为每个将来可能的需求做准备也是个无底洞。

大体上，有两种类型的决策应该被记录为需求文档的一部分：你如何处理与日期和时间相关的每一块数据，以及你如何操作它们。你还需要考虑存储和传输的表示，但这些更多的是实现细节，而不是产品需求。这两种决策是相关的，但我们将分别考虑它们。

为了使所有内容具体化，我们将首先使用一个在线购物场景。我们将看到需求的简略描述，如图 7.8 所示：客户可以在 3 个月内退货。在场景的最后，我们将有一组可以实现和测试的需求。

图 7.8　需要进一步澄清细节的概略需求描述

选择恰当的概念或数据类型

好的产品需求通常说明在特定情况下收集哪些信息，以及有意不收集哪些信息。有时，这是隐含的，有些隐藏在描述用户旅程的叙述中，但如果明确地指出会更清楚。发现日期和时间相关的数据通常很容易，但决定如何处理这些数据就比较困难了。

作为第一条经验法则，有必要考虑数据的来源。如果你正在记录"某事件发生了"，那么你通常应该从一个时间戳开始——事件发生的那一刻。如果与其他操作相关，你可能还想记录一个时区（或者更一般地说，一个位置）。记录这个时刻通常很简单——大多数数据库和日志系统都有内置的时间戳。

注意　你可能需要考虑当前时间的哪个来源是重要的：如果你现在同时在数据库和单独的 Web
　　　服务器上捕获时间，涉及的两个时钟可能不会完全同步。这是否重要取决于你的应用程序。

如果你记录的是用户提供的日期和时间值，那就是另一回事了。你所处的是民用时间，而
不是机器时间——即使他们报告的是事情发生的时间。你需要记住时区信息，或者至少要记住
UTC 偏移量。你可能想把它转换成一个时间戳，但我建议你准确地保留用户给你的内容，或者
至少保留经过解析但不一定转换的表示。当我们稍后研究一些极端情况时，我们将看到仅存储
UTC 的方法是如何出错的，特别是在记录关于未来的信息时。

对于客户的退货要求，我们显然需要捕获一些信息，但还不清楚这些信息应该是什么，更
不用说使用什么来表示了。要问产品负责人的第一个问题是："客户可以在 3 个月内退货？"
这可能是：

- 用户单击支付后 3 个月内；
- 付款被接收后 3 个月内；
- 订单被确认后 3 个月内；
- 货物被分配后 3 个月内；
- 订单被发货后 3 个月内；
- 订单收到后 3 个月内。

稍后，我们会考虑 3 个月意味着什么，但上面的列表显示了 6 个不同的时间点。即使是按
第 5 项"订单被发货后 3 个月内"，也可能有几个不同的时刻，但简单起见，我们假定其中一
个是相关的时刻。

重要的是，这些都是时间上的时间戳，按照顺序记录它们是有意义的。有些方面可能是基
于每个项目，而不是基于每个订单，比如库存分配，甚至是发货——订单可能会分批发货。产
品负责人应该考虑在所有这些方面的背景下，客户可以在 3 个月内退货。

让我们假设产品所有者回答："对于任何给定的物品，客户可以在发货后 3 个月内将物品
退回。"（因此，即使在相同的订单中，退货窗口也可能在不同的物品之间有所不同。）很好，
这已经非常精确了。

我们可能会记录其他各种时刻，但我们知道我们需要记录每件物品被运输的时刻。但这仍
然不是最终的解决方案，这是可以依靠我们已经讨论过的概念来提出更多问题的地方。我们知
道 3 个月是一个时间段，而不是持续时间，你不能给一个时刻加上一个时间段。我们必须从这
个时刻推出一些其他的信息，才能将其视为民用时间。这意味着我们必须考虑日历系统和
时区。

注意　我们都知道产品需求是可以改变的。运输时间的不同决定了退货窗口可能会改变，我们稍
　　　后提出的决策也可能会改变。如果你从一开始就保留了所有原始和规范的信息，那就允许
　　　你在以后改变自己的决策。这意味着我们应该记录之前列出的所有时间戳，并将它们存储
　　　为即时信息。

这与前面关于保留用户给你的内容的技巧有关，如果用户指定了日期和/或时间，这就很重要。在这种情况下，原始和规范的信息不是机器时钟记录的时间戳，这是用户输入。

首先，我们可以询问产品负责人我们应该使用什么日历系统。这可能是一个简单的问题：不管用户是谁，都使用公历系统。（如果产品负责人给出了其他答案，你可能需要更多的测试时间。）

其次，我们可以询问产品负责人他们对哪个时区感兴趣。在这里，有一个具体的例子可以使事情变得具体。想象一个场景：

- 在巴西搭建 Web 服务器；
- 将数据存储到纽约的数据库中；
- 为加利福尼亚州的一家公司下订单；
- 从位于得克萨斯州的仓库发出货物；
- 发送给账单地址在德国柏林或者其他城市的客户；
- 邮寄到澳大利亚悉尼。

发货的时间将代表不同的当地时间，甚至可能是不同的日期。那么重要的是什么呢？它几乎肯定不应该是 Web 服务器或数据库。几乎任何其他答案都是合理的，但产品几乎不应该根据所涉及的计算机的物理位置而表现出不同的行为，除非用户正坐在这些计算机前。

即使产品负责人认为这是一个牵强的情况，他们也应该能够决定正确的答案是什么，并记录下这个答案。它也自然地形成了验收测试的起点。

让我们假设产品所有者回答的相关时区是本例中的澳大利亚悉尼的时区。太棒了。这可能并不意味着我们需要存储更多的信息，我们已经得到了货品要发送到的地点（从这里我们可以得到时区），将货品运送的那一刻作为标准的起点，并且始终使用之前的公历决策。我们可以随时将即时时间转换为发货地的当地时间。将其直接存储在数据库中可能有用，但这只是实现细节。有了这些信息，我们就可以继续讨论有关此功能的其他问题了。

询问用户行为的问题

关于客户可以在 3 个月内退货的宽泛声明需要各种说明。我们已经确定了这 3 个月的起点，但在我们开始实施任何东西之前，仍然需要更多的细节。当然，任何工作得当的产品负责人都会自然地在需求中加入很多细节，但我们关注的是与日期和时间相关的细节。

假设实际记录的用户旅程是这样的：

当在网站上查看已完成的订单时，将显示不到 3 个月前发货的任何项目，并显示返回项目详细信息的选项。当客户单击该选项时，他们会看到一个包含返回项目详细信息的表单。一旦他们完成了表单，就会启动退货程序。

关于退货程序会有很多细节，但有两个日期和时间方面的细节需要在这里澄清。

　　首先，3 个月适用于客户查看完成订单的时间、单击启动退货流程的时间还是提交退货表单的时间？这是 3 个不同的时刻。如果客户在退货有效的时候查看订单，但他们在 1 min 后点击退货选项，网站却显示退货无效，这将会让客户感到恼火。其次，我们不希望出现这样的漏洞，即客户可以将浏览器窗口保留数年，这实际上有了无限的退货期。同样的问题也适用于填写退货表单。

　　以下是一组可能的需求，并有更详细的说明：

　　当在网站上查看已完成的订单时，将不显示 3 个月前发货的任何项目，但显示返回项目详细信息的选项。当客户单击该选项时，服务器检查返回选项是否在 5 min 前有效，如果无效则返回一个错误。这使得客户在查看订单和开始退货流程之间最多有 5 min 的延迟，而我们保证会履行退货职责。（这也意味着如果客户等待超过 5 min，但仍然在退货期限内，他们可以继续退货。）如果有效，则向客户提供退货表单。表单上写着必须在 2 h 内完成。

　　当提交返回表单时，服务器检查返回过程是否在最近 2 h 内启动，如果不是，则返回一个错误。如果是，则提交表单进行处理，并向客户显示确认页面。

　　这有两种不同的时间限制：一种是 5 min 的宽限期，超过了你必须在 x 时间内开始退货的严格要求；另一种是 1 s，这限制了你在退货表单本身上花费的时间。

　　从日期和时间的角度来看，我们现在已经完成了一半的需求。不过，还有个问题，那就是 3 个月内的时间。我们已经决定了 3 个月的开始时间是订单发出的那一刻，并且这 3 个月应该以交货地址的时区为准。然而，在精确度方面仍有一些工作要做。

　　正如我们在前面的投票示例中看到的，涉及日历的算术不遵循与我们习惯的常规数学算术相同的规则。所以在这种情况下，我们需要区分使用运输时间加 3 个月和使用当前时间减 3 个月。产品负责人还需要确定他们希望对粒度做些什么：如果某个物品在上午 10:00 发货，他们是否希望 3 个月的时间在 3 个月后的上午 10:00 结束？这对客户来说可能有点武断。当然，如果这是产品负责人决定的，那么这就是需求。但如果我是产品负责人，我可能会写这样的需求：

　　退货详细信息的选择是基于送货地址所在时区的发货日期。退货有效的最后日期的计算方法是发货地址的当前日期加上 3 个月。如果增加 3 个月的发货日期超过了月底，则使用下个月的月初。（例如，如果一件物品在 11 月 30 日发货，那么最后有效的退货日期是 3 月 1 日，而不是 2 月的最后一天。）只要交付地址的当前日期不晚于最后有效的退货日期，就会向客户显示返回选项。

　　这很啰唆，但很明确。它涵盖了：

- 我们使用的粒度（日期，而非日期和时间）；
- 日历运算的性质（与起始日期相加）；
- 检查的性质（最后日期包括在内）；
- 涉及的时区（交付地址）；
- 解决日历运算的方式（滚动到下个月的月初）。

最后一个需求的代码可能不是最简单的，这取决于你正在使用的库，但至少它是清晰和可测试的。

我不期望产品负责人自己提出这样的需求，除非他们之前碰巧做过这样的日期和时间工作。在你了解日历算术的奇怪之处之前，潜在的歧义可能并不是很明显。但这正是开发团队可以探测需求的地方，直到需求足够精确为止。从一组模糊的产品需求到一组具体的、明确的、可测试的需求的过程会有所不同，这取决于你的团队是如何组建的，但最终得到具体的、明确的、可测试的需求是很重要的。这可能需要多轮的提问，或者开发团队可能能够为模糊的需求提出一个更具体的版本。开始编写代码之前的最后一步是确保使用正确的工具。

7.2.3 使用恰当的库或者包

即便你使用质量欠佳的日期和时间库也能够编写清晰易读的代码，但这是一场艰苦的奋战。一旦你得到了一组清晰的需求，就可以着手评估适合实现它们的技术栈。

技术方案的评估是一个随时间变化而不断演进的过程。例如，撰写本书时，JavaScript 中用于处理日期和时间的新标准对象的提议——Temporal 还只是一个草案，但如果它获得批准，那么它很可能成为你在新的 JavaScript 项目中要考虑的一个选项。

我们很高兴为 Java 和.NET 提供建议，因为这是作者最了解的平台，而且它们在选项方面都相当稳定。当然，从我们写这本书到你读到它，总有可能出现一些新的东西，但它们至少是好的起点。

在 Java 平台上，如果你能够使用 Java 8 中引入的 java.time 包，应该尽可能地使用。如果由于某些原因，你被困在 Java 6 或 Java 7 上，ThreeTen-Backport 项目是一个很好的替代方案。要避免使用 java.util.Date 和 java.util.Calendar，这两者都充满了陷阱，很容易导致粗心的开发人员编写有漏洞的代码。

如果你的程序是基于.NET 的，我们强烈推荐你使用 Noda 时间库。其内置类型(DateTime、DateTimeOffset、TimeZoneInfo、TimeSpan) 当然可以有效地使用，但它们不能将我们前面看到的不同逻辑概念分离为不同的类型。例如，没有类型来表示日期，而持续时间和一天中的时间概念都使用了相同的类型。(请注意，自从.NET 6 发布以来，其中一些内容已经发生了变化，但我们不会在这里详细介绍。)这意味着很容易编写出看起来正确但实际上对逻辑数据执行无效操作的代码，例如在日期上添加半小时。DateTime 可以是某些未指定时区的日期，也可以是系统本地时区的日期，还可以是 UTC 中的日期。

除了这些具体的例子，还有一些更普遍的问题，你可以针对你的平台上的任何给定库进行评估。

- 如果你需要处理非公历系统，库是否支持这些日历系统?
- 库是否对所使用的时区数据提供了足够的控制? (例如，如果需要使用 IANA 时区 ID，最好不要选择只支持 Windows 时区的库。)
- 该库是否支持你在需求中确定的所有概念，并在这些概念之间提供足够的区别，以帮助你的代码清楚地表达你的意图？

- 标准库是否提供不可变类型？正如我们在第 4 章中所看到的，虽然不可变性作为一个一般概念有明显的优点和缺点，但在日期和时间库的上下文中，它几乎总是表现很好。
- 你的外部依赖项（例如数据库、其他库、网络 API 等）是否已经指向特定的库？如果你需要在不同的表示之间执行转换，这容易吗？

在任何可能的情况下，针对候选库创建一些日期和时间需求的原型都是有用的，这样你就会知道最终代码的形式。这通常可以在一个小的控制台应用程序或单元测试项目中完成，与任何现有的应用程序代码隔离。例如，根据前面描述的关于返回选项的需求，我可能会编写一些单元测试来检查是否显示返回选项的逻辑。如果你正在评估多个库，那么你可能会有一组测试用例，然后使用不同的库来实现。一旦有了使用所有库的工作代码，就可以比较这些实现的可读性。一旦你记录了应用程序范围的需求，与产品负责人一起处理特定于特性的需求，并选择一个好的库来使用，你就可以开始编写生产代码了。

7.3　实现日期和时间代码

即使有了所有正确的准备工作，我们仍然需要遵守代码本身的规则。走捷径很容易让事情失控，结果可能出乎意料。

7.3.1　保持概念的一致性

如果我们对应用程序中出现的概念的定义可以做到前后一致，这将有助于避免错误的出现。但这并非易事，特别是有些概念在不同上下文中有不同的用途。例如，7.2 节我们讨论的这个场景中，退货策略是围绕实际发货日期展开的，但实际发货日期又取决于货品离开仓库的时刻，以及发货目的地所处的时区。我们仍然可能达到这种一致性，前提是任何时候，只要涉及实现发货时间的代码，我们都要搞清楚这些概念到底指的是什么。

日期和时间信息往往以 3 种不同的形式存在。

- 在内存中，即代码执行时——通常，它们以你使用的日期和时间库对象的形式存在。
- 在网络请求中，即信息在机器之间交换时——通常，它们以文本形式存在，特别是对于 Web 应用程序，开发人员需要确保发送方和接收方使用相同的格式。然而，它也可能是一种二进制协议，通常是不透明的，在这种情况下，我们不需要知道或关心实际的字节是什么。
- 在存储中，例如在 JSON、CSV、XML 文件或数据库中——我们可能无法控制精确的格式，但是，我们通常能够选择数据类型，无论是通过 SQL 字段还是标准文本格式表示。

再次强调，一致性是极其重要的。例如，如果应用程序的某个功能允许用户设置日期（但不包含时间信息），我们应该确保后续信息处理也遵守同样的规则，避免将来出现信息混乱。比如一个包含文本值 2020-12-20 的 HTTP 请求，将其解析为 `java.time.LocalDate` 并存储到数据库 DATE 类型的字段中。我们完全有可能编写一个正常工作的应用程序，对这 3 层使用不同的日期和时间概念，但这会非常混乱。当然，我只是使用了一个非常简单的例子，实际项目中可能会复杂得多。

处理阻碍性的不匹配

我们为应用程序的核心程序选择了优秀的日期和时间库，却经常发现数据库并未提供同样丰富的类型支持，或者前端代码支持的类型集略有不同，没有同样丰富的类型。为了沿用之前的示例，假设我们能很顺利地将用户选择的日期以文本日期的形式进行传递，在代码中，我们会采用 `LocalDate` 的形式处理它们，随后问题来了，我们必须把这些数据存储到数据库中，而数据库中唯一与日期和时间对应的数据类型是时间戳。我们该怎么办呢？这时我们就面临多种选择，到底该选择哪一种，没有唯一的正确答案。

第一种选择是转换为数据库提供的概念。在本例中，我们可以将 `LocalDate` 转换为 UTC 给定日期开始时的午夜时刻。这样做的好处是，你可以在数据库中使用其他日期和时间相关的功能，并且很容易被其他代码使用。但它可能会使人认为，在任何特定日期开始不表示午夜 UTC 的时间戳是有效的。

第二种选择是使用基于文本的字段。例如，日期可以用与从前端传输日期相同的方式存储，即 2020-12-20。这样能更清楚地表明它实际上只是一个日期，如果我们使用示例中显示的 ISO 格式（年-月-日），那么它很容易排序。但它在数据库中的存储效率可能较低，并且在查询中难以使用。

第三种选择是使用具有众所周知含义的数字字段。例如，你可以将日期表示为自 1970 年 1 月 1 日以来的天数。这可能在存储和查询方面都很有效，但在每个直接使用数据库的系统中都需要复杂的代码，并且很难使用数据库访问工具（如 SQL Server Management Studio）理解数据。

> **注意** 尽可能早地将传入数据的类型转换为适当的内存数据类型，并且尽可能晚地将传出数据的类型转换为目标类型。这样可以最大限度地减少处理不一致表示所需的代码量。这也是 DRY 原则很重要的地方，转换代码本身应该集中，以避免出现转换方式的不一致。

这种阻碍性的不匹配很常见，但它并非唯一需要在系统边界进行概念转换的情况。

应用相关的概念

偶尔，我们可能会发现某个自然应用概念与前面描述的标准概念或我们正在使用的库或数据库中表示的标准概念之间没有清晰的映射。例如财务季度，其细节取决于相关公司使用的精确会计方案。这种自定义概念应该是相当罕见的，但最好能了解发生这种情况的可能性，并计划相应的处理。

同样地，一致性在这里也很重要。当确定了新概念时，可以通过一种适合你正在使用的库的方式对其进行封装。其中包括任何相关的转换，以及设计适当的文本表示，并确定如何在存储系统中表示这个概念。

你需要权衡多早将其付诸行动。封装新概念的时间越早，设计的灵活性就越高，将现有代码转换为新表示形式时遇到的麻烦就越少。另外，如果你根据概念使用的单个用例做出所有决策，那么你可能会发现你的设计很适合该用例，但不能满足后续用例的需求。可降低这种风险的一种方法是，当你遇到第一个用例时，积极地寻找其他的用例。你不需要设计未来可能使用数据的特性的每个方面，但至少需要考虑可能需要哪些操作和约束。

有效封装的一个重要方面是从一开始就提高设计的可测试性。这会影响自定义概念，值得考虑在整个代码库中进行测试。

7.3.2　通过避免使用默认值提升可测试性

正如我们前面考虑在线购物退货策略时所讨论的，在需求文档中给出大量示例通常是有用的。这些示例是转换为单元测试的理想选择，但前提是你的代码能够以合理的方式进行测试。有些库并不像我们想的那样简单，但只要保持一定的规则，就很容易解决这个问题。

我们看一个具体的例子，其中看起来简单的代码隐藏了很多假设。（这个例子使用了java.util 和 java.text 包中的类。java.time 至少解决了两个问题。）

```
String now = DateFormat.getDateInstance().format(new Date());
```

这行代码隐藏了多个假设，因为平台设计者认为将这些假设隐式化是有用的。它也很难测试，大概是因为在设计时，可测试性并不是优先考虑的事项；

- 它使用系统时钟，这意味着我们无法测试在特定时刻会发生什么；
- 它将当前时刻转换为系统时区，这使得我们很难测试代码在不同时区的反应；
- 它使用默认地区的默认日历系统；
- 它使用默认区域设置的日期格式。

如果你不需要测试这些代码，并且当你正在编写桌面应用程序时，当前的文化和时区正是你想要使用的，那么这些假设确实会使工作变得更简单。在任何其他情况下，都应该避免使用这样的代码。

使用现有的时钟抽象

现代日期和时间库通常已经抽象了时钟的概念，即使它们没有，你也可以这样做。java.time 包提供了一个 Clock 抽象类，它提供了时区和当前时刻的时间服务。Noda 时间库有一个单独的 GetCurrentInstant() 方法的 IClock 接口。两者都提供了为测试获取实例的方法。任何时候你的代码都需要知道当前时刻，我们建议使用依赖注入来提供一个可用的时钟，而不是总是使用系统时钟的方法。

如果不清楚为什么测试需要这样做，我们来看一个简单的例子。假设我们想要创建一个类，它能够判断当前时刻是否在某个目标时刻的 1 min 之内。在实际代码中，我们通常会在构造时使用 Duration 参数使目标灵活，但简单起见，我们将保持它的硬编码。我们可以编写使用系统时钟的非常简单的代码，如代码清单 7.1 所示。

代码清单 7.1　一个无法测试的 OneMinuteTarget 类

```
public final class OneMinuteTarget {
  private static final Duration ONE_MINUTE = Duration.ofMinutes(1);
  private final Instant minInclusive;
  private final Instant maxInclusive;

  public OneMinuteTarget(@Nonnull Instant target) {
    minInclusive = target.minus(ONE_MINUTE);
    maxInclusive = target.plus(ONE_MINUTE);
  }

  public boolean isWithinOneMinuteOfTarget() {        ┌─────────────
    Instant now = Instant.now();        ◄────────     │ 该行代码使得
    return now.compareTo(minInclusive) >= 0 && now.compareTo(maxInclusive) <= 0;
                                                       │ 测试极其困难
  }
}
```

但是我们如何测试以上代码呢？我想测试 5 个场景。

1. 当前时刻比目标时刻早 1 min 以上。
2. 当前时刻恰好比目标时刻早 1 min。
3. 当前时刻在目标时刻的前后 1 min 内。
4. 当前时刻恰好比目标时刻晚 1 min。
5. 当前时刻比目标时刻晚 1 min 以上。

对于上面的代码，我们无法清晰地测试。我们可以合理地为测试场景 1、3 和 5 编写代码，因为我们可以合理地假设测试的运行速度有多快，但是我们不能确保系统时钟本身恰好在目标时刻之前或之后 1 min。我们可以知道测试何时开始执行，但我们不知道从开始执行到调用正在测试的方法中的 Instant.now() 之间会经过多长时间。但是，如果我们在构造函数中注入一个 Clock，代码就会变成可测试的，如代码清单 7.2 所示。

代码清单 7.2　代码清单 7.1 的改良版本，它利用 java.time.Clock 让代码有了更好的可测试性

```
public final class OneMinuteTarget {
  private static final Duration ONE_MINUTE = Duration.ofMinutes(1);
  private final Clock clock;        ◄────────        需要了解当前时刻时，会
                                                     访问 clock 对象
```

```
    private final Instant minInclusive;
    private final Instant maxInclusive;

public OneMinuteTarget(@Nonnull Clock clock, @Nonnull Instant target) {
    this.clock = clock;                                ◁──── 保存调用方提供的
    minInclusive = target.minus(ONE_MINUTE);                 clock 以备将来使用
    maxInclusive = target.plus(ONE_MINUTE);
}
                                                            使用 clock 的方法替换之前
public boolean isWithinOneMinuteOfTarget() {           ◁──── 无法进行测试的静态方法
    Instant now = clock.instant();
    return now.compareTo(minInclusive) >= 0 && now.compareTo(maxInclusive) <= 0;
}
}
```

现在，我们可以比较容易地按照自己的想法为各种场景编写测试代码了。对涉及日期、时间的代码，使用参数化的测试是非常高效的，代码清单 7.3 提供了一个示例。

代码清单 7.3　使用 `Clock.fixed()` 测试对当前时间敏感的类

```
class OneMinuteTargetTest {
    @ParameterizedTest                                设置我们希望
    @ValueSource(ints = {-61, 61})               ◁──── 测试的值
    void outsideTargetInterval(int secondsFromTargetToClock) {
        Instant target = Instant.ofEpochSecond(10000);   ◁──
        Clock clock = Clock.fixed(                        创建目标时间戳
            target.plusSeconds(secondsFromTargetToClock),
            ZoneOffset.UTC);                         ◁──
        OneMinuteTarget subject = new OneMinuteTarget(clock, target);
        assertFalse(subject.isWithinOneMinuteOfTarget());
    }                                               通过与目标时间的相对
                                                    时间构造 clock 对象

    @ParameterizedTest
    @ValueSource(ints = {-60, -30, 60})
    void withinTargetInterval(int secondsFromTargetToClock) {
        Instant target = Instant.ofEpochSecond(10000);
        Clock clock = Clock.fixed(
            target.plusSeconds(secondsFromTargetToClock),
            ZoneOffset.UTC);
        OneMinuteTarget subject = new OneMinuteTarget(clock, target);
        assertTrue(subject.isWithinOneMinuteOfTarget());
    }
}
```

这里我们使用了两个单独的方法：一个用于测试目标区间外的时间，另一个用于测试目标区间内的时间。假定这些方法只在参数化值以及是否调用 assertFalse() 或 assertTrue() 方面有所不同，你可以选择使用单个方法，该方法也是根据预期结果进行参数化的。测试的具体设计超出了本章的讨论范围，但重要的一点是，如果你能控制时间的流逝，测试代码就会变得很容易。

使用你自己的时钟抽象

如果你正在使用的日期和时间库难以提供你所需的抽象，那就去创建自己的日期和时间库。如此一来，你不但可以在当前的应用程序中全程使用这个库，而且可以在其他有类似日期和时间需求的应用程序中使用。你将拥有绝对的自主权，不管是将其设计成关于当前时刻的抽象(如Noda 时间)，还是同时增加对时区的支持（如 java.time）。通常，时钟抽象的代码实现分为 3 类。

- 为大部分代码所依赖的抽象类或接口。
- 调用系统时钟的单例实现。
- 一种允许调用方在构造时或构造后设置时间戳的伪实现。你可以选择在某个特定的测试包中公开该方法，以防止生产代码对其产生依赖。

为了更具体一点，假设 java.time 没有提供时钟抽象，或者我们希望使用一个局限于当前时刻的时钟抽象，而不包括时区。我们可以定义自己的 InstantClock 接口，如代码清单 7.4 所示。

代码清单 7.4　创建自己的面向时间戳的 **InstantClock** 接口

```
public interface InstantClock {
  Instant getCurrentInstant();
}
```

接下来，我们就可以使用 SystemInstantClock 单例来实现，如代码清单 7.5 所示。

代码清单 7.5　使用系统时钟单例实现 **InstantClock**

```
public final class SystemInstantClock implements InstantClock {
  private static final SystemInstantClock instance =
      new SystemInstantClock();

  private SystemInstantClock() {}          ◁──── 避免该类在其他
                                                地方被实例化

  public static SystemInstantClock getInstance() {   ◁──
    return instance;                                     通过该 public 方法
  }                                                      访问单例的实例

  public Instant getCurrentInstant() {
    return Instant.now();   ◁──── 代理 Instant.now()，该方法
  }                                返回系统时钟
}
```

最后，我们创建一个用于测试的时钟，如代码清单 7.6 所示。

代码清单 7.6　实现 **InstantClock** 接口，创建一个用于测试的时钟

```
public final class FakeInstantClock implements InstantClock {
  private final Instant currentInstant;
```

```
public FakeInstantClock(@Nonnull Instant currentInstant) {
  this.currentInstant = currentInstant;
}

public Instant getCurrentInstant() {
  return currentInstant;
}
}
```

当然，这里有一些细节是可以修改的。例如，你可以在接口中定义一个静态方法来获取假时钟和系统时钟的实例，在接口中保持类本身是私有的。或者，你可以为 FakeInstantClock 提供一个选项，以便在每次调用 getCurrentInstant()方法时自动将时钟提前至特定的时间。重要的是如何使用时钟来避免不可测试的产品代码。

在前面的代码中几乎没有注释，因为它们太简单了。你可能会认为它们太简单，不能提供太多好处，但是它们在可测试性方面的差异是巨大的。

> **注意**　你可能想知道我们为什么要在这里提供一个假时钟。毕竟，模拟单一方法接口是很容易的。我们发现模拟对于交互测试非常有价值，在交互测试中，你需要确切地知道何时调用接口方法以及调用多少次，但这对于时钟不太有用。我们只是想为它们提供它们以后应该返回的数据，而伪造的数据是很好的选择。如果你愿意，可以使用模拟的方法，但是我们发现专用的伪实现使用起来更简单，并且它将你的测试代码与任何特定的模拟库分离。

除去一个隐含的时钟信息源后，我们对时区做一些类似的事情。

避免隐式使用系统时区

虽然日期和时间库对时钟抽象的支持有些不稳定，但我希望任何现代日期和时间库都具有表示时区的类型。但是，你可能会发现有许多方法仍然隐式地使用系统时区，这导致了可测试性问题。你应该不希望编写更改系统时区的测试代码、运行生产代码，然后将时区重置为以前的时区。即使你希望代码在生产环境中始终使用系统时区，但直接告诉它应该在哪个时区操作要好得多。

虽然可以编写两个重载（方法或相关类型的构造函数），其中一个接收时区，另一个总使用系统时区，但这可能导致代码对系统时区具有隐藏依赖关系。当你对构造函数或方法进行三四级的间接操作时，你可能不会马上意识到你所做的事情需要时区。明确这一点，你就不会感到惊讶了。

在调用你不负责的代码时，也要注意这个方面。这些代码可能是日期和时间库本身或其他外部依赖项中的代码。可能需要花一点心思才能弄清楚在特定操作中是否涉及时区，或者代码是否默认使用系统时区。

回到我们的退货策略示例，我们可能有一个方法来计算订单中项目的最终退货日期。需求文档中已经讨论了一个时区，所以很明显需要一个时区，但这并不意味着我们需要自己提供时区。计算需要两类信息：

- 货品从仓库运出的时间；
- 货品运送地址的时区。

时区已经由执行操作的上下文确定，因此不需要在订单中项目的最终退换货日期的方法中提供时区。

然而，当我们开始编写代码时，再次考虑测试的简单性是值得的。在测试中指定这两类信息是很容易的。要想得出一个包含物品信息的完整订单可能需要更多的努力。我们可以编写一个方法来简化单元测试，该方法只接收这两个参数，然后用发货时刻和送货时区来调用该方法。我们不想让这个方法完全公开，但出于测试的目的，我们需要它足够可见。

在 OrderItem 类中只剩下两个方法—— 一个普通的公共方法和一个更复杂的内部方法，如代码清单 7.7 所示。（稍后我们将回到实际的实现。）

代码清单 7.7　简化复杂场景的测试

```java
public LocalDate getFinalReturnsDate() {
  Instant shippingTime = getShippingDetails().getWarehouseExitTime();
  ZoneId deliveryTimeZone = getOrder().getDeliveryAddress().getTimeZone();
  return getFinalReturnsDate(shippingTime, deliveryTimeZone);   ← 将公共方法调
}                                                                  用委托为内部
                                                                   方法调用
@VisibleForTesting
static LocalDate getFinalReturnsDate(Instant shippingTime,
    ZoneId destinationTimeZone) {
          ← 内部方法的实现
}
```

你如果想把所有的返回逻辑集中到一个地方，可以使用复杂的那个方法，当然，该方法的调用发生在 OrderItem 类之外。不管选择哪种方法，关键都是方法签名。

- 在直接使用时区的方法中，我们已经有了系统时区信息，所以很容易确定使用哪个方法。
- 如果你要在其他地方调用该方法，必须提供对应的时区信息，这样不太可能意外地使用系统时区。

在发现可能默认使用系统时区的代码时，最好注意是否有重载。如果调用一个方法，该方法在其某个重载中接收时区，但没有提供时区作为参数，请仔细检查默认情况下使用哪个时区。即使它是你想要使用的，如果你明确说明，你的代码也会更清晰。还有一个与系统默认值相关的方面值得一提，这将引导我们进入更大的主题，即文本表示。

避免隐式地对地区或文化做假设

国际化、本地化和全球化（有时分别称为 i18n、l10n 和 g11n）是非常重要的主题，在这里我们不打算详细讨论它们。为了完成日期和时间的工作，我们需要注意用户的语言环境会影响

代码的两个方面：默认的日历系统和用于表示日期和时间的默认文本格式。

我们主要是为了可测试性而替换系统时钟，系统区域设置与系统时区设置类似：我们真的不想假设我们想要工作的区域设置与系统的区域设置相同。

很多时候，我们实际上想避免做任何与特定文化相关的事情。正如前面所讨论的，大多数业务软件只需要使用公历系统，而有些用户在他们的个人生活中使用不同的日历系统。同样地，文本格式对于我们的大多数代码来说应该是无关紧要的，就像我们对数字进行算术运算时不考虑它们是十六进制数还是十进制数。

在这里我们没有太多具体的编码建议。重要的是要充分了解你正在使用的库，以便随时注意是否意外地调用了对区域性敏感的方法。在这里，你可能希望更多地使用默认值，至少对于日历系统是这样的。如果库默认使用公历系统，大多数人可能会发现使用默认值而不是显式地在所有地方指定公历系统的代码更具有可读性。另外，如果默认使用系统区域设置的默认日历，我建议在调用中显式地使用它。

就文本表示而言，要考虑的不仅仅是文化假设。

7.3.3　以文本方式表示日期和时间

处理内存中的数据时，使用抽象良好的库来处理日期和时间数据，可以帮我们完成几乎所有困难的工作，尽可能地避免错误，然而我们还是经常需要以文本的方式表示日期和时间——有时是为了诊断问题（例如日志记录和调试），有时是为了在不同机器之间传输数据，有时是为了向用户显示信息。以文本方式表示日期和时间非常容易出错，并且出错的方式也是五花八门的。同本章的大部分内容一样，本节更多的是提供一些问题帮助你认识有哪些潜在的风险，而非试图提供一个适用于所有情况的完美方法。我们会从一个问题切入要讨论的内容：当我们谈到需要以文本方式表示日期和时间时，这通常意味着什么？

避免将文本表示与事实混为一谈

当我们看到一个包含日期和时间信息的字符串时，有时我们并不清楚它表示的是什么。更令人担忧的是，我们并非总能明显看出它所代表的是什么。我们可能因为推断太多而得出不正确的结论。

这方面最典型的例子之一是 java.util.Date 类。我们不建议使用这个类，但是它的文本表示方式对于不应该做什么提供了有用的教学辅助。以下列代码为例：

```
System.out.println(new Date());
```

在我的机器上，现在输出格林尼治时间：Sun Dec 27 14:21:05 GMT 2020。Date 显然是一个具有误导性的名称，而且它隐式地使用了系统时钟，我们先不考虑这个事实，看看我们可以从中推断出什么。

- 包含非完全时区的缩写：GMT。这表明该值本身是时区感知的。

- 包含星期几、缩写月份和年份。我们可以推断该值是日历系统感知的。

- 取值只能以秒为单位。这到底意味着我们恰好在 1 s 之间调用了 `Date()` 构造函数，还是丢失了信息？我们不容易分辨。

第一点是最让人气愤的。**Stack Overflow** 上有很多关于如何将 `java.util.Date` 类转换为不同时区的问题，我可以理解其中的原因。实际上，`Date` 类可表示具有毫秒精度的时刻，它没有相关的时区或日历系统。`toString()` 方法总是使用公历系统和系统默认时区，但这些不是值本身的一部分。月和日的名称没有本地化。

这里使用系统默认时区会导致混乱，即使是更合理的 `toString()` 实现也可能导致混乱。假设使用的是 ISO 8601 表示法，那么相同的值可能表示为 2020-12-27T14:21:05.123Z，并且在世界的任何一台机器上都将得到相同的结果（当然，假设系统时钟报告相同的值）。除非你已经知道它代表的是什么，否则它仍然是不清楚的。我们不知道精度，不知道 Z 是否意味着每个值都将用 UTC 表示，也不知道它所表示的数据类型是否可以包括不同的偏移量或时区。我们甚至不知道它所表示的数据类型是否可以使用不同的日历系统。

如果这一切听起来像是厄运降临，请振作起来。其目的并不是阻止你使用文本表示，而是鼓励你意识到其局限性。最重要的是，你应该了解所表示的数据类型，它们最好是前面列出的概念之一，或者是这些概念的组合（例如"具有 UTC 偏移量的日期和时间"）。可用的精度是多少，这种表示是否意味着无损？如果想解析这样的值，需要知道什么？你知道具体的格式吗？

需要特别注意的是调试器显示的内容。根据所使用的文本格式，调试器完全可以将两个变量的值显示为相同的文本表示形式，也可以显示这些值彼此不相等。这并不是在日期和时间域工作时所特有的问题，浮点数，甚至是普通字符串都可能遇到同样的问题。请注意，你在调试器中看到的可能并不全是真实的。我们已经介绍了过多解读文本表示的危险，接下来看看在根本不需要的情况下转换悄悄出现并引发问题的一些领域。

避免不必要的文本转换

我们应该尽量避免转换文本表单。我见过很多代码将日期和时间值转换为字符串，以实现根本不是面向文本的任务。

- 直接在 SQL 中或作为参数在数据库查询中包括值。

- 在不同表示之间转换，可以是同一库中不同类型之间的转换（例如从 `LocalDateTime` 获取 `LocalDate`），也可以是不同库之间的转换。

- 故意丢失信息，例如格式化 `LocalDateTime` 值而不包括几分之一秒，然后再次解析，以截断为秒的粒度。

在所有这些情况下，引入文本转换有多个缺点。

- 它以一种迂回的方式模糊了你试图实现的目标。

- 它引入了意外丢失精度或导致其他错误的风险。
- 它几乎总是比更直接的方法慢。

每当你发现自己正在执行文本转换时，都有必要考虑一下这在本质上是否是一个面向文本的任务。如果不是，考虑是否有更好的方法。这可能需要更多的研究。假设我们已经完成了这个尽职调查步骤，并非常想执行文本转换，仍然有一些陷阱需要避免。

设计有效的文本表示

我理解你可能会觉得我们在这个领域投入了太多精力。毕竟，在你的平台上调用 `toString()` 或等效程序并完成它是很容易的。但只要多花一点时间仔细考虑想要的结果，就会有很大的不同。

你可能想在任何给定的应用程序中集中处理所有的文本，确定你希望为每个概念和每个受众提供什么样的结果，编写文档，编写代码，然后随处调用它。这将确保你在整个应用程序中保持一致，从而避免一些令人沮丧的诊断过程。当然，你仍然需要确保在每种情况下使用正确的集中式选项，这意味着要清楚受众。

在将日期和时间值转换为字符串时，应该考虑以后将读取该字符串的情况。一般情况下可以分为以下 3 类，如图 7.9 所示。

- 显示给用户的文本。
- 由另一个系统上的代码解析的文本。
- 帮助开发人员进行诊断的文本。

这 3 类情况有不同的动机和要求。你可能期望用户和开发人员是相似的，但通常情况下，面向开发人员的消息（在日志和异常中）看起来更像机器可读的表示。

图 7.9　针对不同的用户，使用不同的文本描述

用户可见文本通常应该考虑用户的语言环境，至少在首选日期格式方面是这样。其中最明显的例子就是所使用的数字日期格式，美国使用"月/日/年"的格式，而世界上大多数其他国家使用"日/月/年"的格式。除了排序，不同的地区还使用不同的日期分隔符、不同的时间分隔符和不同的较长的日期格式（例如，可能包括月份名称）。在这里尝试实现精确的格式几乎从来都不是一个明智之举。大多数库允许你指定通用格式，例如短时间格式或长日期格式，然后它们便会妥善处理。

这里的可变性意味着试图去解析那些已被用户格式化的文本向来都不是良策。出于屏幕抓取的目的，你可能需要这样做，或者这只是众多原因中的一个，但如果可能的话，尽量避免屏幕抓取。如果你必须解析呈现给用户的文本，请尝试找到一种方法，说明创建该文本时使用的是何种区域设置。如果你不知道 6/7/2020 是指 2020 年 7 月 6 日还是 2020 年 6 月 7 日，并且缺乏容错和复杂的启发式机制，就很难把事情做正确。

然而，机器可读的文本则是另一回事。在创建供另一台机器阅读的文本时，应该尽可能使用标准格式。对于日期和时间值，我们应该使用 ISO 8601 兼容格式。即使在 ISO 8601 中，也有多种可用的格式。例如，2020 年 6 月 7 日下午 3:54:23 的日期和时间值可以表示为20200607T155423.500，也可以表示为 2020-06-07 15:54:23,5，甚至还有更多变体。面对这么多选项，建议做判断时考虑下面这些因素。

- 在空间允许的情况下，使用日期和时间分隔符（分别为半字线和冒号），提升日期和时间值的可读性。请注意，冒号不能出现在 Windows 文件名中，而且在 UNIX 中以冒号分隔路径也不是一个好的选择。
- 日期和时间之间可选的 T 可能会降低日期和时间值的可读性，但有助于将日期和时间值整合在一起。如果日期和时间的上下文包含多个由空格分隔的值，其重要性就凸显出来。
- 虽然小数的分秒分隔符可以是逗号或点，并且在 ISO 8601 中理论上首选逗号，但实际情况是点的使用要更普遍。
- 将秒的小数部分指定为固定长度可能会浪费空间，但如果程序的最终结果是多个值的列，则有助于提高结果的可读性。如果选择使用可变长度，则不如使用毫秒、微秒或纳秒精度，分别使用 3 位、6 位或 9 位亚秒精度。

你可能会惊讶地看到这里对（人类）可读性的考虑。毕竟，这些值是要由代码解析的。但现实情况是，开发人员很可能最终会查看文本文件、JSON 请求或文本最终出现的任何地方。有时需要平衡影响每个值的空间问题和可读性问题（可能只与百万分之一值有关），但难以读取数据的代价非常高。

这就引出了最后一类受众：开发人员。通常，面向开发人员的文本表示应该与文化无关，就像机器可读的表示一样，但是你可能希望添加更多不是严格必要的信息。我建议从简单的 ISO 8601 表示开始，并在必要时添加更多信息。例如，如果要表示日期和时间以及 UTC 偏移量，你可能希望同时包括本地时间和 UTC 时间，以便更容易地进行值的比较。有时，最合适的开发人员所表示的信息可能比一般情况还要少。例如，你可能要显示当前正在运行且运行时间较短的应用程序的日志条目，为了避免混乱，你决定不包括即时日期部分。一旦决定了要如何以文本形式表示值，最后一步就是编写代码。

使用时间库

当涉及日期和时间值的文本处理（以及大多数其他文本表示）时，有一条黄金法则：不要自己做。所有有价值的日期和时间库都具有格式化和解析功能，而且使用它们比你自己做更有可能得到正确的结果，因为这是它们的作用。

但有一个例外，那就是你得到了足够笨拙的表示，如果不先进行一些文本操作，库就无法直接处理它。例如，假设你必须将"Dec 28th 2020"这样的文本解析为日期，这远非一个理想的表示，但有时你可能没有任何可行的替代方案。你使用的库可能无法处理序数部分（28th 的 th）。在这种情况下，最好执行最少的操作，将文本转换为可解析的格式，例如 Dec 28 2020，然后使用库正常解析文本。

仔细阅读你正在使用的库的文本处理文档是值得的，特别是当你需要指定自定义格式时。不要认为格式字符串在所有平台上的意义完全相同。Stack Overflow 上关于无法解释的日期和时间解析问题中的大多数日期和时间问题都是开发人员没有足够注意它们的格式引起的，特别是 m 和 M（分别表示分钟和月）或 h 和 H（分别表示一天中的 12 h 和 24 h）。

正如我们前面所讨论的，通常将日期和时间文本处理的某些方面集中起来。如果你发现自己在多个地方为相同的目的指定了相同的格式字符串，那么删除重复的肯定是一个好主意。根据所使用的库的不同，集中化可能由以下部分组成。

- 公开常见的、不可变的、线程安全的格式化对象（例如 java.time 库中的 `java.time.format.DataTimeFormatter` 和 Noda 时间库中的 `NodaTime.Text.LocalDatePattern`）。
- 公开执行格式化和解析的方法。
- 公开格式字符串本身（例如 ISO 8601 格式的`"yyyy-MM-dd' t ' hh:mm:ss' z '"`，精确到秒）。

最后一个很简单，但在类型安全方面的表现并不理想。你很可能会使用错误的格式字符串，而且没有任何提示信息警告你正在尝试将日期格式化为日期和时间。不过，这仍然比在多个地方编写相同的格式字符串要好得多。

在本节的大部分内容中，我们假设能够自己设计文本格式，从而对正在建模的自然概念进行有用的表示。如果不是这样呢？

文本格式化时按照概念解析日期和时间

有时我们无法控制接收到的数据的格式，这可能意味着我们不得不做出一些不好的选择。这可能会导致一种情况出现，即值的语义与用于表示它的格式不匹配。

让我们举一个比较极端的例子。假设我们正在编写一个闹钟应用程序，并希望与第三方服务集成，该服务允许用户创建供多个应用程序使用的闹钟。警告可以是每天的，也可以是特定日期的。这两个值有点不同——前者只是一天中的某个时间（我们希望在应用程序中用 `java.time.LocalTime` 表示这个时间）；后者可能是日期和时间（`java.time.LocalDateTime`）。我们可能期望它们在 API 中有不同的表示，但也可能不是。我们可能会收到如下 JSON 信息。

```
{
  "alarms": [
    {
      "dateTime": "2021-04-01T07:00:00",
      "type": "once",
      "label": "April Fool prank"
    },
    {
      "dateTime": "1970-01-01T06:00:00",
      "type": "daily",
      "label": "Wake up"
    }
  ]
}
```

在这里，时间部分用一个完整的日期和时间表示，1970 年 1 月 1 日为可以丢弃的信息，如图 7.10 所示。

假设我们希望在应用程序中采用 java.time.LocalTime 来表示一天中的某个时间，有两种实现方法。

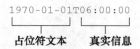

图 7.10　文本可以由占位符文本和真实信息拼接而成

- 我们可以使用自定义格式直接将值解析为 LocalTime，该格式在时间部分之前包含文本 1970-01-01T。
- 我们可以将该值解析为 LocalDateTime，然后获得它的日期部分（通过 toLocalTime() 方法实现）。

我建议使用后一种方法。它分离了将值从文本转换为其自然表示形式和获得我们实际需要的表示形式这两个操作。如果我们希望使用类型为 LocalDateTime 的 dateTime 属性的话，它还允许我们直接将 JSON 建模为类。JSON 可以被解析，而且不用担心 dateTime 值中有多少是有用的，然后我们可以根据类型值转换为可能不同的类。两种不同的转换（一种是 JSON 转换为对象，另一种是对象转换为对象）可以独立测试。任何阅读 JSON 模型代码并查看示例 JSON 文本的人都将看到两者之间的直接对应关系。

以上就是关于日期和时间值的文本表示的全部内容。这是一个需要不断学习的话题，但上面的内容应该有助于你以一种富有成效的方式解决你面临的一些问题。最后一个话题是关于实际代码的，就计算机而言，它不会直接影响代码的行为，但它对人们来说却有很大的影响。

7.3.4　通过注释解释代码

互联网上有很多观点认为注释代码（就实现而言）就是承认失败。虽然我知道这些观点来自哪里，但这些观点对我来说太极端了。我当然支持使用经过仔细考虑的变量名来阐明代码、重构以保持每个方法简短等。但这通常是关于代码在做什么的，而不是为什么这么做。如果存在读者可能不明白的极端情况，注释对于解释为什么没有采用明显更简单的方法至关重要。这在有关日期和时间的工作中尤其重要。注释在编写测试代码时也很有帮助，它可以解释每个测试用例的目的。让我们回到 getFinalReturnsDate() 方法，同时实现它并解释实现，如代码清单 7.8 所示。

代码清单 7.8　提供详尽的注释来说明代码的功能

```
/**
 * 通过简单的"点击按钮"工作流，可以计算出货品退还的最终日期。
 * 计算方式依据货品从仓库发货的日期以及收货的地址。
 * 退货期限（目前为 3 个月，更多信息请参阅{@link #RETURNS_PERIOD}）
 * 加上发货日期，就能得到最终的退货日期。
 * 计算退货日期时，加上退货期限后，如果
 * 计算出的日期超出了当月日期，
 * 那么结果日期应该更新为下月的首日。
 *
 * @param shippingTime 货品从仓库发货的时刻
 *
 * @param destinationTimeZone 货品的收货目的时区
 *
 * @return 最终货品退货的日期
 */
@VisibleForTesting
static LocalDate getFinalReturnsDate(Instant shippingTime,
    ZoneId destinationTimeZone) {
  LocalDate shippingDateAtDestination =
      shippingTime.atZone(destinationTimeZone).toLocalDate();
  LocalDate candidateResult = shippingDateAtDestination.plus(RETURNS_PERIOD);
  // 如果发生日期溢出，LocalDate.plus 会对其进行截断处理。譬如
  // java.time 中 3 月 31 日 + 1 个月是 4 月 30 日，而不是 5 月 1 日。
  // 我们的需求描述中，碰到这种情况时，希望的处理方式是再往后延一天。
  // 检查是否出现了这种情况的最简单的方式是用当前时间减去回程时长，
  // 看看是否刚好等于最初的送货日期。
  // 如果日期对不上，我们就能知道发生了溢出，
  // 需要再加一天时间。
  return
      candidateResult.minus(RETURNS_PERIOD).equals(shippingDateAtDestination)
        ? candidateResult
        : candidateResult.plusDays(1);
}
```

尽管这是一个包的私有方法（如果我们不想直接将其用于测试，那么它将是完全私有的），但 Javadoc 对于给出该方法具体功能的细节非常有用。实现中的注释解释了为什么要用当前时间减去回程时长；这就是我们测试溢出情况的方法。

显然，对于注释的冗长程度，不同的人有不同的习惯。这里的注释可以简短一些，这取决

于相关团队认为什么是最清楚的。例如，Javadoc 可以只链接到公共方法声明，尽管它不适合引用私有 RETURNS_PERIOD 字段。如果我们完全不使用 Javadoc，我们仍然有需求文档可以依靠，但是这些文档不能解释为什么要以某种方式实现某方法。注释是在其他地方无法获取的有价值的信息，我对完全删除它持谨慎态度。

　　一些不喜欢注释的开发人员指出，测试是提供信息的一种方式，我同意这一点。有了正确的测试，就不太可能意外地在某个月的某一天发生溢出。但是在阅读代码时，你可能并不想尝试额外的东西来看看哪里出错了，从而理解为什么它是这样编写的。说到测试，让我们看看代码清单 7.9。

代码清单 7.9　在测试中添加注释以解释极端的情况

```java
public class OrderItemTest {
  private static Stream<Arguments> provideGetFinalReturnsDateArguments() {
    return Stream.of(
        // 一个简单的用例：使用 UTC 显示日期，并避免溢出
        Arguments.of("2021-01-01T00:00:00Z", "Etc/UTC", "2021-04-01"),
        // 美国纽约在冬季使用 UTC-5，因此发货时间为 2020 年 12 月 31 日
        Arguments.of("2021-01-01T00:00:00Z", "America/New_York", "2021-03-31"),
        // 日期溢出，需参考需求文档中的示例
        Arguments.of("2020-11-30T12:00:00Z", "Etc/UTC", "2021-03-01"),
        // 检查目的地的时区：美国纽约从 2021 年 3 月 14 日 7 点开始从
        // UTC-5 切换到 UTC-4。 下面第一个测试的送货日期是 2021 年 3 月 13 日，
        // 第二个测试的送货日期是 2021 年 3 月 15 日，而二者实际的时差只有 24 h
        Arguments.of("2021-03-14T04:30:00Z", "America/New_York", "2021-06-13"),
        Arguments.of("2021-03-15T04:30:00Z", "America/New_York", "2021-06-15"));
  }

  @ParameterizedTest
  @MethodSource("provideGetFinalReturnsDateArguments")
  void getFinalReturnsDate(String shippingText, String zoneText,
    String expectedText) {
    Instant shippingInstant = Instant.parse(shippingText);
    ZoneId zoneId = ZoneId.of(zoneText);
    LocalDate expectedDate = LocalDate.parse(expectedText);
    LocalDate actualDate = OrderItem.getFinalReturnsDate(
        shippingInstant, zoneId);
    assertEquals(expectedDate, actualDate);
  }
}
```

　　这是一个具有 5 个参数化测试的单一测试方法。测试方法的每组参数上面的注释描述了测试对方法的哪个方面感兴趣。我们本可以用描述性的名称编写 5 种不同的测试方法，但是参数化往往更紧凑、更通用。在一些测试框架中，我们可以为失败时报告的每个参数列表提供描述，探索正在使用的测试框架的可行性。描述每个测试目的的确切机制并不重要，重要的是描述的存在。

　　关于这些测试需要注意的一点是，它们使用字符串作为测试方法的参数，然后在方法中解

析这些参数。本章曾建议在整个代码中使用最合适的数据类型，这可能会让人感觉有点奇怪，但根据我的经验，这样会使得指定测试变得更简单。在 7.4 节，我们将再看看你可能不会考虑的一些极端情况。

7.4　有必要单独指出并测试的极端情况

这一节中的所有内容几乎都在前面提到过，但我们在这里整理了一些要点，作为思考清单，这些都是常规应用程序需要注意的问题。我们将向日期中添加一个期间开始。

7.4.1　日历计算

如果你只需要处理公历，就像大多数应用程序所做的那样，你可能只需要考虑日历计算可能出错的 4 种原因。

- 闰年导致 2 月 29 日每 4 年只出现（大约）一次。
- 月份中的日期溢出，例如在 3 月 31 日增加一个月，但 4 月 31 日不存在。
- 期望操作是可逆的。一般情况下，(日期+期间)−期间并不总是能得出原日期。
- 期望简化操作。一般情况下，(日期+期间 1)+期间 2 并不总是能得出与日期+ (期间 1 + 期间 2)相同的结果。

仅仅意识到这些就足以帮助你设计和测试代码。前面的投票场景是相当常见的，它需要仔细考虑两种策略，一种是在开始日期后添加一个期间，看看结果是否在过去；另一种是从当前日期减去一个期间，看看结果是否在开始日期之前。如果可以任意选择，我通常建议在固定方面执行日历计算（即在开始日期后添加一个期间），因为我发现这更容易思考和实现。

当谈到闰年和测试时，我强烈建议不要进行"x 是闰年吗？"的思考。这完全属于日期和时间库的作用范围，你应该相信它会给出正确的答案。这是一个普遍的建议，实际上，闰年只是一个简单的具体示例。如果你发现自己在对日期和时间数据进行特别烦琐的操作，那么你应该花一些时间来查看你正在使用的日期和时间库是否已经包含相应功能。

日历计算的最后一部分是考虑你是否真的需要这样做。通常，你可以在时间戳和持续时间内工作，也可以在民用日期和期间内工作。考虑你真正关心的是经过的时间（即建议持续时间）还是人们会关心的日期（即建议时间段）。本节中所有其余的极端情况都与时区有关，对于那些必须在重要代码段中对此做处理的人来说，这可能并不奇怪。

7.4.2　发生在午夜时分的时区转换

你如何定义午夜？有两个答案：半夜 12:00，或称 00:00，以及日期变更的时间。这些听起来是一回事，但并不总是这样的。

大多数实行夏令时的时区在当地时间凌晨 1:00 或 2:00 改变时钟。在某些情况下，改变时钟可以跳过夜里 12:00 到 1:00 之间的一小时，或者从凌晨 1:00 退回到半夜 12:00。在这种情况下，上面的第二个答案总是恰好出现一次，但是 00:00 的时间可能出现两次，或者根本不出现。

这意味着，如果你试图在特定的时区中表示一天的全部时间，则需要找出该时区中特定的一天从何时开始。如果你假设它是 00:00，那么在夏令时转换后的某一天，你可能会在日志文件中遇到大量异常。这是我吃了不少苦头才明白的。检查你正在使用的日期和时间库是否具有特定的调用，以提供指定时区中日期开始时的日期和时间。如果没有，在使用它之前，你需要检查 00:00 是否有效。

这只是必须担心时间不明确或跳过时间的一个具体例子。这种问题的解决方案通常是找到一天的开始，但这不是一般问题的正确解决方案。我们现在来思考一下这个问题。

7.4.3　处理不明确或者跳过的时间

正如我们在前面关于时区的讨论中所看到的，由于 UTC 偏移量的变化，任何给定的民用日期和时间在特定时区中可能出现 0 次、1 次或 2 次。（这些几乎都是夏令时的变化，但有时，时区的标准 UTC 偏移量也会发生变化。）

这可能会在指定单个日期和时间（例如，在伦敦 2021 年 3 月 28 日凌晨 1:30 叫醒我）或处理重复事件（例如，在每天凌晨 1:30 进行备份）时引发问题。就用户交互而言，这两者之间有一个显著的区别：如果用户给出了一个日期和时间，你可能会合理地提示用户有更多选项；如果是处理一个重复发生的事件，你可能需要决定自己采取的行动。在备份示例中，你可以决定在本地时间凌晨 1:30 或更晚的时候第一次执行备份操作，因此如果时钟从凌晨 1:00 调整为凌晨 2:00，则在凌晨 2:00 执行备份操作；如果时钟朝相反的方向后退，则从凌晨 1:30 开始执行备份操作。这不是唯一的选择，尽管这可能是最容易理解的。重要的是你可以预见它，并在需求和代码中做出决策。

这种情况很容易测试，至少在使用时钟抽象时是这样的。不过，通常需要添加关于你用于测试的时区的详细信息的注释，而不是期望每个阅读代码的开发人员都确切地知道每个时区何时有转换。我建议在这些测试中使用过去的日期，因为你有望获得关于过去的准确信息，而未来可能会发生变化。现在让我们深入研究。

7.4.4　处理不断变化的时区数据

之前，我们讨论了 Windows 和 IANA 时区数据库，以及它们如何随着各国改变时区规则而每年多次更新。需要明确的是，并不是每次一个国家从夏令时改为标准时间（或者相反）时，数据库都发生变化。这种可预见的变化在规则范围内。当规则本身发生变化时，数据库也会发生变化。变化的示例如下。

- 国家决定停止使用夏令时。
- 国家决定开始使用夏令时。
- 国家在春末、秋初做夏令时转换时发生"春季前拨"和"秋季回拨"。
- 国家改变其标准 UTC 偏移量。

对于任何一个国家来说，数据库的变化都是相对罕见的（至少在一般情况下是的）。但是世界上有很多国家，所以数据库可能在一年内会变化好几次。通常，多个变化会被集中在一起，因此每个变化不会有唯一对应的数据库版本。在讨论时区更改对代码的影响之前，我们应该先考虑应用程序从哪里获取时区数据。

时区数据的来源

时区数据的来源根据所使用的平台和库的不同而有所不同。例如，如果你使用的是 java.time，那么你会使用 Java 平台内置的时区数据库，它可以通过 TZUpdater 工具进行更新。其他时区规则提供程序可以使用 java.time.zone.ZoneRulesProvider 类注册。许多其他平台将从操作系统加载时区数据，可能需要手动提供特定版本的数据。

如果你编写的是在浏览器中运行的客户端代码，那么时区数据将从用户的浏览器中获取，除非你使用允许加载特定规则集的库。这可能会导致不同用户同时拥有不同版本的时区数据，这显然会使问题复杂化。

研究并记录应用程序的时区数据的来源是非常必要的，你使用的每个平台可能有不同的时区数据来源。（例如，如果你的一些代码运行在用户的浏览器上，一些运行在无服务器的 Node 函数中，还有一些运行在.NET 服务中，那么你需要分别记录所有这些源代码。）如何对数据进行更新，你对这个过程有多大的控制权限？一旦获得了上下文，就可以考虑它如何影响应用程序中的数据。

存储对时区变化敏感的数据

前面我们讨论了系统中时区数据的来源。我们有必要重复这一点，以限制本节的讨论范围，部分原因是这可能会给我们一些宽慰。系统中记录的任何时间戳都应该记录为即时时间，这些时间戳不依赖于时区。提交数据库记录、提交订单或删除用户的时间不依赖于任何时区。（这可能取决于运行代码的系统时钟的准确性，但这是另一回事。）在许多系统中，这占了日期和时间数据的大部分。

你可以在代码的其他地方将这些时间戳转换为特定时区的本地时间，但存储为时间戳的值不需要更改。即使存储了其他派生数据，这仍然应该是你的"真相来源"。

但对于用户输入的数据，情况往往相反，特别是当数据是将来的数据时。在这里，"真相来源"是用户输入的本地日期和时间，以及他们的位置或时区。我经常看到使用 UTC 存储所有日期和时间数据的建议，以有效地将所有内容转换为时间戳。对于本质上基于时间戳的数据，这很好，但在其他情况下可能会引发问题。

最简单的一个例子是，用户在特定位置安排了一个事件。在撰写本书时，法国在夏季仍然采用后延 1 h 的夏令时，因此巴黎的冬季时差为 UTC+1，夏季时差为 UTC+2。在不久的将来，法国很有可能放弃夏令时，全年使用 UTC+2。让我们考虑一个具有以下时间轴的例子，其中法国的用户正在安排会议。

- 2021 年 1 月 10 日：用户定于 2023 年 12 月 1 日（周五）上午 9:00 在巴黎市中心的 Le Coin des Arts 画廊举行会议。
- 2021 年 9 月 1 日：法国政府宣布，从 2022 年 3 月 27 日凌晨 1:00 开始，法国当地时间将永久变为 UTC+2。（这是当前计划的"春季前拨"日期——所有之后的过渡都将被取消。）
- 2023 年 11 月 27 日：我们的用户在应用程序中查看他们未来一周的时间表。

用户应该看到什么是产品负责人应该决定的事情，但我认为在几乎所有的应用程序中，用户都希望看到他们最初安排的会议信息：在巴黎，2023 年 12 月 1 日上午 9:00。接下来，让我们假设这就是我们想要的。（重要的是，不要在你自己的应用程序中跳过这个问题，这不是放之四海而皆准的情况。）

假设当用户安排会议时，应用程序将日期和时间转换为 UTC，正如许多开发人员建议的那样。2021 年，巴黎时区数据从 2023-12-01T09:00 映射到 2023-12-01T08:00Z（Z 代表 UTC）。当用户在 2023 年 11 月 27 日检查他们的日历时，应用程序必须执行反向映射，但根据最新的时区数据，它将 2023-12-01T08:00Z 映射到巴黎的 2023-12-01T10:00，因此用户被误导为他们的会议是在上午 10:00 举行。这一系列事件如图 7.11 所示。

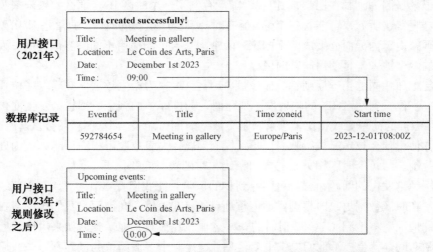

图 7.11 将时间转换为 UTC 形式存储有一些潜在的问题

我的建议是，如果你希望保留用户告诉你的信息（巴黎的本地日期和时间），就应该存储用户告诉你的信息（巴黎的本地日期和时间）。

现在，你仅仅存储了用户告诉你的信息，并不意味着这必须是你存储的唯一内容。存储

UTC 值通常是非常有用的，因为这样，你就可以按照全球范围内发生的事情的全局顺序对记录进行排序。（例如，如果你存储了 UTC 值，则可以看出加利福尼亚州的上午 5:00 在巴黎的同一天的上午 9:00 之后。）这要求你区分真实源数据（用户告诉你的数据）和派生数据（从真实源数据计算出的其他形式的数据，以使某些用例更简单）。

　　了解了真实源数据和派生数据的区别之后，就可以随时重新计算派生数据，比如当时区数据更改时。当然，这还涉及数据的另一个方面：你使用的时区数据的版本。IANA 数据以简单的基于年份的方式进行版本控制：2020a、2020b 等。Windows 时区数据的版本不透明。

　　如果这听起来像是给事情增加了复杂性，我同意。我们需要存储本地日期和时间、时区 ID、UTC 日期和时间，以及时区数据版本，并且我们需要编写一个更新过程，以便在每次时区数据更改时运行。对于许多应用程序，特别是那些通常存储历史数据，只是偶尔存储未来数据的应用程序，完全有可能在工作量和准确性之间权衡利弊，建议不要过于担心这一点。但这应该是一个有意识的决策，并有记录在案的理由。

不要将所有和时间相关的数据都保存成 UTC 形式

　　应该在 UTC 中存储所有日期和时间数据的想法是一个经常被重复的话题，即使对于经验丰富的开发人员也是如此。大多数开发人员没有考虑时区规则改变的可能性。无论是当面还是在社交媒体上，你可能经常听到这句话，请你在提高人们对这种方法存在的问题的认识方面发挥作用。

　　在上面的讨论中，我故意模糊了真实源数据和派生数据的区别。你发现了吗？我们一开始的讨论在巴黎（因为画廊在巴黎），但我们随后存储了一个时区 ID。那么如果未来改变时区的地点会怎样呢？这听起来可能有些牵强，但有时确实会产生新的时区，通常是因为战争。例如，如果一个国家由于内战而分裂成两个国家，两个国家很可能使用不同的当地时间，因此过去在同一时区的两个地方不再使用同一时区。

　　应用与上面相同的指导原则，我们应该将时区 ID 视为派生数据，并确保将位置存储为真实数据源。当位置到时区 ID 的映射发生变化时，数据库中的派生数据也会发生变化。与检测 IANA 时区数据的简单更改相比，了解映射更改的时间可能是一个更微妙的过程，详细信息可能取决于你使用什么技术来执行映射。回到权衡问题，大多数应用程序可能会认为处理这类更改超出了范围。与每个时区相关联的规则相比，时区映射的变化更少。

　　说到不经常发生的问题，冒着可能吓到你的风险，让我们将本节与 7.4.3 小节结合起来。我们讨论了在时区数据更改时根据本地值重新计算 UTC 值，在前面，我们讨论了在跳过本地值或模糊的情况下本地到 UTC 映射时的一些选项。我很高兴地谈到，如果用户输入了一个复杂的日期和时间，就会提示他们提供更多信息。这是一个多么简单的世界啊……我们可以吸引用户的注意力，并向他们提问。如果用户在输入时根据时区数据输入了明确的日期和时间，但由于时区数据更改，相同的日期和时间被跳过或模糊，该怎么办？你需要在没有用户输入的情况下做出决策。也许你可以给他们发一封电子邮件，要求他们澄清，这对于一个很罕见的情况来说是很大的努力。至少你现在意识到了挑战，可以决定什么是适合你的。

小结

- 日期和时间信息的使用是很复杂的，然而如果你遵循了日期和时间的最佳实践，采用了恰当的工具集，这种复杂性也是可降低的。

- 日期和时间数据从概念上大致可以分为时间戳、持续时间、纪元等不受文化因素影响的机器时间，以及日历系统、日期时间和期间等民用时间。

- 日历计算（例如在某个日期后加上 1 个月）的结果可能会出乎你的意料，它不像整数加法那样简单、直观。

- 大多数应用程序不需要处理高级的概念，如闰秒和相对性。正式开发之前明确需求范畴可以减少大量的工作。

- 通常情况下，产品对日期和时间的需求都定义得不太明确。你可以通过列举大量的例子，包括极端情况的行为，更清晰地说明产品应该如何运行。

- 很多开发平台都提供了多种日期和时间库。花点时间选择一个能满足你所有需求，可以帮助你高效编写清晰、简洁代码的库。

- 在代码库中保持概念的一致性，仅在系统边界上对各种表示形式做转换。

- 使用时钟抽象来提升日期和时间代码的可测试性。

- 避免对系统时区或文化的默认依赖；在你确实想要使用它们的地方，要明确说明或将它们作为依赖注入。

- 根据上下文，日期和时间值可以用不同的方式表示为文本。我们应该结合信息的受众，恰当地设计文本的表示方式。

- 有时我们很难理解为什么日期和时间代码要用某种特定的方式实现。当你对代码的实现感到满意，它已经以尽可能清晰的方式实现了设计的目标，但其他人仍可能不清楚为什么使用更简单的方法会失败时(例如极端的情况)，不要排斥使用注释来解释代码。

- 时区转换（例如转换为夏令时）会导致跳过本地日期和时间，或出现不明确的本地日期和时间。仔细考虑并记录和测试如何处理这些可能有问题的情况。

- 时区规则会随时间变化。你需要仔细斟酌你的应用程序应该如何使用更新的信息，以及这对现有数据会产生什么影响，特别是对将来数据的影响。

- 在存储数据之前根据时区信息将本地时间转换为 UTC 时间有时是合适的，但由于发生了规则更改，这种转换可能会丢失信息。请特别注意，不要认为这是一颗"银弹"！

第 8 章　利用机器的数据 本地性和内存

本章内容
- 大数据处理中的数据本地性
- 用 Apache Spark 优化数据连接策略
- 如何减少随机性
- 大数据处理中的内存和磁盘的权衡

在大数据应用中，无论是流处理还是批处理，我们都会从多个数据源获取情报和商业价值。数据本地性模式意味着我们移动的是计算而不是数据。在最简单的情况下，我们的数据就保存在数据库里或文件系统里，只要我们的数据被保存在机器的本地磁盘或者内存里，数据的处理就可以很快。但是在大数据应用中，我们无法将大量数据保存在一台机器里。我们需要采取分区技术将数据切割存储到多台机器上。当数据被保存在多台物理机上时，我们就需要从网络的不同地址获取分布式的数据。这可不是一件容易的任务，需要仔细安排。

接下来我们会跟进大数据场景下连接分布式数据的整个过程。在此之前，让我们先了解大数据时代的一个重要概念：数据本地性。

8.1　数据本地性是什么

数据本地性在大数据处理中扮演了至关重要的角色。为了理解为什么这个概念解决了如此多的问题，让我们先来看一个不使用数据本地性的简单系统。假设我们有一个 HTTP 服务提供了 /getAverageAge 端口，用于返回该服务管理的所有用户的平均年龄。图 8.1 展示了我们如何将数据移动到计算处。

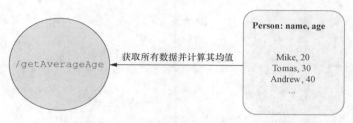

图 8.1 将数据移动到 **/getAverageAge** 端口的计算中

当客户端执行这个 HTTP 调用时，服务端会从底层数据源获取所有数据。这个数据源可以是数据库、文件或者任何持久化存储。一旦所有数据被传输到服务端，它就开始执行计算均值的逻辑：用所有人的年龄之和除以总人数，然后将这个均值返回给用户。注意，这里的返回值只有一个数字。

我们可以将上述过程描述成将数据移动至计算处。在数据移动的过程中，我们观察到几个重要的事实。第一个重要事实是我们需要获取所有数据，而这可能意味着上百 GB 的数据。要是这么多的数据都能放入机器的内存，那当然没问题。但是一旦我们要在 TB 或 PB 级别的大数据集上进行操作，问题就出现了。在这样的情况下，将所有数据移动到计算处可能变得很复杂甚至根本不可能实现。当然，我们还可以用某种切割技术来分批处理数据。第二个重要事实是我们需要在网络上发送和接收大量数据。在数据处理中，数据的 I/O 是最慢的操作，没有之一。因为我们需要传输大量的数据，这意味着读取文件系统会发生阻塞。出现网络丢包的概率变得不可忽视，我们将不得不重传这部分数据。最后我们可以看到最终用户其实一点都不关心这些数据，他们只需要最终结果：均值。

假设这么多的数据能被放入机器的内存，上述解决方案的优点是编码比较简单。而我们观察到的那些事实导致在此类场景下的实际解决方案是相反的，我们需要将计算移动到数据处。

8.1.1 将计算移动到数据处

现在我们知道将数据移动到计算处有很多缺点，在大数据集的场景下甚至可能根本无法实现。让我们使用数据本地性技巧来解决同样的问题。

在这个场景下，最终用户看到的 /getAverageAge HTTP 端口不变，但底层的处理逻辑变了很多。计算均值是很简单的逻辑，但它依然包含一些编码工作。我们需要从每个人那里获取年龄，累加年龄并除以总人数。大数据框架提供了一个 API 让工程师们可以轻松进行此类计算。

假设我们想要用 Java 语言（当然也可以是任何其他语言）来编码这段逻辑。负责均值计算的逻辑被放在服务端，但我们需要一种方法将其传输到数据所在的机器。图 8.2 描述了移动计算逻辑。

图 8.2　移动计算到数据处并返回结果

　　首先是将 CalculateAverage.java 文件序列化为字节流。我们需要用字节的形式在网络上传输数据。数据节点（存储数据的机器）需要运行一个进程来接收序列化后的代码逻辑。

　　接下来，我们将字节流反序列化（转化）成数据节点可以执行的代码。大多数大数据框架，比如 Apache Spark 或 Hadoop，都提供了这种序列化和反序列化的机制。一旦代码逻辑被反序列化，数据节点就会去执行它。对于计算均值的函数来说，它操作的数据是存储在本地文件系统上的，没有必要发送任何人的数据到提供 HTTP 端口的服务端。当均值计算完成后，只需要将结果数字传输回服务端，然后由服务端返回给最终用户。

　　在这一场景下，我们再次观察到一些重要的事实。需要通过网络传输的数据量很小，我们仅需传输序列化后的函数和执行结果。因为网络和 I/O 是数据处理的瓶颈，这一解决方案的性能会大大优于前者：我们将 I/O 密集型计算转化成了 CPU 密集型计算。比如，如果需要加快计算均值的速度，我们可以增加数据节点上的 CPU 内核来做到这一点。而之前的解决方案很难加快计算速度，因为我们并不总是能做到提升网络的带宽。

　　使用数据本地性的解决方案更复杂，因为我们需要序列化处理的逻辑。在复杂的场景下，这些逻辑也会变得更复杂。另外，我们还需要在数据节点上运行专门的进程。这个进程需要能够反序列化数据并执行其中的逻辑。

　　有些读者可能注意到了很多数据库也提供了同样的数据本地性模式。如果需要计算均值，你就（通过 SQL）发送一条查询语句到数据库。接下来，数据库会反序列化你的语句并在本地数据上执行其中的逻辑。这些解决方案都是类似的，但是大数据框架给了你更多的灵活性。你可以在各种类型的数据节点上执行逻辑，如 Avro、JSON、Parquet，以及任何其他类型。你不会被某个数据库引擎绑定。

8.1.2　用数据本地性扩展数据处理

　　数据本地性在数据处理中扮演了一个关键的角色，因为它让我们可以轻松扩展和平行化数据的处理。想象这样一个场景，我们的数据节点上存储的数据需要扩展为原来的两倍。此时数据的总量大到无法被放入一个磁盘空间。既然无法将所有数据保存在一台物理机上，我们决定将它切割存储在两台机器上（我们将在 8.2 节介绍如何将数据切割存储）。

　　如果我们使用移动数据到计算处的技术，那么通过网络传输的数据量也会变为原来的两倍。这会大大降低处理的速度，且随着我们的数据节点数量的增加，情况还会越来越糟。图 8.3 展示了我们的数据被切割存储在两台机器上的场景。

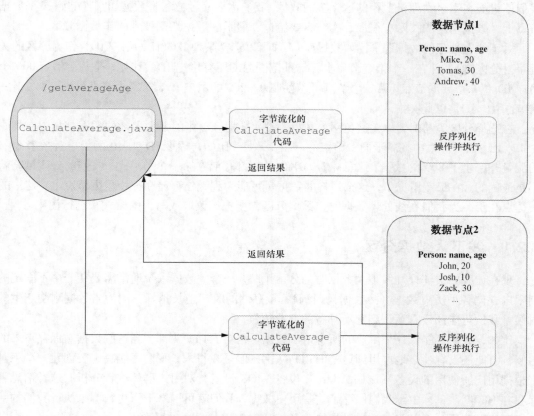

图 8.3　用数据本地性将处理扩展至两个数据节点

　　使用数据本地性可以让我们轻松做到扩展和平行处理。我们只需要将序列化的处理逻辑传送到两个数据节点而不是一个。每个数据节点都会有一个进程负责反序列化并执行处理逻辑。一旦处理完成，结果数据会被发送回服务端合并，并返回给最终用户。

　　现在我们知道数据本地性的好处了。接下来，我们需要理解如何将大数据切割存储到 N 个数据节点上。这一过程的理解对于我们通过大数据操作获取商业价值十分重要。我们将在 8.2 节讨论。

8.2　数据的分区

我们已经在 8.1 节看到数据本地性这一技巧是如何让我们可以更轻松地扩展大数据的处理的。在真实世界的大数据处理程序中，我们需要存储和处理的数据量往往达到上千 TB 或 PB。我们不可能在一台物理机上存储这么多的数据。我们需要一种方法将数据切割存储到 N 个数据节点上。数据切割的技术有很多，本节将要给读者展示的数据切割技术叫作数据分区。

对于线上处理的数据源（比如数据库），你可以选择某种 ID（比如用户 ID）作为分区的关键字（分区键），并在一个指定节点上存储某范围内的所有用户 ID。比如，假设你有 1,000 个用户 ID 和 5 个数据节点，第一个节点可以存储 0～200 的用户 ID，第二个节点可以存储 201～400 的用户 ID，以此类推。

在选择分区策略时，你要避免引入数据倾斜。数据倾斜指的是大多数的数据都集中在某一个 ID 上，或者都集中在属于同一节点的一组 ID 上。比如，假设 ID 为 10 的用户贡献了 80%的流量并产生了 80%的数据。这意味着 80%的数据都存储在第一个节点上，我们的分区策略就不是最优的。在最差情况下，这个用户的数据量可能大到无法存储在一个数据节点上。这里的关键点在于，当我们在线处理数据时，数据分区需要根据读取或写入的模式来进行优化。

8.2.1　线下大数据分区

现在让我们关注处理线下大数据时的分区策略。一个大数据系统通常需要在一个不固定的期限内存储各种历史数据（冷数据）。我们希望存储的时间越长越好，因为当数据刚刚产生的时候，我们可能还没有意识到它所具备的商业价值。

比如，我们可能保存了用户的所有请求数据，包括 HTTP 头部，当这些数据被保存下来的时候，可能还没有什么地方用到这些 HTTP 头部。但是在将来，我们可能决定要创建一个工具来根据用户所使用的设备（比如 Android 设备、iOS 设备）对用户群体进行分析。这类信息就保存在 HTTP 头部。由于我们保存了这些历史数据，我们就可以基于历史数据来执行我们的新分析逻辑。值得注意的是，这些数据在很长一段时间里都没有被用到。

既然我们的系统需要存储大量暂时还用不到的数据，我们就要考虑将这部分数据存放在冷存储里。在大数据处理应用中，这通常意味着数据会被保存在 Hadoop 分布式文件系统（Hadoop distributed filesystem，HDFS）中。这也意味着我们应该用一种通用的方式来进行数据分区。因为我们无法预知数据如何被读取，也就无法根据数据的读取模式来优化分区策略。

基于上述理由，线下大数据处理最常见的分区策略是基于日期分区。假设我们有一个大数据系统在文件系统的/users 目录中存放了用户数据，并在/clicks 目录中存放了点击数据。首先让我们只关注用户数据的分析。假设我们存储了 2017 年至今的 100 亿条用户数据。

我们选择的分区策略基于日期。这意味着我们的分区键从年开始，也就是说，我们会分2017、2018、2019 和 2020 这 4 个分区。如果我们的数据需求比较小，那么以年分区可能就足够了。这样，我们的用户数据会以/users/2017、/users/2018、/users/2019、/users/2020 这样的目录保存在文件系统上（见图 8.4），同理，点击流数据则保存在/clicks/2017、/clicks/2018、/clicks/2019、/clicks/2020 上。

图 8.4　数据按日期分了 4 个分区

使用这样的分区策略，用户数据现在一共有 4 个分区。这意味着我们可以把数据切割到 4 个数据节点上。第一个节点存储 2017 年的数据，第二个节点存储 2018 年的数据，以此类推。当然，只要硬盘空间足够，我们也可以将所有的分区数据都保存在同一个数据节点上。当硬盘空间快要用完时，我们可以创建新的数据节点并将一些分区移动到新节点上。

在实际生活中，这样的分区策略的粒度太粗了。把一整年的数据放在同一个分区会导致读写都很困难。从读取的角度看，当你只想要读取某一天的数据时，你需要检索一整年的数据！这样既耗费了更多的时间，效率也很低。从写入的角度看，当硬盘空间快用完时，想要再次切割数据会变得很困难。你将无法成功写入。

因此，线下大数据系统会使用一种更细粒度的分区策略。数据会以年、月、日的粒度分区。举例来说，如果你需要写入 2020 年 1 月 2 日的数据，你可以将数据写入/users/2020/01/02 分区。在读取的时候，这样的分区策略也带来了极高的灵活性。如果你想要分析某一天的数据，你可以直接从那一天的分区中读取数据。如果你想要进行更广范围的分析（比如分析一整个月的数据），你只需要读取那个月的所有分区。一整年的数据也是用同样的模式处理。使用这样的分区策略，我们的 100 亿条用户数据的分区如图 8.5 所示。

你可以看到最初的 100 亿条用户数据基于其年份、月份被分入年度分区和月度分区，并最终被分入某个月的日期分区。最后，日期分区会包含 10 万条左右的数据。这样数据量的数据可以被轻松放进一台物理机的硬盘。一整年的数据被分为 365 个或 366 个分区，数据节点数量的上限就取决于一年的天数乘需要存储的数据的年数。如果一天的数据都多到放不进一台物理机的硬盘，你还可以进一步将数据按照时、分、秒的粒度进行分区。

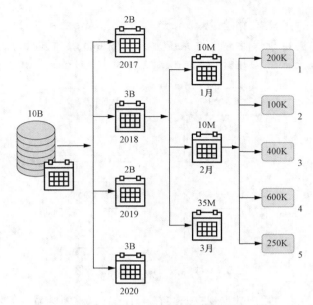

图 8.5　按年、月、日分区的数据

8.2.2　分区和分片的区别

现在既然我们已经用日期来分区数据，那么我们就能将数据切割到多个节点上。这种情况下，我们需要考虑如何将所有分区键的一个子集放进一个物理节点。

假设我们要将用户数据进行分区（逻辑分区）。如果我们分区的粒度是按月分区[①]，那么 2020 年的用户数据就有 12 个分区，可以被分入 N 个物理节点（物理分片）。注意这里 N 必须小于等于 12。换句话说，物理分片的数量不能超过分区键的数量。这种架构模式被称为分片（sharding）。

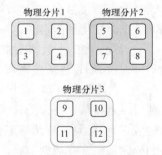

现在，假设我们有 3 个物理节点。那么 2020 年的用户数据就会被分为 12 个分区并分配到 3 个物理分片（物理节点）上。每个物理节点存储 2020 年的 4 个分区（12 个分区分到 3 个物理节点，每个物理节点 4 个分区），如图 8.6 所示。

图 8.6　对 3 个物理节点和 12 个分区进行分片

从图 8.6 中可以看到，物理分片和物理节点的数量一致。分区键平均分布在物理分片上。当一个新的节点加入集群时，每个物理分片需要将其上存放的一个逻辑分片重新分配到新的物理节点上。

分配分片的算法有很多。当新增或删除节点（节点失效或集群缩容）时，这些算法也需要

[①] 分区键是月。——译者注

处理分片的重分配。大多数大数据技术和数据存储都使用了分片技术，比如 HDFS、Cassandra、Kafka、Elastic 等，处理分片的细节在各自的实现中都有所不同。

8.2.3　分区算法

8.2.1 小节介绍的技术被称为范围分区：数据根据产生的日期被划分到不同的范围。而不同的读取模式可能会让我们决定使用不同的分区算法。

如果我们需要获取某个用户 ID 的所有数据，这在范围分区的模式下很难实现。为了获取某个用户 ID 的所有数据，我们需要到所有物理节点上检索所有分区。我们将无法利用数据本地性。我们无法预知该用户 ID 的数据会在什么时候产生，它有可能出现在任意的日期分区上，于是必须检索所有的分区。

假设我们需要将数据以 user_id 为分区键进行分区。我们想要将 N 个分区键平均分配在 M 个物理节点上。能够做到这一点的技术是哈希分区算法。首先，我们需要用某种哈希分区算法（比如 MurmurHash）计算 user_id 的哈希值。接下来，我们对这个哈希值求模数 M 的余数，得到的就是 user_id 将被存放的物理节点的节点 ID。这样就可以确保我们将 N 个分区键平均分配到 M 个物理节点上。理想情况下，每个物理节点都应该包含 N/M 个分区。如果用户 ID 本身就是一个数字，我们可以跳过哈希操作并在用户 ID 上直接进行除模求余的运算。但是为了让算法在任意类型（比如字符串类型）的分区键上都能工作，我们需要使用哈希操作来将非数字值转化成数字值。图 8.7 展示了这一用法。

如图 8.7 所示，我们有 2 个节点，设它们的节点 ID 分别是 0 和 1。当 user_id 为 1 的第一条数据抵达时，我们在这个用户 ID 上调用哈希函数并求模数 2 的余数，得到的结果是 1。于是该条数据被发往节点 ID 为 1 的数据节点保存。当 user_id 为 2 的数据抵达时，哈希分区算法将其发往节点 ID 为 0 的数据节点保存。接下来，第二条 user_id 为 1 的数据抵达，哈希分区算法将其再次发往节点 ID 为 1 的数据节点保存。

这样的行为能确保每一条 user_id 为 1 的数据都被存储在同一个节点上。于是我们就可以使用数据本地性轻松处理相同 user_id 的数据。使用这个算法，总共 N 个 user_id 会被平均分配到 2 个节点上。

这里展示的解决方案是理解分区算法的一个很好的例子，但是它也有一些问题。这个方案主要的问题出现在当我们决定要向集群中新增一个节点时。同样的问题也会出现在当一个节点被删除时。

让我们考虑图 8.8 所示的情况，当我们新增一个节点时，分区算法就立即改变了，因为现在我们需要求模数 3（节点数量）的余数了。

假设前 3 条数据是在我们仅有两个数据节点时发送过来的（分区的分配和之前的例子保持一致）。将此刻的时间点定义为 T0。接下来，在 T1 时间点，一个新的节点被加入集群。这会导致分区的配置发生变化，因为从 T1 开始，我们需要求模数 3 的余数。当 user_id 为 2 的新数据抵达时，新的分区算法计算得到的节点 ID 为 2。这会导致该数据被发送到这个新节点上。

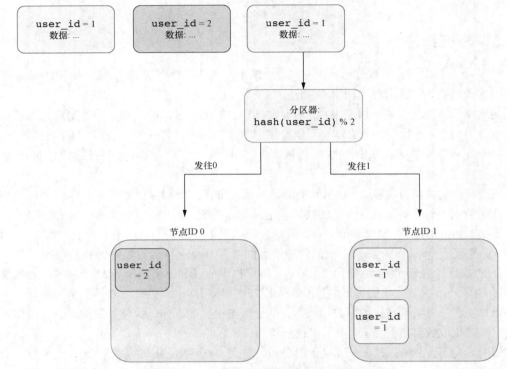

图 8.7　在数据上使用基于 `user_id` 的哈希分区算法

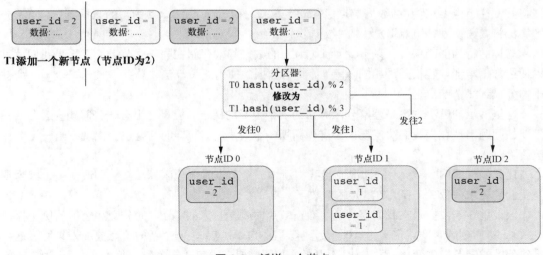

图 8.8　新增一个节点

很显然我们失去了数据本地性。此时 user_id 为 2 的数据将同时存在于两个物理节点上。我们期望的分区效果被破坏了。

那么我们应该如何来解决这个问题呢？我们可以将所有的 user_id 为 2 的数据都转移到新算法指定的节点上。然而，由于我们的分区算法基于节点数量，这样的操作量将是十分庞大的。它会导致大量耗时的数据移动操作。让我们计算一下当我们有 10 个这样的 user_id 时的情况。一开始，user_id 为 1、3、5、7、9 的数据将被分配至节点 ID 为 1 的节点，user_id 为 2、4、6、8、10 的数据则被分配到节点 ID 为 0 的节点。

当我们新增一个节点时会发生怎样的变化？user_id 为 3、6、9 的数据将被分配到节点 ID 为 0 的节点。user_id 为 1、4、7、10 的数据将被分配到节点 ID 为 1 的节点，剩下的 user_id（2、5、8）对应的数据将被分配到节点 ID 为 2 的节点。只有 user_id 为 3、6、9[①]的数据继续留在原来的物理节点上，剩下的 user_id 对应的数据（70%的数据）需要重新分配。

在一个现实世界的集群上，这样的效果还要乘节点的数量。节点数量越多，我们需要移动的数据也就越多。当我们的节点存储了大量的数据时，这样的重新分配的过程可能无法在合理时间内完成。更糟的是，线上服务将数据下发到正在重新分配的数据存储时也会跟着受到影响。

为了避免这样的结果，我们可以考虑使用一致性哈希算法。一致性哈希算法通过给 M 个节点分配虚拟插槽解决了我们的问题。当新增一个节点时，只有一小部分虚拟插槽需要重新分配。很多生产系统中都使用了一致性哈希算法的各种变种。

现在我们了解了数据本地性原理，也知道了如何对数据进行分区，让我们来试着解决不同物理节点上多个分区的数据集的连接问题。8.3 节会介绍这个问题的一个解决方案。

8.3　连接多个分区上的大数据集

我们会深入探讨 3 个业务场景，每一个场景都需要使用不同的连接策略，并用到某种程度的数据本地性。我们会从概念上分析这些用例，但不会深入实现细节。实现细节是 8.4 节需要关注的问题。

让我们从理解存储的数据结构开始。你应该还记得，我们将数据按照日期进行了分区，且我们的数据源有两个。其中一个数据源存储了用户数据。每个分区（比如 users/2020/04/01）包含多个文件，每个文件包含多行用户数据。数据可以是文本或二进制格式的。

假设我们选择使用二进制格式 AVRO，那就会有一批记录被序列化成这种格式并被存入 HDFS 上的某个文件中。一个分区可以包含多个文件，每个文件都包含属于该分区的一部分数据。通常来说，文件的最大容量由文件系统的最大逻辑块大小决定。对于 HDFS 来说，这个值是 128 MB。

如图 8.9 所示，假设在 users/2020/04/01 上有 200 MB 的数据，我们就会得到两个文件——users_part_1.avro 和 users_part_2.avro。每个文件都包含一部分用户数据，

① 应该是 1、6、7。——译者注

每个用户的数据都会有多个列（比如年龄和姓名）。更重要的是，用户有一个 user_id 列作为该用户的唯一标识。我们会使用这个标识来与其他数据集进行连接操作。

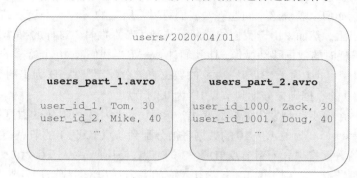

图 8.9　用户的分区数据

点击数据也一样，在某个日期分区中会有多个文件。比如，clicks/2020/01/20 包含该日期下的多个文件，每个文件会有多行。为了让我们的数据可以连接，每一条点击数据也要包含 user_id 列。它让我们可以将一条点击数据和某个用户数据联系起来。我们会使用这层关系来连接两个大数据集。

8.3.1　在同一台物理机上连接数据

第一个业务场景需要解决的是连接同一天的点击数据和用户数据。也就是说，我们需要获取某个用户某天访问的所有点击数据。

这是一个很常见的业务场景：对多个系统产生的同一个用户的数据进行连接。我们可以想象用户数据会包含付款、交易以及其他用户行为数据。交易系统会收集这样的用户数据。另外，点击数据包含比较少的敏感信息。点击系统会收集网站的所有点击数据，以追踪某个用户的使用模式和活动轨迹。我们的目标是将用户的点击和行为联系起来。某次点击是否导致了某笔交易？用户是否点击了很多次但最终放弃了购买某样产品？通过连接这些数据，我们就可以从中得到更多信息，并为公司提供商业价值。

假设我们需要连接 2020 年的用户数据和点击数据，我们最多可以 366 路并行处理，这是因为 2020 年的数据有 366 个（按天）分区。我们的进程需要访问用户数据的每一行，搜索某个指定用户，并通过 user_id 标识连接点击数据。

让我们假设同一天的用户数据和点击数据保存在同一台物理机上。那么当我们连接 2020 年 1 月 1 日的数据时，进程就可以利用数据本地性来同时处理用户数据和点击数据，而无须从远程地址获取数据。连接操作所需的全部数据都已经存在于数据节点上了。

假设某个月的所有分区都保存在同一个物理节点上。当我们连接 2020 年 1 月的数据时，该月第一天的点击数据在本地，用户数据也在本地。大数据生态圈将连接数据的行为称为数据转换。我们将两个数据集转换成一个最终数据集。如果这样的数据转换不需要任何数据移动，我们称之为窄转换（见图 8.10）。也就是说，我们可以完全利用数据本地性来转换我们的数据。接下来，我们来看一个连接操作涉及数据移动的业务场景。

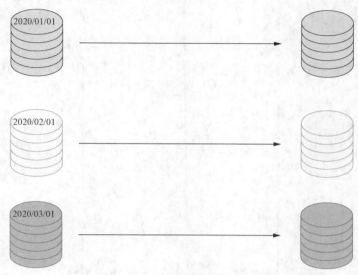

图 8.10 窄转换，不涉及数据移动地连接两个数据集

8.3.2 需要数据移动的连接

接下来我们要讨论的第二个业务场景依然需要在多个分区中连接数据（见图 8.11）。假设我们需要查找 2020 年所有的用户。这意味着我们需要用 user_id 连接所有月的分区。一旦连接了数据，我们只需要对每一个用户保留一个 ID，并丢弃所有的重复值，最终返回该用户 ID。

需要注意的是，我们需要处理每个分区中的所有用户事件。譬如，我们要对 user_id 为 1 的数据进行连接操作。在第一阶段，我们要在每个数据节点上过滤出该 ID 对应的用户。利用数据本地性对 2020 年 1 月的所有日期分区执行过滤逻辑。这个操作需要在每一个日期分区上执行。一旦过滤出数据，我们需要将数据发送到一个数据节点上对 user_id 1 进行处理。我们依旧可以假定同一个月的数据都存放在各自的数据节点上。这意味着 2020 年所有 12 个月的数据都需要被传送到那个对该用户 ID 进行连接操作的数据节点上。事实上，所有的数据节点都会处理一批用户的 ID。

在第二阶段，我们的连接逻辑需要大量的数据移动。虽然我们在第一阶段使用了数据本地性，第二阶段还是会需要使用网络。这种需要数据移动的数据转换称为宽转换。在数据节点间交换数据的过程被称为数据洗牌。数据洗牌次数越多，大数据处理的速度就越慢。你可能还记得数据本地性部分提过，需要大量使用网络的操作远远算不上最佳。

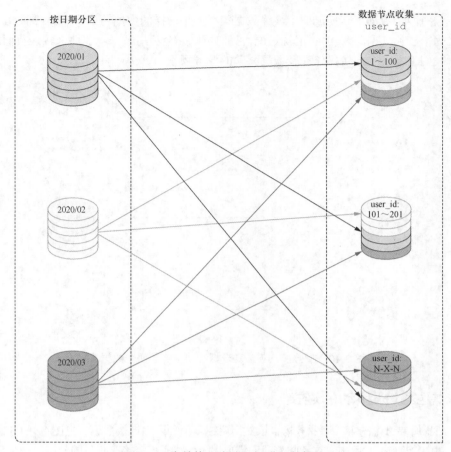

图 8.11　宽转换，在分区间进行数据移动

　　有些优化技术可以在连接数据时降低数据洗牌的开销，然而，它们强烈依赖具体的业务场景和数据特征。当连接数据时，经常是一个数据集比较小，而另一个数据集非常大。这时，你就可以实现一种混合方案：数据集大的一方尽可能地利用数据本地性；数据集较小的一方依然需要数据洗牌，但开销被降至最低。

8.3.3　利用广播优化连接

　　现在让我们考虑一个需要优化连接的业务场景（即第三个业务场景）。该场景只要求我们获取一个月的点击数据。

　　这是必需的，因为我们想要找到用户数据最近发生的更改和用户的某个客户端之间的关系。我们说的最近指的是数据处理的当天。

　　这样的进程每天都要执行，以匹配当日所有用户的点击事件。我们会为本年度的所有用户执行这个进程。为了展示优化过程，我们还将增加一个改动：点击数据和用户数据占用了太多磁盘空间，我们需要将两个数据源分到不同的物理机上。这意味着用户数据和点击数据之间不再有数据本地性了。所有的连接操作都需要移动数据。

　　我们应该注意到一个重要的现象：需要连接的点击数据只有一天的数据量，这意味着这个数据集的数据量相对较小；而需要连接的用户数据的数据量则相对较大。我们需要一整个月的用户数据来满足我们的业务场景。这给我们提供了这样一种场景：连接其中一方数据集的数据量跟连接另一方数据集的数据量有数量级上的差距。

　　在进行连接时，我们的主要目的是减少数据洗牌次数，尽量利用数据本地性。通过将小数据集（点击数据集）发送到大数据集（用户数据集）所在的数据节点，我们就可以同时达成这两个目的。因此在这个场景下，我们会获取点击数据并将其传播到所有保存了 2020 年用户数据的节点上（见图 8.12）。记住，我们每个月的数据都保存在一台单独的物理机上，这意味着我们需要将点击数据传播到 12 台机器上。

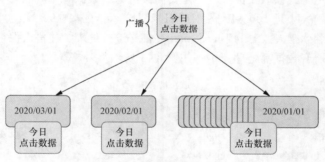

图 8.12　用广播进行连接

　　今日点击数据集被广播到所有包含用户数据的节点上，这被称为数据集广播。我们只需要用网络将较小的数据集发送（数据洗牌）到大数据集所在的节点。连接进程运行在用户数据所在的机器上，它需要检查 2020 年 1 月每一天的用户数据并连接当天的点击数据。其他月份也会重复同样的操作。

　　使用这种技术，我们可以在用户数据集上，使用数据本地性。只有一小部分的点击数据需要在网络上传输。不过我们需要注意这里有一个特殊的限制：这种优化技术仅当小数据集可以被装入数据节点的内存时才可以正确工作。我们访问内存中的数据比访问磁盘或网络上的数据要快几个数量级。8.4 节将介绍大数据处理中使用内存和使用磁盘的技术之间的权衡。

　　注意，虽然我们在书里使用的都是 Spark 的例子，但是这里描述的技术在大多数大数据框架中都很常见。无论那些大数据框架提供了什么样的 API，它们都期望实现映射-化简（MapReduce）的语义。因此，我们接下来要讨论的优化技巧可以被运用到所有这些框架中。让我们看看优化技巧将如何影响我们的连接操作的性能。

8.4　在内存还是磁盘中进行数据处理的权衡

到目前为止，我们已经学习了如何在连接数据的过程中使用数据本地性。它让我们降低了在网络上传输的数据量，从而减少处理时间。然而，即使我们在处理过程中使用数据本地性，依然需要将数据调入大数据框架进行连接。

让我们用 8.3 节的例子来详细解释这一点。如前所述，我们将一个较小的数据集（点击数据集）和一个较大的数据集（用户数据集）进行了连接。点击数据集通过网络传播到包含用户数据的节点上进行处理。接下来，它就被保存在数据节点的内存中。

8.4.1　基于磁盘的处理

现在让我们考虑用户数据会发生什么。我们假定用户数据太多而无法被放入内存中，那么处理进程就需要去磁盘上访问这些数据。

一种解决方法是懒式读取文件片段。让我们假定用户数据有 100 GB，分成 1000 个 part 文件，每个 part 文件的大小是 100 MB。当连接进程处理完第一个 part 文件后，它将中间结果写入一个文件，然后继续读入数据的下一个 part 文件、进行处理，并再次保存中间结果。这一过程不断重复，直到所有数据都处理完毕，如图 8.13 所示。

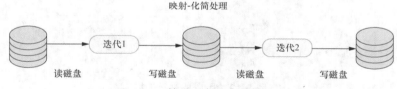

图 8.13　基于磁盘的大数据处理

这其实就是标准的 Hadoop 大数据处理的映射-化简流程。Hadoop 的处理建立在对磁盘以及文件系统的访问上。流程中每个阶段之间的主要集成点就是文件。处理阶段将产生的结果保存在一个 HDFS 文件中，给下一个 Hadoop 任务继续进行处理。

这种方法有一些好处。它允许工程师独立实现他们的处理阶段，每个处理阶段产生的结果都可以长期保存，不会被轻易改变。每个阶段从文件系统某个路径的文件中获取输入数据，并将输出数据以文件形式写入另一个路径。遗憾的是，基于磁盘的大数据处理有一个巨大的劣势——它超级慢。

8.4.2　我们为什么需要映射–化简？

映射-化简背后的主要思想在于数据本地性。为了理解为什么我们需要映射和化简这两个阶段以及它们是如何使用数据本地性的，让我们来解释一下常见的单词计数问题是如何被解决的。我们会使用映射-化简的语义来解决这个问题，并解释为什么它是大数据集最好的解决方案。

　　假设有 N 个文本文件被切割到集群的 M 个数据节点上。每个文本文件都是一个大小为 N GB 的大数据集。我们的任务是计算每个文本文件中每个单词出现的次数。注意，这里所有的数据集（M 个数据节点上的每一个大小为 N GB 的文件）都无法被放入一台机器的内存中。因此，我们需要通过某种方式将处理过程分布到多台机器上。

　　首先关注我们的处理过程的第一个阶段：具有数据本地性的本地阶段。所有的操作都在数据所在节点执行，如图 8.14 所示。

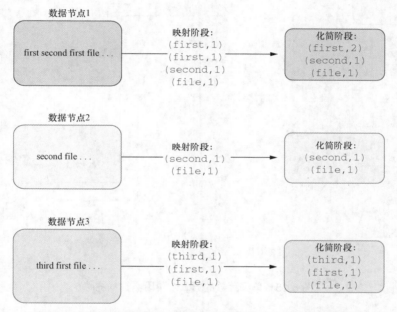

图 8.14　单词计数的第一个阶段：在本地执行，利用数据本地性

　　这个场景中有 3 个数据节点。我们可以看到，在图 8.14 左边，每个节点都有一个大数据文件，里面包含一些文本。这些文件都太大了，所以无法将它们全部发送到同一个节点进行计算。于是我们首先将文本文件切割成 N 个单词。对于每个单词，映射阶段会创建一个键值对：键是单词本身，值是该单词出现的次数。在这一阶段，值始终等于 1。

　　一眼看去，这个阶段似乎很无用。然而这样做的主要目的是给每一条记录创建一个分区键。这个分区键就是需要计数的单词本身。所有具有相同分区键的键值对最终会被发送到同一个数据节点上。我们后面马上就会看到。

　　一旦数据被分了区，我们就可以执行一个本地的化简阶段。这意味着所有具有相同分区键的键值对会被聚集到一起并化简成一个新的键值对，其中的键还是跟之前一样，而值则会发生改变。数据节点 1 上的化简操作将键值对(first,1)的两条记录化简成一条记录(first,2)。这是单词计数的第一个阶段，在每个节点本地执行。一旦在本地化简了所有的键值对，我们就准备好去执行第二个阶段了。

第二个阶段（见图 8.15）包括在网络上移动数据（数据洗牌）。根据分区算法，数据被分发到 N 个节点，并确保具有相同分区键的数据总是落到同一个数据节点上。

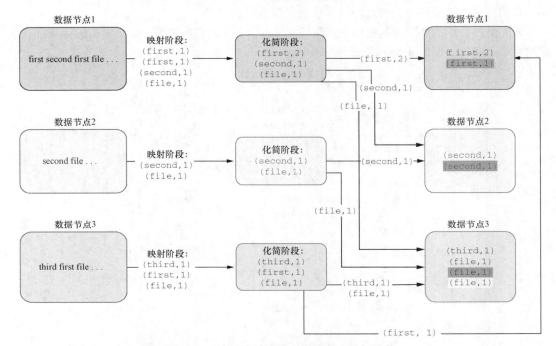

图 8.15　单词计数的第二个阶段：数据洗牌

我们可以看到数据节点 1 处理了所有分区键为 first 的键值对：所有具有该分区键的键值对都被发送到这个节点。键值对(first,2)原本就在这个节点上，所以不需要数据洗牌。不过数据节点 3 上的一个(first,1)键值对被发送到了数据节点 1 上。一旦数据洗牌完毕，最后的化简操作就可以被执行了。

这个阶段最重要的是确保所有具有相同分区键的数据都落到同一个数据节点上。这样我们才能利用数据本地性执行另一次化简操作。每个分区键可以并行执行化简操作，加速计算过程。

最后，如图 8.16 所示，处理进程为每一个单词产生了一个键值对，该结果可以被保存进文件系统、数据库、队列等，用于进一步处理。

注意这个方案存在数据倾斜的问题。假设我们有一个分区键包含大多数需要处理的数据。在这样的情况下，我们会将这大多数需要处理的数据发送到同一个数据节点上。如果这些数据无法被放入该节点的磁盘/内存，我们就无法对这个分区键的数据进行化简操作。显然，数据的分区算法和分布特征是十分重要的。

映射-化简方案跟单节点方案相比有更高的复杂性。不过当我们在大数据环境（即数据太多了无法全部放在一个节点上）下进行数据处理时，我们不得不接受这样的复杂性，这才能解决我们的问题。

现在让我们来看看基于磁盘的映射-化简比基于内存的处理方法慢多少。我们也会比较需要通过网络获取数据的方法，来看看为什么数据本地性是如此必要。

8.4.3 计算访问时间

假设我们需要处理 100 GB 的数据，这些数据被切割成 1000 个文件。我们想要计算通过网络发送 100 GB 数据的时间（数据洗牌）。接下来我们想要计算从磁盘（HDD 和 SSD）读取这些数据的时间。最后，我们想要比较从内存访问这些数据的时间。

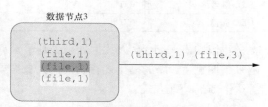

图 8.16 单词计数的最终阶段：最后的化简

我们预计内存访问的时间是最短的。（SSD 的访问时间会长一点，而 HDD 的访问时间则会长上几个数量级。）如果你不想深入挖掘这背后的数学信息，可跳过本节。

我们的计算会使用经过证明的数字。这些数字可能有点过时了，但这些数字之间的数量级差距依然是存在的。一旦数据在主内存里，它就可以被快速访问：从内存中顺序读取 1 MB 数据所花费的时间是 250,000 ns，也就是 250 μs。

请记住，使用内存时，我们需要将所有数据预先读入内存——但只需要做一次。和使用磁盘（SSD 和 HDD）相比，两者所花费的时间差距很大：SSD 顺序读取 1 MB 数据需要花费 1,000,000 ns，也就是 1,000 μs（1 ms 读取 1 MB 的数据，SSD 花费的时间是内存的 4 倍）；而 HDD 顺序读取 1 MB 的数据则需要 20,000,000 ns，也就是 20,000 μs（也就是 20 ms，是内存的 80 倍，SSD 的 20 倍）。

最后，网络读取的时间包括网络请求和网络响应的时间：从加拿大发送请求报文到荷兰，再从荷兰返回响应报文到加拿大的时间是 150,000,000 ns，即 150,000 μs、150 ms。

当然，我们的数据中心不应该在处理大数据时进行洲际数据传输。不过就算是在本地数据中心，通过网络发送数据依然比从磁盘上访问本地数据要慢得多。来自网络的数据在处理时间上的差距变得十分显著。

让我们计算一下大数据处理程序用于读取数据的全部时间。根据数据的不同来源：处理内存中的 100 GB 数据需要 250,000 ns×1,000×100 = 25,000,000,000 ns= 25 s。处理 SSD 磁盘中的

100 GB 数据需要 1,000,000 ns×1,000×100 = 100,000,000,000 ns = 100 s；最后，处理 HDD 磁盘中的 100 GB 数据需要 20,000,000 ns×1,000×100 = 2,000,000,000,000 ns= 2000 s，约 33 min。

可以看到，就算我们为所有数据使用 SSD 磁盘，数据的读取所花费的时间依然是操作内存的 4 倍。现实生活中，需要存储 TB 级数据时，我们会将它保存在标准 HDD 磁盘上，因为它最便宜，但处理时间是内存的 80 倍！当我们在写本书时，HDD 的价格是 5 美分/GB，而 SSD 的价格则是它的两倍——10 美分/GB。因此，我们可以得出结论，使用 SSD 存储数据的价格是 HDD 的两倍。表 8.1 总结了我们的发现。

表 8.1   比较磁盘和内存的读取速度

资源类型	大小（GB）	时间（s）	时间（min）
内存	100	25	~0.42
SSD 磁盘	100	100	~1.66
HDD 磁盘	100	2000	~33

我们知道 Hadoop 大数据处理是基于磁盘的。因为磁盘处理速度较慢，且现在内存也变得越来越便宜了，新的基于内存访问的大数据处理方式就变得更加受欢迎了。接下来我们就来看看这个新的处理方式。

8.4.4   基于内存的处理

由于现在内存越来越便宜了，新的大数据处理工具开始改变它们的架构，完全使用内存来处理数据。现在一个处理节点集群具有 TB 级别的内存已经屡见不鲜了。这让工程师可以创建数据管道，将尽可能多的数据读入内存。一旦数据进了内存，大数据处理进程就可以用比基于磁盘的方式快很多的方式处理它们。一个经典的生产级别的大数据框架是 Apache Spark，它在处理阶段之间使用内存作为主要集成点（见图 8.17）。

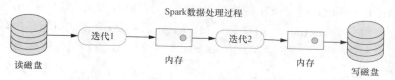

图 8.17   Apache Spark 基于内存处理大数据

大数据处理的入口点需要从一些文件系统中读取数据。假设有数据本地性，这意味着从本地磁盘读取数据。基于内存的处理方式将这些数据读入机器的内存。当前的处理阶段结束时，结果不会被写回磁盘（不同于 Hadoop 大数据处理），而是留在处理节点的内存里。当下一个处理阶段（转换、连接）开始时，它不再需要从磁盘读取数据。这彻底免去了后续阶段读取磁盘的开销。只有第一个阶段需要读取这些数据。当最终处理阶段产生结果后，这些结果可以被保存入磁盘进行持久化。

在计算磁盘和内存时间时，我们看到 Hadoop 即使用最快的磁盘（SSD）也是内存花费时间的 4 倍。当使用 Spark 时，我们只需要在两个地方支付这个代价——第一个阶段的数据读取和最终阶段的结果持久化。一个对数据迭代（转换）两次的 Hadoop 处理流程，需要读取磁盘两次并写入磁盘两次。就算所有地方都使用 SSD，最理想的情况下花费的时间也是 Spark 的 8 倍：对于 SSD，100 s×2（次读取）+100 s×2（次写入）=400 s；而对于 Spark，25 s×1（次读取）+25 s×1（次写入）=50 s；400÷50 = 8。

实际场景下，写入磁盘通常比从读取磁盘更慢。因此 Spark 和 Hadoop 之间的差异会变得更大。另外，现实生活中的大数据管道的阶段都会比两次迭代更多。有些管道可能包含 10 个以上的阶段。对于这样的大数据管道，我们的计算结果还要再乘上阶段的数量。

我们可以很容易地注意到，阶段越多，内存和磁盘之间的处理速度差就越大。最后，正如我之前提到的，由于价格优势，大数据处理依然在使用 HDD 磁盘。让我们计算基于 HDD 的处理时间吧！Hadoop HDD：33 min×2（次读取）+33 min×2（次写入）=132 min=2 h 12 min。你可以看到基于内存和基于 HDD 的处理时间上的巨大差异。那是 50 s 和 2 h 12 min 的差异。

我希望这些数字可以说服你在创建现代大数据管道时考虑基于内存的工具，比如 Apache Spark。8.5 节，我们会用 Apache Spark 来实现连接处理程序。

8.5　用 Apache Spark 实现连接

在开始实现我们的逻辑之前，先看一下 Apache Spark 的基础特性。它是一个基于 Scala 的大数据库，让我们可以存储内存中的中间结果。在某些情况下我们不可能在内存中保存所有的数据，Spark 允许我们在这种情况下进行一些处理。

Spark 提供了 `StorageLevel` 的设置选项，让我们可以指定数据必须在内存中保存还是允许数据在内存满时外溢到磁盘上。如果我们选择了前者，大数据处理进程会在内存满时立即报错，通知用户内存不足。我们可以考虑切割数据，使它能够被放在一台机器的内存中。如果我们选择后者，内存满时，数据会被保存到磁盘上，处理进程不会报错，我们的进程最终能够成功结束，但它会浪费很多的时间。这里我们可以看到，Spark 允许我们创建基于内存的处理程序。数据本地性又如何呢？

为了了解如何通过 Spark 获得数据本地性，我们需要了解它的架构，如图 8.18 所示。

Spark 采用主从架构。Spark 的每一个进程都工作在一个包含待处理数据的节点上。假设我们有 3 个数据节点，其中两个将会是 Spark 的执行器节点，而另一个则是主节点。Spark 主节点上运行着一个特殊进程，用来协调我们的处理程序并将计算移动到数据处。

在本节中，我们用 Spark 写的程序会被提交给主节点。主节点将程序序列化（类似我们在 8.1 节学到的）并将程序发送给执行器节点。执行器节点运行在数据节点上，其中包含我们想要处理的数据。这就让我们可以构建利用数据本地性的处理程序。在这种情况下，执行进程会访问节点上的本地数据。

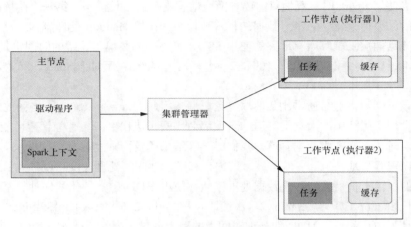

图 8.18　Spark 的架构

我们以用户数据和点击数据的连接为例，执行进程会处理一部分用户数据，第二执行进程处理剩下的那部分用户数据。Spark 执行器节点的缓存组件是我们的内存。我们从磁盘或网络上读取待处理数据并保存在内存中。

规模较小的点击数据在连接时会被发送到所有的执行器节点上。主节点上的驱动程序组件从包含点击数据的数据节点上读取这些数据。注意，这里驱动进程必须拥有足够的内存来保存全部的点击数据。接下来，驱动进程将点击数据发送给所有的执行进程，并保存在内存中。因此，这些执行器节点上的可用内存也必须大得足以存下这些数据。

8.5.1　不使用广播的连接

现在让我们再次从连接用户数据和点击数据的业务场景出发，但这一次我们不对两个数据集的大小做任何假设。我们只使用简单的连接操作而不使用任何优化手段。接下来，我们会分析物理计划，让它给我们展示 Spark 引擎是如何解释和执行连接的。

本节的代码示例是用 Scala 写的，因为它可以让我们创建流利可读的大数据处理程序。另外，Scala 是 Spark 的原生语言。代码清单 8.1 展示了我们的数据模型。

代码清单 8.1　数据模型

```
case class UserData(userId: String, data: String)

case class Click(userId: String, url: String)
```

用户数据集和点击数据集都包含用户 ID。我们会用这个 ID 来连接数据。用户数据有一个 data 字段，而点击数据有一个指定的 URL 作为上下文。所以这些字段也会出现在数据模型中。

接下来，我们会使用 Spark 数据集 API，它可以让我们使用类似 SQL 的语法。这是一个高级 API，底层封装了弹性分布式数据集（resilient distributed dataset，RDD）。

为了测试数据，我们需要模拟一些点击数据和用户数据。在真实世界的应用程序中，你会使用读取器从文件系统中读入数据。代码清单 8.2 展示了如何从 HDFS 路径读取 Avro 数据。

代码清单 8.2　读取 Avro 数据

```
val usersDF = spark.read.format("avro").load("users/2020/10/10/users.avro")
```

为了简化示例，让我们模拟两个数据集，如代码清单 8.3 所示。

代码清单 8.3　模拟用户数据集和点击数据集

```
import spark.sqlContext.implicits._
val userData =
  spark.sparkContext.makeRDD(List(
    UserData("a", "1"),
    UserData("b", "2"),
    UserData("d", "200")
  )).toDS()

val clicks =
  spark.sparkContext.makeRDD(List(
    Click("a", "www.page1"),
    Click("b", "www.page2"),
    Click("c", "www.page3")
  )).toDS()
```

这里，我们将 ID 为 a、b 和 d 的行填入 userData 数据集。最后，我们用 toDS() 函数将 RDD 转换成一个数据集，如代码清单 8.3 所示。我们想要在数据集上进行操作，因为它提供了比 RDD 更好的 API 和优化。

实际的连接逻辑很简单，不过隐藏了很多信息。代码清单 8.4 展示了点击数据和用户数据的连接。

代码清单 8.4　不带假设的连接

```
val res: Dataset[(UserData, Click)]
  = userData.joinWith(clicks, userData("userId") === clicks("userId"), "inner")
```

我们在用户数据和点击数据都拥有的 userId 字段上使用内连操作连接 userData 和 clicks。所以在执行语句时我们会得到两条结果，如代码清单 8.5 所示。

代码清单 8.5　内连操作的两条结果

```
res.show()
assert(res.count() == 2)

+-----+-------------+
|   _1|           _2|
+-----+-------------+
|[b,2]|[b,www.page2]|
|[a,1]|[a,www.page1]|
+-----+-------------+
```

注意结果以表的形式返回。左边包含用户数据，右边包含点击数据。由于不存在相关的点击数据，userId 为 d 的用户数据没有返回。出于类似的原因，userId 为 c 的点击数据也没有返回。

连接操作隐藏了很多底层的复杂性。我们可以通过抽取实际的物理计划来查看。它可以告诉我们实际使用了哪种连接策略。为了抽取物理计划，我们需要执行 explain()方法，如代码清单 8.6 所示。该方法返回具体的物理计划。

代码清单 8.6　获取语句的物理计划

```
res.explain()
== Physical Plan ==
*SortMergeJoin [_1#10.userId], [_2#11.userId], Inner
:- *Sort [_1#10.userId ASC], false, 0
:  +- Exchange hashpartitioning(_1#10.userId, 200)
:     +- *Project [struct(userId#2, data#3) AS _1#10]
:        +- Scan ExistingRDD[userId#2,data#3]
+- *Sort [_2#11.userId ASC], false, 0
   +- Exchange hashpartitioning(_2#11.userId, 200)
      +- *Project [struct(userId#7, url#8) AS _2#11]
         +- Scan ExistingRDD[userId#7,url#8]
```

我们可以看到两个数据集使用了相同的处理方式。如两者都进行了正向排序，排序后使用哈希分区算法。因为我们没有对数据进行假设，所以这个物理计划符合那些需要数据洗牌的场景。其中一个数据集需要被传输到包含另一部分数据的执行节点上。

因为数据经过了排序，所以 Spark 引擎可以进行一些优化，比如只移动一部分数据。这样的优化是十分智能的，有时，它甚至好于我们强加给引擎的优化。不过测量你的方案并和另外的方案进行比较仍然是必要的。结果可能是你的手动优化方案比标准 Spark 查询优化逻辑要差。现在让我们看一下使用了 8.3.3 小节讨论的广播技术后的连接计划。

8.5.2　使用广播的连接

下面，让我们用向所有节点广播（点击）数据集的方式来实现连接。为了做到这一点，我们需要修改连接逻辑，将需要广播的数据集封装进 broadcast()函数。我们会封装点击数据集。让我们看一下代码清单 8.7 所示的完整测试用例。

代码清单 8.7　使用广播的连接

```
test("Should inner join two DS whereas one of them is broadcast") {
  import spark.sqlContext.implicits._
  val userData =
    spark.sparkContext.makeRDD(List(
      UserData("a", "1"),
      UserData("b", "2"),
      UserData("d", "200")
    )).toDS()

  val clicks =
    spark.sparkContext.makeRDD(List(
      Click("a", "www.page1"),
      Click("b", "www.page2"),
      Click("c", "www.page3")
    )).toDS()

  //何时
  val res: Dataset[(UserData, Click)]
  = userData.joinWith(broadcast(clicks), userData("userId") ===
    clicks("userId"), "inner")

  //然后
  res.explain()
  res.show()
  assert(res.count() == 2)
```

　　这个查询返回的数据和上一个例子的一样，因为我们没有改变任何逻辑。有趣的地方在于物理计划。让我们看一下代码清单 8.8。

代码清单 8.8　查看广播的物理计划

```
* == Physical Plan ==
* *BroadcastHashJoin [_1#234.userId], [_2#235.userId], Inner, BuildRight
* :- *Project [struct(userId#225, data#226) AS _1#234]
* : +- Scan ExistingRDD[userId#225,data#226]
* +- BroadcastExchange HashedRelationBroadcastMode(List(input[0,
struct<userId:string,url:string>, false].userId))
* +- *Project [struct(userId#230, url#231) AS _2#235]
* +- Scan ExistingRDD[userId#230,url#231]
```

　　你有没有注意到物理计划发生了巨大的改变？如我们不再对数据进行排序了。Spark 引擎移除了这个步骤，因为我们不需要分部分发送数据集，从而也就不需要切割数据。BroadcastExchange 步骤将点击数据发送给所有数据节点。当这些数据被发送到所有数据节点之后，Spark 执行 Scan 步骤，通过哈希操作找到匹配的数据。

　　获取这些结果只是工作的一部分。在现实生活中，你还需要测量两个方案。我之前提过，标准的 Spark 引擎的性能可能会更好。

　　当你的数据集被广播到数据节点上时，你需要确保机器的内存可以放下这些数据。如果这些数据以不受控制的方式增长，强烈建议你重新考虑是否使用广播策略。在第 9 章，我们会看看给代码选择第三方库的策略。

小结

- 移动数据到计算处很简单但很耗时间。对于大数据集来说，由于我们需要在网络上移动的数据太多，以至于根本做不到。

- 数据本地性可以通过移动计算到数据处来实现。这样更复杂，但对于大数据集来说这是值得的，因为我们不需要移动那么多数据。因此我们的处理速度会显著提升。

- 使用数据本地性的处理程序可以并行，且能够比不使用数据本地性的处理程序更轻松地扩/缩容。

- 大数据生态中，我们需要通过分区将数据切割到多台物理机中。

- 线下数据和线上数据的分区具有不同的特性。线上分区可以针对查询模式进行优化，而线下分区需要更加通用，因为我们一般无法预先知道线下数据的访问模式。

- 线下分区通常基于日期，这样可以给我们提供更高的灵活性。

- 如果我们在同一台物理机上执行连接，有些连接类型可以完整利用数据本地性，还有一些需要更广数据范围的连接类型则需要进行数据洗牌。

- 我们可以通过减少连接操作需要的分区数量来减少数据洗牌次数。

- 如果能预判数据集的大小，我们就可以使用广播连接策略。

- 基于磁盘的大数据处理程序更成熟，但是性能比基于内存的处理程序差。Hadoop 实现了前者，Spark 使用了后者。

- 我们可以使用 Apache Spark API 来实现数据的连接。

- 分析物理计划让我们可以看到查询语句的内部逻辑。比如，我们可以使用广播策略并看到查询执行引擎是如何使用它的。

- 我们应该通过了解我们的数据来分析不同连接策略之间的权衡与取舍。

第 9 章　第三方库：你所用的库将成为你的代码

本章内容

- 对你引入的库负责
- 分析第三方库的可测试性、稳定性以及可扩展性
- 重新造轮子还是引入不属于你的库

在构建软件系统时，我们通常有时间和资金方面的约束。由于这些约束，我们不可能靠自己编写系统中所有的代码。几乎所有的应用程序都需要跟底层的操作系统、文件系统以及外部 I/O 设备进行互动。我们通常不会重写这些互动逻辑，而会选择一些现成的库来实现这些逻辑。我们称这些库为第三方库，因为它们并不是由我们自己团队或公司创建的。它们可能是由一个开源社区或者一些专注于某一部分系统设计的公司开发的。比如，当我们需要发送数据给一个外部 HTTP 系统时，我们通常会选择一个现成的 HTTP 客户端库。

当我们选择一个现成的第三方库并将其应用到我们的代码中时，虽然这个库并不是我们自己开发和生产的，但是我们依旧要为它们负责。我们的终端用户不在乎我们选择的是哪个库，他们不知道代码中某一部分的逻辑是我们实现的还是别人实现的。只要我们的系统跟预期的一样工作就没问题。然而，一旦系统中出现了错误，用户就会感知到。这个错误可能是由第三方库引起的。这意味着我们可能并没有对第三方库进行足够的测试，或者我们对其有错误的假设。

在本章，你将学到如何为你的应用程序选择稳健的第三方库，你将了解选择库时常见的失误以及如何验证不属于你的代码。

9.1　引用一个库就要对它的配置选项负责：小心那些默认配置

有些库和框架，比如 Spring，倾向于使用惯例而不是配置。这样的模式让潜在的用户可以立刻开始使用库而不需要进行任何配置。这样的设计牺牲了显式指定配置的能力，获得了用户体验上的易用性。只要工程师意识到这样的取舍及其限制就不会有什么真正的危险。

使用不需要大量预配置的框架在原型设计和实验阶段会容易得多，也快得多。这些框架都是基于最佳实践和模式构建出来的，只要你能意识到它们的缺陷和问题，它们对你来说就应该是足够好的。

> **注意**　框架和库的概念通常是可以互换的。框架提供了构建应用程序的骨架，实际的逻辑则是在应用程序里定义的。你需要通过某种方式将逻辑提供给框架，可以通过继承、组合、侦听者方式等。（比如将一个依赖注入框架。）另外，库已经实现了一部分逻辑，并仅通过我们的代码调用。比如，它可能是一个提供访问 HTTP 服务的方法的 HTTP 客户端库。

事实上，大多数配置都基于惯例，这也给我们带来了下面的问题：当我们使用第三方库时，我们常常不会深入了解所有的配置选项。如果我们不设置默认配置，就是在依靠库自身的默认配置。这些默认配置通常都是基于一些调查合理地设置的。然而，这些默认配置只在大多数情况下适用，它们可能不适用于你的业务场景。

考虑一个简单的场景，我们想要使用一个第三方库调用 HTTP 服务。我们选择 OkHttp 库作为示例。我们想要查询服务的/data 端点。作为测试，我们会用 WireMock 来模拟这个 HTTP 端点。我们会让/data 端点返回模拟的 OK 状态码以及一些正文数据，如代码清单 9.1 所示。

代码清单 9.1　模拟 HTTP 服务

```
private static WireMockServer wireMockServer;
private static final int PORT = 9999;
private static String HOST;

@BeforeAll
public static void setup() {
  wireMockServer = new WireMockServer(options().port(PORT));    ← 在一个指定端口
  wireMockServer.start();                                           启动 WireMock
  HOST = String.format("http:/ /localhost:%s", PORT);    ←          服务器
  wireMockServer.stubFor(                                     将地址保存在
          get(urlEqualTo("/data"))                            HOST 变量中
            .willReturn(aResponse()
            .withStatus(200)                    模拟 HTTP 响应，返回状态
            .withBody("some-data")));    ←      码 200 和 "正文数据"
}
```

OkHttp 客户端查询服务并获取响应的逻辑很直观。在代码清单 9.2 中，我们会根据 HOST

变量构建 URL。然后用构建器构建 OkHttp 客户端并进行调用。最后，我们会使用断言确保 WireMock 返回的 HTTP 响应的状态码是 200 且正文数据是"some-data"。

代码清单 9.2　用默认参数构建 HTTP 客户端

```
@Test
public void shouldExecuteGetRequestsWithDefaults() throws IOException {
  Request request = new Request.Builder().url(HOST + "/data").build();

  OkHttpClient client = new OkHttpClient.Builder().build();
  Call call = client.newCall(request);
  Response response = call.execute();

  assertThat(response.code()).isEqualTo(200);
  assertThat(response.body().string()).isEqualTo("some-data");
}
```

注意，HTTP 客户端是用构建器构建的，但我们没有显式指定配置参数。代码看上去很简洁，使用它可以让我们迅速开始开发。但生产环境的代码可不能是这种形式。记住，一旦你在自己的代码中引入第三方库，你就需要像对待自己的代码一样对待它。本节会集中关注默认配置，所以让我们看看哪些默认配置可能会有问题。

在你分析第三方库的配置时，需要理解它们的主要配置。在每一个 HTTP 客户端的环境配置中，超时都是一个很关键的配置。它会影响服务的性能和 SLA。比如，如果你的服务的 SLA 时间是 100 ms，而你需要访问其他服务来完成请求，那么对其他服务的访问必须在你的服务的 SLA 时间之内完成。合适的超时配置对于确保你的服务的 SLA 至关重要。

设置太长的超时对于微服务架构而言很危险。为了在微服务架构里提供业务功能，通常需要进行多次网络访问。比如，一个微服务可能需要访问多个其他微服务，而这些微服务中有些可能又要访问别的微服务。在这样的场景中，当一个服务在处理请求的过程中挂起，就可能出现连锁反应，让访问它的服务都失败。设置的超时越长，服务可以用来处理单个请求的时间就越长，导致出现连锁反应的概率就越大。这样的失败甚至可能比破坏你的 SLA 更糟，因为它会带来让你的整个系统崩溃并停止服务的风险。

下面我们看看，当我们要查询一个需要较长执行时间的端点时，我们的客户端会如何表现。我们首先测试 5 s（5000 ms）的超时。我们可以在 WireMock 中使用 `withFixedDelay()` 方法模拟这种场景，如代码清单 9.3 所示。

代码清单 9.3　模拟一个慢端点

```
wireMockServer.stubFor(
        get(urlEqualTo("/slow-data"))
                .willReturn(aResponse()
                        .withStatus(200)
                        .withBody("some-data")
                        .withFixedDelay(5000)));
```

可以通过/slow-data URL 查询新端点。我们会用同样的逻辑执行查询，但我们会测量它花费在 HTTP 请求上的时间，如代码清单 9.4 所示。

代码清单 9.4 测量一个 HTTP 客户端的请求时间

```
Request request = new Request.Builder()                         发送请求到
                      .url(HOST + "/slow-data").build();        /slow-data 端点

OkHttpClient client = new OkHttpClient.Builder().build();
Call call = client.newCall(request);

long start = System.currentTimeMillis();                        测量整体
Response response = call.execute();                             执行时间
long totalTime = System.currentTimeMillis() - start;

assertThat(totalTime).isGreaterThanOrEqualTo(5000);            验证请求花费了
assertThat(response.code()).isEqualTo(200);                     至少 5000 ms
assertThat(response.body().string()).isEqualTo("some-data");
```

你有没有注意到请求花费了至少 5000 ms？这是因为 WireMock HTTP 服务器引入了这么长时间的超时。如果那些需要在 100 ms 内完成请求的服务代码访问了这个端点，那就一定会破坏 SLA。

我们的客户端被阻塞而等待了 5000 ms，而不是在 100 ms 内返回响应（无论响应是成功还是失败）。这意味着执行请求的线程也被阻塞了这么长时间。被阻塞的线程本来可以执行 50（5000 ms ÷ 100 ms）个请求，但现在它在这段时间里无法执行任何其他请求了，这影响了服务的整体性能。如果只有一个线程等待了这么长时间，这个问题可能还不明显。但如果所有或大多数线程都需要等待很长的时间，这个性能问题会变得很明显。

默认的超时配置导致了这个情况出现。如果客户端需要等待超过我们服务的 SLA 的时间（100 ms），它就应该让请求失败。如果请求失败了，客户端就可以重试而不是等待 5000 ms。如果你在 OkHttp 的在线手册上查看它的读超时，你会注意到它的默认值是 10 s！

> **注意** 检查默认配置不仅对于第三方库来说很重要，对于 SDK 来说也很重要。比如，当使用 Java
> JDK 中提供的 HttpClient 时，默认的超时是无限。

这意味着每一个 HTTP 请求都可能阻塞调用方最多 10 s 的时间。这样的情况可远远谈不上理想。在一个真实世界的系统中，你需要根据你的 SLA 配置超时。

假定我们的代码访问一个慢端点的时间最多只有 100 ms，以及我们访问的服务要在 99% 的时间里满足 100 ms 的 SLA。这意味着 100 个请求中有 99 个会在 100 ms 内完成，剩下那个请求需要更长的执行时间。我们可以模拟该请求需要 5000 ms 来执行。

让我们再次执行 HTTP 请求，但这次，我们显式地提供一个读超时的配置而不是使用其默认配置。注意，我们在代码清单 9.5 中用 readTimeout() 方法设置超时时间。

代码清单 9.5 使用显式设置的超时执行 HTTP 请求

```
@Test
public void shouldFailRequestAfterTimeout() {
  Request request = new Request.Builder().url(HOST + "/slow-data").build();

  OkHttpClient client = new OkHttpClient        设置 100 ms
          .Builder()                            读超时
          .readTimeout(Duration.ofMillis(100)).build();
  Call call = client.newCall(request);

  long start = System.currentTimeMillis();
  assertThatThrownBy(call::execute).isInstanceOf(SocketTimeoutException.class);
  long totalTime = System.currentTimeMillis() - start;

  assertThat(totalTime).isLessThan(5000);       请求提前失败，花费的
}                                                时间少于 5000 ms
```

调用 execute()方法触发实际的 HTTP 请求。如果服务端没能及时响应，由于我们调用了 readTimeout()，这个请求会在大约 100 ms 后超时失败。100 ms 后，一个异常会被传播给调用方。这样，我们服务的 SLA 就不会受到影响。接下来，我们可以重试这个请求（如果它是幂等的），或者我们可以将失败的信息保存。最重要的是，HTTP 服务的慢响应不会阻塞线程很长时间。所以它不会影响服务的性能。

当你引入任何第三方库时，你都应该注意它的配置和参数。隐式设置适用于开发原型，但是生产环境下的系统必须针对环境精心设置并显式设置。在 9.2 节，我们会介绍代码中可能用到的库的并发模型和可扩展性。

9.2 并发模型和可扩展性

将第三方库加入我们的代码是因为我们想要让它们工作。这意味着我们要调用它们的 API 并等待执行，然后获取结果（如果有的话）。这个简单的流程实际上隐藏了一些执行处理模型方面的复杂性。

我们将要考虑的第一个场景十分简单。这是一个以顺序、阻塞调用方式运行的程序，如图 9.1 所示。

在这个程序里，method1()调用了第三方库中的方法。而后者会阻塞，这意味着调用 method1()的线程会被阻塞，直到第三方库中的方法返回。在它返回后，调用方才能继续执行，并调用后面的method2()。

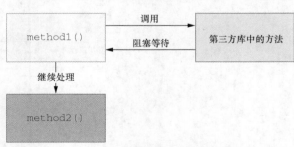

图 9.1 阻塞调用的程序

如果我们有一个异步的非阻塞式处理的流程，这个场景会变得更复杂。某些网页应用框架（比如 Node.js、Netty、Vert.x 等）的处理模式基于事件循环模型（见图 9.2）。

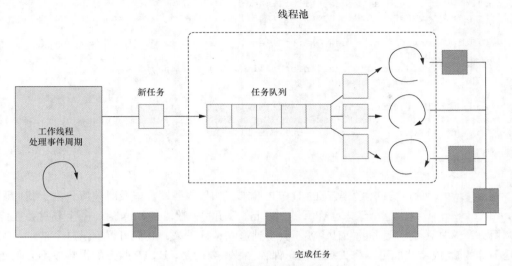

图 9.2　事件循环模型

在这样的模型中，每一个请求或者每一个需要处理的任务都会被放入一个队列中。比如，当网页服务器需要处理一个 HTTP 请求时，接收请求的工作线程并不会处理请求，它会将需要处理的请求放入队列。接下来，线程池中负责处理的线程会从队列中取出请求并进行实际的处理工作。如果你不希望调用的方法被阻塞，那么你就需要仔细检查那些不属于你的代码（见图 9.3）。

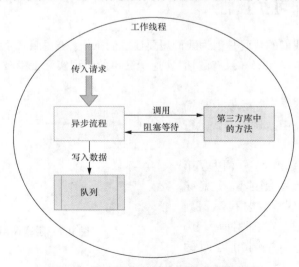

图 9.3　不应阻塞的地方调用了阻塞代码

在上述场景下，接收请求的工作线程只有一个。它接收请求然后做一些预处理，比如将字节反序列化，然后将请求放入队列。这个操作必须很快且不能阻塞后续的请求。如果我们在这个工作线程里调用了不属于我们的代码，主流程就可能被阻塞，应用程序的整体性能就会降低。

出于上述原因，我们必须了解我们调用的代码会不会阻塞，它是同步的还是异步的。接下来，让我们看看如何使用同时提供同步和异步两种模式的第三方库。

9.2.1　使用异步和同步 API

让我们来看这样一个场景，我们需要集成一个第三方库来存取一个实体。我们使用的 API 是阻塞式的，这意味着我们不应该在异步代码中调用它。代码清单 9.6 展示了这个场景。

代码清单 9.6　阻塞式 API

```
public interface EntityService {
  Entity load();
  void save(Entity entity);
}
```

无论是 load() 还是 save() 方法，调用这些方法的线程都会被阻塞，而这会给我们带来问题并限制我们使用这个 API 的方式。比如，你很难将这样一个阻塞式 API 插入已有的异步代码中。甚至，你的应用程序的线程模型可能根本不支持任何阻塞（比如 Vert.x）。

如果我们已知一个第三方库会阻塞但还是想要使用它，该怎么办呢？最简单和明显的方法莫过于为阻塞代码创建一个封装函数，如代码清单 9.7 所示。封装函数将实际的处理委托给第三方库，并提供了异步调用的方法。这两个方法都会返回 CompletableFuture 实体，确保它在未来会被实现。不支持阻塞的异步代码可以使用这些方法的非阻塞版本。

代码清单 9.7　将阻塞调用封装成异步调用

```
public CompletableFuture<Entity> load() {
  return CompletableFuture.supplyAsync(entityService::load, executor);
}

public CompletableFuture<Void> save(Entity entity) {
  return CompletableFuture.runAsync(() -> entityService.save(entity), executor);
}
```

注意 load() 方法返回的是对 Entity 的保证，而这个保证可能在任何时候被满足。调用方可以随意执行异步操作而不会让自己的线程被阻塞。

看上去这个解决方案很简单。然而，将阻塞代码封装成异步代码并不总是简单的，我们需要在一个独立线程中执行异步操作。因此，我们需要创建一个专门的线程池给这些代码使用。这个线程池需要被监控和微调。我们要选择合适的线程数量以及一个队列来接收操作任务，如代码清单 9.8 所示。

代码清单 9.8   创建一个执行者

```
public WrapIntoAsync(EntityService entityService) {
  this.entityService = entityService;
  executor = new ThreadPoolExecutor(1, 10, 100, TimeUnit.SECONDS, new
    LinkedBlockingDeque<>(100));    ◁        参数包括线程池核心容量、线程池
}                                            最大容量、保活超时和任务队列
```

为不属于我们的代码寻找最优配置可能不是一个容易的任务。我们需要了解它的期望流量并进行性能测试。另外，一个阻塞式的第三方库的性能可能不如异步代码的性能。封装阻塞代码可能只是推迟了可扩展性问题而没有真正解决它。

如果性能问题很关键，且不存在异步的第三方库，你可以考虑自己实现这部分代码。现在，让我们看看选择提供了开箱即用的异步 API 的外部库是什么情况。代码清单 9.9 展示了 Entity 服务 API。

代码清单 9.9   创建一个异步 API

```
public interface EntityServiceAsync {
  CompletableFuture<Entity> load();

  CompletableFuture<Void> save(Entity entity);
}
```

这个组件的所有方法都返回一个保证，表明处理是异步的。它意味着我们集成的库内部是用异步方式写的。我们不需要再实现从同步世界到异步世界的翻译层。这通常表明我们用来处理异步任务的线程池也已经被封装到库里面了，它可能已经为我们的大多数业务场景进行了微调。不过，你可能还记得我们在 9.1 节说过，你需要注意那些默认配置。

虽然线程池已经被封装进了库里，但它还是会创建新线程。我们的应用程序调用它的代码。库内部为了进行处理而创建的线程还是会占用我们的应用程序的资源。从同步阻塞式的应用程序调用异步代码比从异步的应用程序调用阻塞代码简单。

你唯一需要做的是从返回的 CompletableFuture 中获取内部的值。需要注意这个操作是阻塞式的，所以你需要为它传入一个合理的超时配置。不过，如果你的应用程序是阻塞式的，那通常就不会有任何问题。代码清单 9.10 展示了这种方式。

代码清单 9.10   阻塞式应用程序调用非阻塞代码

```
public class AsyncToSync {
  private final EntityServiceAsync entityServiceAsync;

  public AsyncToSync(EntityServiceAsync entityServiceAsync) {
    this.entityServiceAsync = entityServiceAsync;
  }
                                                            代理方法 load()
                                                            直接返回实体
  Entity load() throws InterruptedException, ExecutionException,
    TimeoutException {    ◁
```

```
    return entityServiceAsync.load().get(100, TimeUnit.MILLISECONDS);
  }
}
```
阻塞式调用异步
API 获取值

　　如果你可以选择异步或同步的库，通常选择异步版本会更合理。就算你的应用程序自身是同步的，你也可能在将来考虑将它转换成异步的来提高它的可扩展性和性能。

　　如果你已经使用了一个提供异步 API 的库，将它迁移到同步模式会很容易。然而，如果你使用的是一个用同步方式写的库，迁移就不会那么容易了。你需要提供翻译层并管理线程池。而且，那些一开始就没用异步方式写的库通常都是以不同的方式实现的。用一个返回保证的封装函数来进行调用可以提供一个快速的替代方案。

　　一开始就用异步方式写的库，其性能通常比阻塞式的库的性能要好。你可能已经知道这点了，特别是当整个处理流程都是异步的时候。下面我们看看应用程序的可扩展性是如何被那些不可扩展的库所限制的。

9.2.2　分布式的可扩展性

　　当你的应用程序运行在一个分布式环境中时，了解你打算使用的第三方库的可扩展性就很重要。让我们考虑使用一个为你的应用程序提供调度能力的库（类似于 cron job）。它的主要功能是检查任务是否应该执行，并在指定的时间范围内执行它。

　　这个第三方库（调度库）需要一个持久化层来保存它的任务。每个任务都有一个执行的日期和时间。一旦任务被执行，调度库就会更新它的状态。这个状态可能是 SUCCESS、FAILED 或 NONE（表示任务还没有被执行）。图 9.4 展示了这个调度库。

　　需要执行的任务被保存在一个数据库中，由应用程序定期获取。在开发这样的功能时，我们可能会考虑和设计单一节点的业务场景。我们的集成测试可能会验证使用内嵌数据库的调度库的行为。然而，在这种场景下，当数据被查询时，我们可能不会观察到任何问题。

　　当我们在分布式环境中操作时，情况就可能发生彻底的变化。需要调度能力的应用程序会被部署在多个节点上，而同一个调度任务不能被重复执行。这意味着当我们的应用程序被部署在多个节点上时，需要明确哪个节点执行哪些任务。因为同一个任务不能被一个以上的节点执行。

　　这样的需求意味着任务需要在节点之间同步或分区处理。如果我们选择的调度库没有实现合适的可扩展性逻辑，我们就会面临严重的性能甚至正确性问题。

　　假设我们想要在 3 个节点上部署应用程序，每个节点都有一个调度库，如图 9.5 所示。

　　如果我们使用的调度库不可扩展，所有节点都会去数据库中争抢任务记录，如图 9.5 所示。我们可以使用数据库事务或对某条记录使用全局锁来保证改动的正确性。但这两种方法都会严重影响库的性能。

　　使用支持分区的调度库就能解决这个问题。比如，节点 1 负责某个分钟段的任务，节点 2 则负责另一个不同分钟段的任务，以此类推。重要的是，我们的库必须被设计成可扩展的。通常这不是一个简单的任务，需要仔细地规划和开发。不是所有的库都需要被设计成可以在这样的环境下工作。因此，当我们为（多节点下的）分布式环境选择库前，我们应该仔细分析该库是否可以运行在分布式环境下。

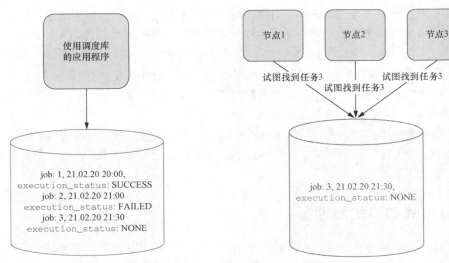

图 9.4　应用程序使用了一个调度库　　　　图 9.5　多节点上调度库的可扩展性

主从架构是我们可以用来解决调度库问题的另一种方法。在这样的架构中，所有的调度请求都由主节点执行。从节点在后台同步主节点的数据库，但不会执行任何实际的逻辑。如果主节点崩溃，其中一个从节点会成为新主节点并开始执行 cron 任务。不过，要使用这样的架构，调度库一开始就需要被设计成可以在多节点环境下工作。

理解可扩展性模型并了解它是否需要维护一个全局状态可以让我们在扩展应用程序时不至于遇到棘手的问题。如果库没有被设计成能在分布式环境下工作，我们就会面临可扩展性和正确性问题的风险。这样的问题通常会出现在我们将应用程序部署到 N 个节点上时，其中 N 是一个高于平常值的节点数量值。这种情况通常发生在应用程序处理的流量暴涨时。更糟的是，你的产品通常会在流量暴涨时遇到很好的商业机会，比如，在节假日。在这样的日子发现我们依赖的库不可扩展可不是什么好事。

再说一次，我们调用的代码会成为我们自己的代码，这对于受我们系统崩溃影响的客户来说是显而易见的。在 9.3 节，我们将会了解第三方库的可测试性。

9.3　可测试性

在选择别人设计和开发的库时，我们应该始终对它保持有限的信任。我们应该认为一切都是未知的。不过，如果我们选择的是一个已经被广泛使用和验证过的库，它的质量和正确性通常是有保证的。在这种情况下，我们只需要用测试来验证我们对库的假设，而不是它的正确性。

测试是我们试验和验证第三方库最好的方法之一。不过，测试不属于我们的代码和测试我们自己的代码是有区别的，主要区别在于改变不属于我们的代码很难，甚至不可能。

如果我们想要测试一个自己的组件，但发现它的代码不允许我们进行某些测试，我们可以很轻易地改变它。比如，如果我们的代码在初始化一个内部组件时没有给调用方提供注入伪造值和模拟函数的机会，重构它不会带来什么巨大的问题。而如果我们用的是第三方库，更改代码就会很难甚至不可能。就算我们提交了更改，从更改代码到可以部署可能需要很长的时间。因此，在选择一个第三方库之前，我们应该对其进行可测试性验证。

让我们从可测试性验证列表的第一个项目开始：某个第三方库是否提供了一个测试库让我们可以对它进行测试？

9.3.1 测试库

在引入一个复杂的功能库时，我们应该能够用一种相对简单的方式测试它的代码，而且测试方式应该很直接。考虑这样一个情况，我们想要在应用程序中实现响应式处理。为此，我们需要在一些提供此类功能的库中做出选择。

我们先实现一个处理框架作为后续复杂逻辑的原型（见代码清单 9.11）。我们想要在 10 s 窗口内对所有输入数据求和。这段逻辑应用于一个数据流上，这意味着当事件抵达时，它们被归入窗口，然后继续处理。

代码清单 9.11　响应式处理

```
public static Flux<Integer> sumElementsWithinTimeWindow(Flux<Integer> flux) {
  return flux
          .window(Duration.ofSeconds(10))
          .flatMap(window -> window.reduce(Integer::sum));
}
```

这段响应式处理代码看上去简洁明了，对于一个库来说是很加分的。然而，我们还应该考虑它的可测试性并验证一下测试这段给定的处理逻辑到底有多简单。让我们从头写一段简单的测试逻辑代码，这个例子会揭示一些问题并提醒我们为什么需要一个专门的测试库。

让我们构建一个数据流，其中包含值 1、2、3，如代码清单 9.12 所示。接下来，睡眠 10 s 并验证窗口逻辑。注意在测试中使用 Thread.sleep() 方法并不是一个好的模式，不过我们很快会看到该如何改进这一点。最后，我们断言结果等于 6。

代码清单 9.12　响应式处理的测试：简单测试方法

```
// 给定
Flux<Integer> data = Flux.fromIterable(Arrays.asList(1, 2, 3));
Thread.sleep(10_000);

// 何时
```

```
Flux<Integer> result = sumElementsWithinTimeWindow(data);

// 然后
assertThat(result.blockFirst()).isEqualTo(6);
```

但是，我们的逻辑有一些问题。第一，我们令线程进入睡眠状态，会增加这个单元测试需要的时间。在真实世界的系统中，我们需要测试更多类似的场景。这会令整个单元测试的时间变得不可接受。第二，使用这种测试方法难以验证更复杂的场景。比如，我们该如何验证 10 s 后到来的数据没有被计算进窗口呢？我们需要发送另一个数据，等待更长的时间，然后验证结果。只需要检查这个简单的业务场景，我们就可以看到，即使是一个很好的库，如果没有一个测试库，我们也会很难甚至不可能测试它。

幸运的是，我们在本章使用的库提供了一个测试库。对于响应式测试代码，我们可以使用 reactor-test 库。这样我们可以简化测试，并可以测试更加复杂的场景。

我们的测试会使用 TestPublisher 类，它允许我们提供数据给响应数据流（见代码清单 9.13）。它也可以让我们在模拟延迟的同时不影响整体测试执行时间。因为不需要睡眠，我们的测试几乎可以立即完成。TestPublisher 类被传递给 StepVerifier 类，两者都是响应测试库提供的类，兼容正式的响应库。

代码清单 9.13　使用测试库测试响应式处理

```
final TestPublisher<Integer> testPublisher = TestPublisher.create();

Flux<Integer> result = sumElementsWithinTimeWindow(testPublisher.flux());

StepVerifier.create(result)
    .then(() -> testPublisher.emit(1, 2, 3))
    .thenAwait(Duration.ofSeconds(10))
    .then(() -> testPublisher.emit(4))
    .expectNext(6)
    .verifyComplete();
```

StepVerifier 类允许我们发送一些数据，等待一段时间，再发送一些数据。在代码清单 9.13 的测试场景里，我们再次发送了数据 1、2、3。不过，在发送完这些数据后，我们模拟了 10 s 的延迟，相当于一个窗口的长度。延迟后，我们又发送了一个数据。最后，我们断言第一个输出的结果等于 6。这意味着在窗口长度之后发送的数据没有参与第一个窗口的计算。

使用这种方法，我们可以测试任何想要的场景。同样，测试中的模拟延迟不会导致单元测试花费更多的时间。测试会很快完成，这样我们就能创建更多的单元测试来覆盖我们用响应库实现的逻辑。

> **提示**　有很多库都会提供一个测试库给我们使用。通常这意味着这个库有较高的质量，可以方便我们开发。

现在让我们看看第三方库可测试性验证的第二个项目：如何注入伪造值和模拟函数。

9.3.2　用伪造值和模拟函数来进行测试

在使用第三方库时需要注意为测试注入用户提供的对象的能力。这个对象可以是一个模拟函数，让我们能够模拟并验证一个指定的行为；也可以是一个伪造值（测试替身），让我们能够为测试代码提供数据或上下文。通常，库会对调用方隐藏很多内部细节来保护自己不受用户潜在的滥用。然而这也可能让这个库变得很难测试。

如果你能看到库代码，可以去找一下新实例的创建。如果没有办法为测试注入别的实现，今后的测试就可能会有问题。如果我们使用的是不提供源码的商业库，那就不可能分析库代码。这种情况下，通过测试和实验去验证我们的假设就变得更加重要。

现在让我们来看一下第三方库的可测试性，看看它是否提供了允许调用方注入伪造值的能力。假设我们想要选择一个第三方库给应用程序提供缓存功能。缓存最重要的业务场景之一是排除旧值。排除策略可以基于该值占用缓存的大小或保留在缓存内的时间，或两者都有。在评估一个新库时，我们应该对期望它做的行为进行测试来验证我们对它的假设。

实验开始时，我们会构建一个简单缓存，向它输入一个键，它会返回键的全大写版本作为值。生产环境的系统会有一个更复杂的缓存读取机制，但是这里提供的直观例子对我们来说已经足够好了。

我们想要基于假设验证库的行为。在代码清单 9.14 中，我们构建了一个新的缓存，其中的键会在写入后经过 DEFAULT_EVICTION_TIME 的时间后被排除。CacheLoader 会根据用户提供的键返回值。

代码清单 9.14　第一次使用缓存

```java
public class CacheComponent {
  public static final Duration DEFAULT_EVICTION_TIME = Duration.ofSeconds(5);
  public final LoadingCache<String, String> cache;

  public CacheComponent() {
    cache =
        CacheBuilder.newBuilder()
            .expireAfterWrite(DEFAULT_EVICTION_TIME)
            .recordStats()
            .build(
                new CacheLoader<String, String>() {
                  @Override
                  public String load(@Nullable String key) throws Exception {
                    return key.toUpperCase();
                  }
                });
  }

  public String get(String key) throws ExecutionException {
    return cache.get(key);
  }
}
```

逻辑看上去很直观，但我们依然需要测试对它行为的假设。这个库的代码不是我们写的，所以它有可能会让我们惊讶。

我们想要测试底层缓存的排除策略。为了测试这点，我们需要在插入缓存的元素和验证它的排除过程之间模拟一个延迟。因此，我们要等待相当于排除超时的时间。在这里，等于 5 s。而在真实的系统里，排除时间可以长得多（几小时甚至几天）。代码清单 9.15 展示了最初的简单测试方法，它使用了 Thread.sleep()，这让我们的测试也要等待 DEFAULT_EVICTION_TIME 的时间。

代码清单 9.15　没有使用注入功能的测试

```
// 给定
CacheComponent cacheComponent = new CacheComponent();

// 何时
String value = cacheComponent.get("key");

// 然后
assertThat(value).isEqualTo("KEY");

// 何时
Thread.sleep(CacheComponent.DEFAULT_EVICTION_TIME.toMillis());

// 然后
assertThat(cacheComponent.get("key")).isEqualTo("KEY");
assertThat(cacheComponent.cache.stats().evictionCount()).isEqualTo(1);
```

注意排除操作是在读取操作（get()方法）中完成的。为了触发它，我们需要调用访问者方法。这很让我们惊讶，因为这不符合我们对这个库的假设。没有这个单元测试，我们就没有办法捕获这个行为。之前提过，如果我们的缓存组件设置的排除时间太长，我们可能就没有办法测试它。现在，我们需要去思考，有可能的话甚至要去看一下第三方库的源码，来找到影响测试行为的组件。

经过一次快速调查后，我们发现 LoadingCache 在进行读取操作时使用了 ticker 组件来判断值是否需要被排除。代码清单 9.16 提供了证据。

代码清单 9.16　调查缓存库的可测试性

```
V get(K key, int hash, CacheLoader<? super K, V> loader) throws
    ExecutionException {
...
long now = this.map.ticker.read();
...
}
```

确实，这段代码显示了我们使用的第三方缓存库在 ticker 组件中封装了时间逻辑。所以我们想要改进这个库的单元测试所要做的最后一件事情就是检查用户是否可以注入 ticker 组件。这让我们可以提供一个伪实现来影响它返回的毫秒数。这样，我们就可以模拟延迟而不需要真的等待那么久。幸运的是，LoadingCache 构建器有一个方法可以从外部提供这个组件，如代码清单 9.17 所示。

代码清单 9.17　注入用户提供的组件

```java
public CacheBuilder<K, V> ticker(Ticker ticker) {
    Preconditions.checkState(this.ticker == null);
    this.ticker = (Ticker)Preconditions.checkNotNull(ticker);
    return this;
}
```

我们可以在单元测试中使用这个方法，向构建器传入一个用户提供的 ticker 组件。我们要做的第一步是实现这个缓存构建器可以接受的 Ticker 接口。这个接口被设计得很好、很简单，让我们可以轻松伪造它的实现。如果一个第三方库的组件允许你注入自己的实现，但是这个接口或者继承类需要你去实现很多方法，那么伪造它的行为就会变得很难完成。我们会需要了解很多它的内部组件、状态以及方法才能伪造它。

在代码清单 9.18 中，FakeTicker 使用了 AtomicLong 来返回纳秒数。使用第三方库定义的正确单位很重要。这个伪造类让我们可以向过去或未来前进任意时间。

代码清单 9.18　通过用户提供的伪造类改进可测试性

```java
public class FakeTicker extends Ticker {
    private final AtomicLong nanos = new AtomicLong();

    public FakeTicker advance(long nanoseconds) {
        nanos.addAndGet(nanoseconds);
        return this;
    }

    public FakeTicker advance(Duration duration) {
        return advance(duration.toNanos());
    }

    @Override
    public long read() {
        return nanos.get();
    }
}
```

我们可以在自己的测试中使用 FakeTicker，所以我们不再需要使用 Thread.sleep()，这样测试就可以更快，可以覆盖更多业务场景。我们可以用这个新的机制（如代码清单 9.19 所示）来验证我们对这个库的更多假设。

代码清单 9.19　用伪造类改进后的测试

```
// 给定
FakeTicker fakeTicker = new FakeTicker();
CacheComponent cacheComponent = new CacheComponent(fakeTicker);

// 何时
String value = cacheComponent.get("key");

// 然后
assertThat(value).isEqualTo("KEY");

// 何时
fakeTicker.advance(CacheComponent.DEFAULT_EVICTION_TIME);

// 然后
assertThat(cacheComponent.get("key")).isEqualTo("KEY");
assertThat(cacheComponent.cache.stats().evictionCount()).isEqualTo(1);
```

测试有了巨大的改进。我们可以用 advance() 方法模拟时间前进。就算我们的排除时间设置为好几天那么长，单元测试依旧可以瞬间完成。

想象一下，如果我们需要验证的第三方库没有提供内部组件 ticker 的注入能力，我们就无法验证部分假设。如果我们决定选择这样的库就会带来潜在的问题，因为我们无法测试它的部分行为。因此，我们大概率会选择另一个库。

几乎所有我们可能使用的第三方库都有一些内部状态。如果库允许我们注入一个不同的实现，那就会给这个库的可测试性带来很大的优势。

> **注意**　如果我们测试的第三方库有一些难以测试的依赖，我们可以考虑使用 Mockito、Spock，或者其他一些测试框架。它们可以在某些边缘场景下简化测试。

到目前为止，我们已经看过了第三方库的单元测试。现在让我们看一下对第三方库的代码进行集成测试的可能性，它也可能影响我们对库的选择。

9.3.3　集成测试工具包

一旦确定第三方库提供了一个对它进行单元测试的方法，我们就可以关注下一个层面：集成测试。假设我们引入的库提供了可以跟其他组件隔离的功能，那对我们的单元测试以及那些不需要了解实际代码的集成测试来说可能就足够了。从概念上来说，集成测试应该能测试那些高级组件而不需要担心太多底层细节。然而，我们的目标是要把应用程序构建在那些能提供很多功能的框架上。比如说，在 JVM 的世界，我们可以使用 Spring、Dropwizard、Quarkus、OSGi，或者 Akka。这些框架可能有多个依赖组件提供 API 层、数据存取层、依赖注入框架等。

值得注意的是，这些组件也有它们自己的生命周期。在集成测试期间用给定的框架启动一个应用程序应该是比较简单的，但我们依然需要创建合适的组件来注入它们。另外，有些时候，应用程序的集成测试配置和正式运行时的配置是不同的。比如，我们可能有不同的数据库连接字符串、不同的用户名、不同的密码等。

如果我们用某些框架来构建一个应用程序，应该断言这些框架能让我们轻易地在集成测试环境中启动该应用程序。比如，Sping 框架让我们可以用 @SpringBootTest 注解和 SpringRunner 在集成测试环境中启动应用程序，如代码清单 9.20 所示。

代码清单 9.20　Spring 集成测试

```
@RunWith(SpringRunner.class)
@SpringBootTest(webEnvironment = SpringBootTest.WebEnvironment.RANDOM_PORT)
@ActiveProfiles("integration")
public class PaymentServiceIntegrationTest {

  @Value("${local.server.port}")         ◁——┐  注入集成测试
  private int port;                           │  配置的端口

  private String createTestUrl() {
   return "http://localhost:" + port + suffix;
  }
  // ...
}
```

Spring 框架为我们执行测试提供了一些选项。在代码清单 9.20 中，我们使用了 Spring Boot 库提供的测试所需的所有注解。如果你的应用程序基于 Spring 框架，@SpringBootTest 会找到所有的组件并用合适的生命周期启动它们。我们不需要担心实际的启动过程。另外，如果你想要测试 HTTP API，它会在一个空闲端口上启动一个内嵌的 HTTP 网页服务器。服务器运行后，这个端口会被注入测试。（我们也不需要担心空闲端口如何选择，Spring 测试库会妥善处理。）最后，我们可以向 createTestUrl() 方法创建的本地端点发起普通的 HTTP 请求。

另外，注意我们可能需要为集成测试激活不同的配置文件。如果我们想要为集成测试初始化的组件使用不同的配置，这样做很有用。如果我们用的是 Spring 测试库，它内建了在测试执行时选择不同配置文件的功能。

启动一个 HTTP 内嵌服务并暴露 HTTP 端点可能听上去没什么问题。但是在现实生活中，我们的应用程序通常会包含更多的东西。我们会有一个数据存取层，里面有很多仓库，会需要和其他服务集成，还有很多其他组件。如果框架提供了集成测试库，我们就可以更快、更容易地进行实验和推理。在 9.4 节，我们会关注第三方库的依赖太多的问题，那会严重影响我们的应用程序。

9.4　第三方库的依赖

我们引入并使用的每个库都是由工程师开发的，这些工程师在写库时都会做类似的决策：我们应该自己实现这一小部分逻辑还是引入另一个库来给我们提供这些逻辑？比如，当我们在引入提供 HTTP 客户端功能的库时，它显然不应该依赖另一个提供同样功能的库。但是当工程师要处理库的非核心功能时，情况就不一样了。比如 HTTP 客户端库可能会提供 JSON 序列化和反序列化的功能，如图 9.6 所示。

图 9.6　带 JSON 处理能力的 HTTP 客户端库

处理 JSON 数据可不是件容易的事，而 HTTP 客户端库的设计者可能并不是这方面的专家。所以，他们也许就会选择另一个第三方库来提供这个功能。这是个合理的决策，但会给我们的应用程序带来一些问题。

如果我们的应用程序需要在跟 HTTP 客户端库无关的逻辑中处理 JSON 数据，情况就变得复杂起来。要知道 HTTP 客户端库提供的每一个类（包括它们的依赖）在应用程序代码中都是可见的。所以我们可以通过 HTTP 客户端库所使用的传递依赖关系来使用 JSON 处理库。但基于如下原因，这其实不是个好的解决方案。

主要是，我们会把自己应用程序的代码跟第三方库的依赖库紧耦合。HTTP 客户端库可能会在将来决定换一个 JSON 处理库。那时，我们的代码就会有问题了，因为这个库不再提供之前的 JSON 库和类了。

9.4.1　避免版本冲突

另一个（更好的）解决方案是跟我们的应用程序使用的 JSON 处理库创建直接的依赖（见图 9.7）。但是这同样会有问题，因为可能会在两个 JSON 处理库之间发生版本冲突，比如当 HTTP 客户端库和我们的应用程序使用了该 JSON 处理库的两个不同版本时。

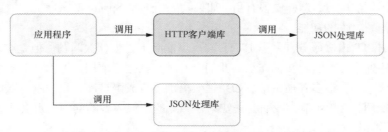

图 9.7　我们的应用程序直接使用 HTTP 客户端库和 JSON 处理库

真实世界的应用程序通常会有很多第三方依赖。每个依赖又可能带来它们自己的依赖。这么发展下去很快就会管理不过来了。应用程序最后可能会依赖多个库的多个版本。

所有 JSON 处理库提供的类都位于 `com.fasterxml.jackson` 包内。如果我们需要，就可以用 com.fasterxml.jackson.databind.ObjectMapper 这样的形式来使用这些类。这意味着 HTTP 客户端库和我们的应用程序所依赖的这个库的两个版本都可以通过这个包名访问。因此，构建工具需要从中选择一个版本。这会导致一系列问题，比如找不到方法、方法签名改变等，我们会在第 12 章讨论这些内容。

语义化版本控制规范和兼容性

大多数库都使用了语义化版本控制规范，其版本字符串包含 3 个部分：主版本号、次版本号和修正版本号。任何破坏兼容性的改动都应该通过升级主版本号来表示。我们会在第 12 章更详尽地介绍这方面的内容。在这里我们只需要记住，如果依赖的多个 JSON 处理库都是同一个主版本号，那我们只需要使用最新的那个版本就可以了。如果有多个主版本号，那我们就需要让它们成为互相独立的依赖。

幸运的是，对于这个问题，我们可以通过引入的第三方库来解决。这一技术叫作依赖遮蔽。我们会用 HTTP 客户端库的例子来解释。它使用的 JSON 处理库是 FasterXml Jackson。

如果 HTTP 客户端对它依赖的 JSON 处理库使用了依赖遮蔽技术，它会重写所有的包名并将它们放在不同的前缀下。比如，HTTP 客户端可能将它所有的类都放在 com.http.client 下。这样，经过遮蔽后，来自 HTTP 客户端库的 JSON 处理库的所有类都可以通过 com.http.client. com.fasterxml.jackson 包名访问。

这个技术让 HTTP 客户端库对我们的应用程序隐藏了 JSON 处理库的类。它们依然可以被访问，但我们也可以在自己的应用程序里使用独立的 Jackson 版本。我们不再需要担心第三方 HTTP 客户端库带来的依赖关系了。

依赖遮蔽技术很强大，但这需要第三方库的工程师支付高昂的维护成本。需要被隐藏的每一个第三方库都要进行遮蔽和重命名。这个步骤是在库的构建阶段完成的。它会让构建过程变得复杂，因为它可能需要为多个库定义遮蔽行为。如果有一个想要遮蔽的第三方库改变了它的包结构，我们就需要配置遮蔽插件。

当我们在评估想要使用的库时，应该检查它的所有依赖。如果它使用了依赖遮蔽技术，这意味着它对我们的应用程序隐藏了第三方依赖。这样它就不会污染应用程序。这相比于那些提供同样功能但没有（使用依赖遮蔽技术）隐藏第三方依赖的库来说就是个加分项。它也表明了这个第三方库是经过仔细思考和完善设计的。

9.4.2 太多的依赖

几乎所有的库都需要使用其他库来提供非核心功能。所以我们应该检查它引入的库的数量。引入那些具有很难写的复杂功能的库是一回事，引入那些具有可以轻松实现的功能的库是另一回事。

要记住，我们引入的每一个库都会影响我们的应用程序。库的作者一般不太可能对所有的依赖都进行遮蔽，因为那需要太多的时间和精力。

引入的每一个依赖都会影响我们的目标应用程序。部署应用程序最常见的方法之一就是构建一个自包含的包（fat jar，又称 uber-jar），其包含所需的一切依赖，如图 9.8 所示。

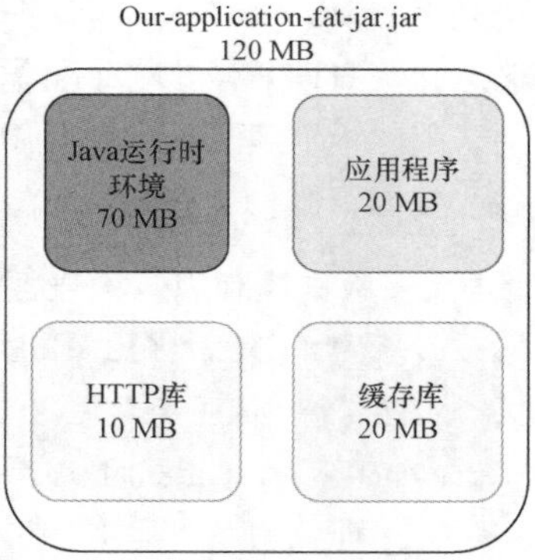

假设我们的应用程序代码占用了 20 MB，我们还需要将 Java 运行时环境和用到的所有第三方库打包进来。最终的目标文件是一个包含一切的可运行应用程序。在我们的例子中，它有 120 MB。

当一个应用程序以 fat jar 形式部署时，我们就可以在任何地方直接运行它，而不需要任何外部依赖。在容器环境下这会更受欢迎，比如在 Kubernetes 和 Docker 环境下。

图 9.8　构建一个 fat jar

如果我们的应用程序构建的目标文件包含所有第三方依赖以及依赖的依赖，那么每一个依赖都会增加这个文件的大小。所以我们要仔细考虑应用程序依赖的数量。依赖越少，文件越小。文件越小，启动越快，部署和管理也越容易。

文件小，运行时开销也会更低，因为构建出来的应用程序需要被读入机器的内存才能运行。现在无服务器计算架构变得越来越流行，文件的大小问题也获得了越来越多的关注。因为在无服务器环境中，应用程序只能得到有限的资源（比如 CPU、内存）。而且，无服务器环境对启动时间是非常看重的。

在 Java 生态中，Maven 遮蔽插件简化了 fat jar 的构建过程。它还会使用重命名技术来处理依赖遮蔽。在 9.5 节，我们会看到如何选择第三方依赖以及你该如何使用它们。

9.5　选择和维护第三方依赖

为我们的代码选择第三方库总是会在代码和第三方库之间引入一些耦合。我们可以通过一个抽象层隐藏第三方库，仅暴露我们的代码需要调用的方法，这需要额外的维护成本，但这是可行的。我们使用的库有它们自己的生命周期。

9.5.1　第一印象

在我们刚开始考虑是否将一个库引入我们的应用程序时，在深入技术细节之前有很多方面需要进行速检。如果是开源库，那通常很容易做到，但若是商业库，会有很多需要回答的问题。当然，前面章节覆盖到的方面也应该深入考虑。

- 这个库的稳定性如何？如果它现在还没有一个稳定的发行版，你能相信它会在你完成自己的代码之前发布吗？
- 有人积极维护这个库吗？如果这个库能够有效解决具有良好约束的问题且不需要我们定期更新，那么这个库也许可以选择，前提是它还没有被放弃维护。

- 这个库在社区里流行吗？如果它有一个活跃的生态，那我们可以很容易得到帮助，而且这也是评估代码质量的好指标。
- 写这个库的团队怎么样？如果一个库有许多人维护，特别是如果它背后有一个大公司维护并使用，那么它比那些个人开发者的兴趣项目要靠谱得多。
- 这个库有清晰的文档吗？找找有没有 API 参考文档、概念文档、教程或快速启动文档。

这些都是合理的问题，它们绝对不是简单的是与否能够回答的。大企业有可能决定放弃它们开发多年的库；个人开发者也有可能在几十年里尽责地维护自己的项目。有时你能够靠零散文档完成工作。这些都只是你需要有意识地去思考的方面。让我们看看其他方面的更多细节，比如你会如何使用这些第三方库的代码。

9.5.2　复用代码的不同方式

到目前为止，我们可以看到选择库并不是一个轻松的任务。我们需要考虑很多因素，比如它们的配置、并发性、可扩展性、可测试性、依赖的数量、版本管理等。如果你指望库帮你做的事很复杂，且你打算使用它的各种功能，那使用第三方库的好处足以抵消这些权衡因素以及维护成本。然而，如果你只是想要一个小功能，比如正确格式化一个字符串或者在集合上提供更多的操作方法，你可以考虑自己实现这些代码。虽然使用第三方库可能会让你的代码简单一点，但是它会给你带来所有这些维护问题和复杂性。

根据第三方库的软件许可证，你也许可以将需要的方法复制进你的代码，给它写一些单元测试，让这段代码完全属于你。它能够让你在不引入库的所有 API 和方法的情况下使用生产级别的代码。如果你只是想要使用第三方库的一小部分，这可能是一个更合理的选择。当然，这样做也有不利之处，因为你需要负责修复代码中的 bug。不过只要你移植的代码量很少且你完全理解这段代码，那应该没什么问题。

如果很难甚至不可能改变原始代码，你可以分叉原始库并二次开发你需要的功能，但这也会带来很多维护问题。比如，你需要持续更新自己的分支来包含原始库的 bug 修复。而且，经过一段时间之后，两边的代码版本可能会出现分歧，让你很难甚至不可能让它们保持一致。

9.5.3　锁定供应商

注意，无论一个库有多受欢迎，或者它背后公司的实力有多雄厚，我们使用的解决方案都有可能变得过时，最后被移除——可能是云服务被替换成了更好的版本，或是我们购买的商业软件背后的公司被并购了，换了其他产品。而且，我们可能因为一个第三方开源库很受欢迎而选择了它。但是一段时间之后，一个新的库被开发出来，且能用更快、更清晰的方式解决同样的问题，于是人们开始向新的解决方案迁移。而我们使用的方案失去了它的吸引力，并在一段时间之后，进入了维护模式——不会再有新的开发了。

架构会进化，新的模式会涌现，而软件会过时。当我们开始使用一个新的库或服务时，我们应该意识到将来可能需要把它迁移到新的解决方案上。我们使用的软件组件发生迁移的概率是不一样的。如果我们知道某些库（或服务）大概率会发生迁移，就应该将这些库（或服务）的集成点隐藏到一个抽象层后面。这样，当切换实现的需求到来时，需要改动的点不会被传播到代码的很多地方，而是只改动我们封装的那个抽象层。

在开始使用新的库之前，我们要观察它如何影响我们的应用程序和架构。集成需要的侵入式代码越多，将来改变供应商就越难。在真实世界中，很难甚至不可能把所有的库（或服务）的集成点都隐藏到抽象层之后。锁定供应商后要想再换也会很难。但我们可以通过选择不需要跟应用程序紧耦合的库来让风险最小化。

9.5.4　软件许可证

在决定使用另一个库里的代码时，你需要看一下它的软件许可证。比如，假设你看中了一个具备 GNU 通用公共许可证的库，打算把它的一部分代码用在你自己的项目里，你就需要公开你项目的源码。对于那些不想暴露代码的内部项目来说，这是一个阻断器。选择软件许可证是很复杂的决策，出错后的代价可能很高。所以，如果你对此有疑问，我建议你咨询能够给你提供正确指引的法律部门。

9.5.5　库和框架

通常，当我们刚开始使用一个库时，对它进行抽象不需要付出很高的代价。比如，所有访问 HTTP 服务的库的调用可以被隐藏到我们的客户服务类里。接下来，应用程序和 HTTP 库之间的所有互动都可以通过这个服务类来进行，而不需要直接使用 HTTP 库。然而，我们要小心别把这个库里的任何东西泄漏出去，包括异常（如我们在第 3 章学到的）和配置（如我们在第 6 章学到的）。如果我们做了隐藏，将来切换实现就会比较简单。切换一个库不会需要很高的成本，我们也可以决定自己实现这部分逻辑并移除对这个库的依赖。

使用框架的情况就完全不同了。框架会给我们的应用程序的代码带来很大的影响。有些框架是侵入式的，需要我们在应用程序中使用它们的结构。只要看一下我们代码里引用的包就可以看到，引用的框架包越多，它们跟我们的应用程序的耦合就越紧。在我们的应用程序的生命周期里切换框架的难度要比切换库的难度高多了。基于这个事实，我们应该在选择框架的时候进行更仔细和彻底的调查（相比于选择库）。

9.5.6　安全和更新

我们要关注的最后也是最重要的方面是第三方库对我们软件安全的影响。我们知道所有的软件都会有 bug。这些 bug 不仅影响我们的应用程序的正确性和性能，也会影响它的整体安全性。所以我们要在部署应用程序的新版本之前进行安全性测试。我们的代码的自动安全扫描能找到一些问题，但别忘了我们使用的库也变成了我们的代码。

每一个第三方依赖都会升级并引入安全漏洞。当在某个第三方库里找到一个新的安全漏洞时，这个库的作者应该以最高优先级来处理它。通常它会在被发现后不久促使一个新的版本发布。一旦它被修复，我们就要尽快更新这个库。拖得越久，潜在的攻击者能够利用那个漏洞的时间就越长。

我们如何能够发现一个第三方依赖存在安全漏洞呢？我们可以去一些关注安全漏洞的网站搜索我们使用的库。这些网站包含很多产品和库在安全方面的更新。但是，手动搜索网站很烦琐也很费时间。幸运的是，我们可以进行自动安全检查，检索所有的第三方库并在发现问题时通知我们。有些工具甚至可以自动更新版本并向我们的代码库提交一个改动，比如通过 Git 提交一个拉取请求（pull request）。

库的安全更新是最重要的关注点，但我们也要兼顾一下其他类型的更新。如果有一个主版本升级，你可能需要检查它改动了哪些地方并考虑在将来进行升级。尤其是当旧版本的支持周期有限的时候。

如果库正确遵循了语义化版本控制规范，次版本升级就会比较简单，而且你可能会发现新的功能可以简化你自己的某些代码。另一个值得你注意的是新版本里修复了哪些 bug。有时你会意识到你的应用程序正在受到某个 bug 的影响，而你自己此前都没发现。

9.5.7 选择第三方库的检查列表

如果你需要使用第三方库的大多数功能（或者复制代码的方案不可行），下面的检查列表列出了本章提到的所有需要验证的内容。这个检查列表可以减少很多你的应用程序将来可能遇到的问题。

- 可配置性和默认配置——我们是否可以提供（并覆盖）所有的关键配置？
- 并发模型、可扩展性和性能——如果我们的应用程序是异步的，它是否也提供了一个异步 API？
- 分布式环境——它是否可以在一个分布式环境（多节点）下安全运行？
- 可靠性调查——我们选择的是框架还是库？如果是框架，我们需要进行更彻底的调查。
- 用单元测试和集成测试验证我们对库的假设——测试使用这个库的代码有多难？这个库是否提供了它自己的测试工具包？
- 依赖——这个库有哪些依赖？它是自包含且独立的程序包吗？还是它会下载很多外部依赖，影响到我们的应用程序的大小和复杂性？
- 版本控制——这个库遵循语义化版本控制规范吗？它的升级是向下兼容的吗？
- 可维护性——它现在流行吗？是否有人积极维护它？
- 集成——集成这个库需要写很多侵入式代码吗？如果我们锁定单一供应商，风险有多大？

- 软件许可证——这个第三方库的软件许可证是否允许你以自己的方式使用它？
- 安全和更新——它是否频繁更新它的下游组件来修复它的安全漏洞？

小结

- 我们使用的大多数库都需要一些配置。注意那些可能影响你的生产环境代码的默认配置。
- 基于惯例的配置可以简化原型和开发阶段，但会在生产环境流量下出现问题。
- 我们应该使用提供并发模型的第三方库，这让我们可以创建具有良好性能的应用程序。
- Java 中可以很容易地在同步环境中使用异步 API，用同步抽象层封装异步 API 的操作也很简单。而创建异步抽象层封装同步 API 则会给我们的应用程序增加复杂性。
- 如果我们想要在将来换成异步模式，选择同步库会限制我们的可扩展性
- 第三方库的可扩展性可能在单节点和多节点的分布式环境下有很大区别。我们应该在切换库的代价还不大的时候就及时验证我们对库的可扩展性模型的假设。
- 我们应该用测试验证我们对不属于我们的代码的假设。
- 第三方库的可测试性是必需的，这也表明了这个库的代码质量。
- 库自带的单元测试和集成测试工具包让我们可以更快、更简单地测试代码。
- 每一个第三方依赖都会带来自己的依赖。我们应该在引入这些代码前意识到它们并进行检查。
- 我们的应用程序的大小在容器环境和无服务器环境下很关键。应用程序越小，部署越快。
- 我们应该持续更新第三方库来修复这些库的所有 bug 以及安全和性能问题。我们选择的库应该使用语义化版本控制规范，它会简化更新流程。
- 语义化版本控制规范给我们提供了很多关于库的生命周期和开发活动的信息。如果主版本发生了变化，我们可以知道升级将不会是一件简单的事情。但如果只是次版本或修正版本发生了变化，升级就很简单。

第 10 章　分布式系统的一致性和原子性

本章内容

- ■　N个节点上的微服务和分布式数据库之间的数据流
- ■　将单节点上的应用程序进化成 N个节点上的分布式应用程序
- ■　应用程序中的原子性和一致性的区别

　　如果我们想要让应用程序能够在分布式环境中运行，那么我们在一开始设计它的时候就要考虑好这一点。如果我们的应用程序只部署在单节点上并只使用标准的主从架构的数据库，那么很容易保证应用程序的一致性。在这样的环境里，数据库事务就可以确保操作的原子性。然而，在现实生活中，我们的应用程序需要具备可扩展性和伸缩性。

　　考虑到数据的流量模型，我们会把应用程序部署到 N个节点上。一旦这样部署，我们就有可能注意到底层数据库存在的可扩展性问题。此时我们就需要把数据层迁移到分布式数据库上。最终的结果就是，处理输入流量的功能分布在 N个微服务上，同时，后端数据流量则分布在 M个数据库节点上。在这样的环境里工作，我们的代码就必须要用截然不同的方法来设计。本章关注的就是在分布式环境下，我们为了保证应用程序的一致性和原子性所需要做出的决策和变更。

　　让我们从一个多服务的简单架构开始，其每一个服务都部署在单节点上。我们会看到网络流量在这样的环境中有什么样的特点。接下来，我们会逐渐介绍更复杂的架构并看看我们对系统设计的假设是如何演化的。

10.1   数据源的至少一次传输语义

我们经常会把自己的应用程序部署在单节点上，且使用非分布式的标准 SQL 数据库。然而，即使服务的部署模型确实非常简单，没有考虑任何的可扩展性，我们也需要意识到它有可能（且大概率会）被应用到分布式环境中。理由是：如果我们的系统提供了一些业务功能，它大概率需要调用另一个服务。每次我们调用一个外部服务时，都会访问网络。这意味着我们的服务需要通过网络发出请求并等待响应。

10.1.1   单节点服务之间的网络访问

假设我们部署在单节点上的应用程序 A 需要访问一个邮件服务。当邮件服务收到请求时，它会发送一封邮件给终端用户。这时，我们就是在分布式环境下进行操作。

重要的是记住每个网络请求都有可能发生故障。该故障可能来自我们调用的服务的一个错误（见图 10.1）。

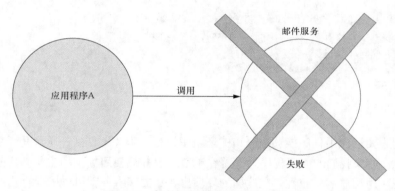

图 10.1   邮件服务故障导致请求失败

乍一看，这是一个简单的场景。然而从调用方（应用程序 A）的角度看，这并不容易理解。事实上应用程序 A 可能是一个电子商务服务、一个市场自动化服务、一个付费确认服务，或者任何其他服务。邮件服务的错误可能发生在它发送邮件之前或者之后。如果在发送邮件之前发生了错误，且邮件服务能够返回一个合理的响应（比如返回一个表示系统维护中的状态码），那么应用程序 A 可以知道邮件没有被发送。但如果应用程序 A 得到的是一个没有提供具体原因的通用错误响应，我们就无法得知邮件有没有被发送。

考虑到网络也有可能发生故障，这个情况就变得更复杂。有可能我们调用了邮件服务并成功发送了邮件，且邮件服务返回了一个表示一切正常的状态码。但请记住请求和响应都要经由网络发送，而每一次访问网络都有很多地方可能发生故障。比如，网络路径上的某个路由器、交换机或集线器可能崩溃。也可能发生网络分区阻碍（响应）包的传输的问题，如图 10.2 所示。

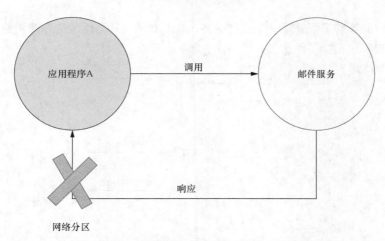

图 10.2 向应用程序 A 返回响应时发生了网络故障

如果网络发生故障，作为调用方的应用程序 A 无法得知操作的结果。它会观察到超时，表示对方的响应没能在给定的时间范围内抵达。此时，调用方就处于不一致的状态：它对系统状态的视图是不清楚的。邮件可能发送了，也可能没有。

10.1.2 应用程序重试请求

如果应用程序 A 没能收到一个表示成功的响应，可采取的解决方案之一是重试之前的请求。如果之前的故障是临时的网络分区导致的，重试请求大概率会成功。这时，应用程序对系统状态再次建立了（基本）清晰的视图。

然而，重试会使我们的系统架构出现问题。我们有可能需要重试不止一次。这时，邮件服务有可能发送好几封重复的邮件，如图 10.3 所示。比如，第一次请求失败了，重试也失败了，然后进行第二次重试。此时，那封邮件就有可能被发送了 3 次！这是因为我们不知道之前的请求是在邮件发送之前还是之后失败的。

让我们用图 10.3 解释整个处理过程。在处理过程的第一阶段，应用程序 A 通过某种协议向邮件服务发送一个调用请求。接下来，邮件服务成功发送邮件并向应用程序 A 返回一个响应。但是，在返回响应时遇到了网络分区。从应用程序 A 的角度而言，它观察到的是一个故障：应用程序 A 没有得到任何响应，最后由于超时而失败。此时应用程序 A 决定重试，并再次向邮件服务发送请求。从邮件服务的角度看，这个重试只是另一个需要处理的请求，所以它再次发送同样的邮件。此时，响应成功抵达应用程序 A，所以不会再有重试了。但是邮件被发送了两次。

在真实世界的系统架构中，我们可能需要集成多个外部服务。重试发送邮件可能算不上什么问题，虽然它有可能导致发送的邮件被放入客户的垃圾文件夹里。我们可能会遇到更严重的问题，比如我们的系统需要处理一笔支付交易。处理支付交易同样也是外部调用，而重试支付可能导致从用户账户里扣了两次（甚至多次）款。

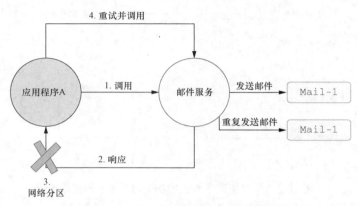

图 10.3　应用程序 A 重试请求导致发送重复的邮件

我们重试邮件服务的操作其实是在保证至少一次的传输语义。如果应用程序 A 不断重试直到操作成功，邮件会被发送一次或多次。有可能存在重复的传输，但绝对不会一次成功的传输都没有（除非整个邮件服务发生了致命故障）。我们会在第 11 章讨论每一种传输语义的细节。在本章，我们只需要知道，架构的传输语义是至少一次，而这会导致邮件服务在应用程序 A 重试请求时发送重复的邮件。

10.1.3　生成数据和幂等性

重试带有副作用的操作通常是不安全的。我们当前的架构就是这样的。但是我们如何判断重试操作是否安全呢？答案就是通过系统的幂等性特征。如果一个操作无论进行多少次都会得到同样的结果，那么我们就称这个操作是幂等的。

比如，从数据库获取信息是幂等的（假设底层数据在两次尝试之间没有发生改变）。所有的 get 操作，比如从 HTTP 端点获取数据，都应该是幂等的。如果我们的服务需要从另一个服务处获取数据，它有可能多次重试 get 操作。假设所有 get 操作的执行过程都不会修改任何状态，那么无论重试多少次 get 操作都是安全的。

删除一个给定 ID 的记录也是幂等的。无论它被执行多少次，得到的结果都是一样的。如果我们删除一个具有特定 ID 的记录并重试，这个操作是幂等的。假设记录在第一次操作时就被删除，后续的重试试图删除一个已删除的元素，则它什么也不会做。不管执行该操作多少次，结果都是一样的。

另外，生成数据通常是非幂等操作。发送邮件不是幂等的。当我们执行发送操作时，邮件通常会被发送出去。在 10.1.2 节介绍过，这是一个无法回滚的副作用。重试这样的操作会导致另一次发送，也就是说副作用会再次出现。

值得注意的是，一些生成操作可以是幂等的。如果我们适当地设计我们的业务实体，下面的操作可能是幂等的。例如，假设我们有一个购物车服务，它会将用户在某个电子商务网站上的产品状态作为事件发送。对购物车状态感兴趣的服务会消费这些事件。

在本节中，我们将以两种方式设计这些事件：一种是幂等的，另一种是非幂等的。最直接的方式是在用户每次将产品添加到购物车中时都发送包含该新增项目的事件。例如，如果用户将新书 A 添加到购物车，发送一个数量为 1 的事件。接下来，用户再次将同一本书添加到购物车中，我们会再次发送数量为 1 的事件，如图 10.4 所示。

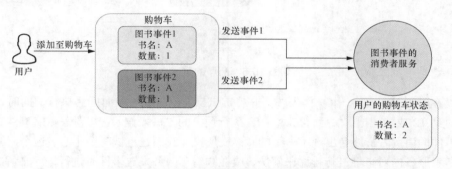

图 10.4 购物车为图书事件生成数据是非幂等的

图书事件的消费者服务基于收到的事件构建自己的购物车状态视图。这种基于事件的架构通常用于构建遵循命令查询职责分离（command query responsibility segregation，CQRS）模式的系统。它让我们可以独立扩展系统的写入部分（购物车服务）和读取部分（消费者服务）。在我们的场景中，来自购物车服务的事件被发送到某个队列，然后多个消费者服务都将各自消费这些事件。每个服务都可以构建自己的数据库模型并根据它的读取流量进行优化。此外，添加更多的读取服务不影响购物车服务的写入性能。

上面提到的商业模式的问题在于它不是幂等的。如果购物车服务需要重试发送任何购物车事件，都会有一个重复的状态传输到图书事件的消费者服务。因为消费者服务需要根据事件重新创建购物车状态视图，当重复事件发生时，它将增加购物车内商品的数量，结果数量为 3。此时视图是不一致且损坏的。很明显，这样的商业模式是非幂等的。我们该如何将其改造成幂等的呢？

当每次购物车发生变化时，购物车服务发送的事件可以包含整个购物车内容的完整视图，而不仅是增量。有了这种改进的架构，每次用户的购物车中添加新商品后，新的聚合事件将发送到外部服务。当用户第一次将图书 A 添加到购物车时，发送数量为 1 的事件。当用户第二次添加图书 A 时，发送的新事件将包含数量 2。于是，所有购物车事件的消费者服务都将获得购物车的完整视图。由于不需要重新创建本地视图，这些服务避免了在重试时视图可能会变得不一致的问题。购物车服务现在可以重试发送此类事件，而不会引入状态不一致的风险。

我们需要小心，在重试的情况下，购物车服务仍然可以发出重复的事件。因为我们传播的是完整的购物车状态，所以发送给消费者的最新事件会覆盖其购物车的旧状态。但在重试的场景下，事件的顺序可能会发生混淆，如图 10.5 所示。

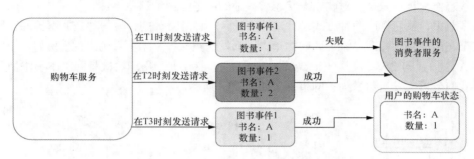

图 10.5　乱序的重试

假设在时刻 T1，第一个操作失败，并将重试操作安排在一段时间后执行。同时，第二个操作在时刻 T2 成功完成。然后，在时刻 T3 执行预定的重试操作，它将覆盖图书事件 2 传播的状态。事件的消费者最终会出现不一致的状态。所以，我们在重试时要小心。这个问题可以通过在消费者服务内对事件进行排序来解决，或在购物车服务发送事件时进行排序来解决。我们应该在重试时也保证时间顺序。

通常，我们不需要对事件进行全局排序：购物车由特定用户创建并拥有。每个用户都有唯一的 ID。因此，我们可以传播购物车所属用户的 user_id。有了这些信息，我们只需要对特定 ID 的事件进行排序。如果购物车事件依据 user_id 排序，事件的消费者就可以根据 user_id 重新创建购物车，而无须担心覆盖行为。我们可以说购物车数据根据 user_id 分区，且分区内保证了其顺序。广泛使用的队列框架（如 Apache Kafka 和 Pulsar）都会提供一种在分区内保证顺序的方法。

传播视图的完整状态也有一些缺点。如果状态数据变大，每次发送事件时，我们都需要通过网络传输更多数据。这也意味着序列化和反序列化逻辑将执行更多工作。然而，在实际系统中，业务模型的幂等性通常证明这些权衡是合理的。

从这个例子中我们可以看出，使非 get 操作具有幂等性是复杂的、脆弱的，有时甚至是不可能的。当在类似 CQRS 这样具有许多组件的分布式架构中运行时，问题会成倍增加。

10.1.4　理解 CQRS

为了更深入地理解 CQRS，假设我们需要构建两个服务来消费用户的购物车数据。现有的购物车服务负责将用户的事件写入一个持久队列。这是 CQRS 架构的命令写入模型 (C)。另外，我们可以有 N 个服务（在将来某个时候）异步消费用户的事件。假设我们有两个服务：一个用户画像服务和一个关系分析服务，如图 10.6 所示。

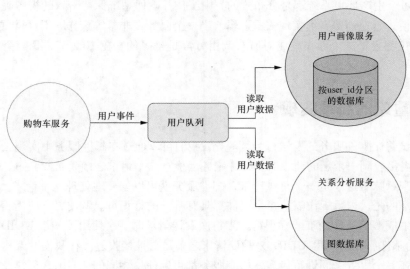

图 10.6 两个读取模型一起使用 CQRS

　　用户画像服务需要优化其读取模型，通过 `user_id` 更快地获得数据。我们可以选择一些分布式数据库并使用 `user_id` 作为分区键。然后，用户画像的客户就可以使用这个针对读取优化的数据模型，通过 `user_id` 来进行查询。关系分析服务针对完全不同的业务场景进行优化。它也会读取用户的数据，但它的读取模型针对离线分析做了另一种优化，允许各种查询模式以批处理的方式进行。它可以将这些事件保存到分布式文件系统，比如 HDFS。用户画像服务和关系分析服务是 CQRS 架构的查询（Q）部分。

　　这种架构有一些重要的优点。数据的生产者和消费者互相解耦。产生事件的服务不需要猜测其数据所有可能的用途，只需要将事件保存在针对写优化的数据存储里。消费者的责任是获取数据并将其转换为针对特定业务场景优化的数据库模型。消费者服务的开发团队可以独立工作，基于可读取的数据创造商业价值。使用 CQRS 时，数据是一等"公民"。消费者服务可以从各种不同的数据源消费并使用数据。

　　不过，这种架构也有很多缺点。数据将被复制到 N 个地方。我们需要的读取模型服务越多，重复的数据就越多。此外，这种架构需要大量的数据移动。写入模型的服务（用于保存原始数据）和读取模型的服务都会发送很多请求。这些请求中的任何一个都可能失败，因此前面讨论的所有问题（例如重试、至少一次的传输语义、网络分区和幂等性操作）都将影响系统的状态。事实上，这些问题会更显而易见：我们拥有的服务越多，出错的概率就越大。如果我们不防范这种情况，读取模型的服务就可能会出现不一致的状态。向两个服务之一发送一个非幂等的重复数据就可能使整个系统的状态分叉。

　　我们如何设计一个可容错系统（意味着它会重试失败的操作），让它能在分布式环境（实际上，几乎每个生产环境系统都是分布式的）中工作并确保系统保持一致的视图呢？一个经过充分验证的模式是在消费者上实现去重逻辑。当一个服务在非幂等操作（不可重试）上实现了去重逻辑，它就会将这个操作改成对所有调用方都是幂等的。在 10.2 节，我们会实现一个去重库。

10.2　去重库的简单实现

　　我们会试着让邮件服务的发送行为幂等化。我们可以通过在邮件服务中实现去重逻辑来做到这一点。当接收到一个新的请求时，邮件服务会检查这个请求之前是否收到过。如果从来没有收到过，则意味着这不是一个重试请求，邮件服务就可以安全地处理这个请求。

　　需要注意的是，去重工作需要每个事件都具有唯一的标识符。调用方（应用程序 A）将为每一个请求生成 UUID 作为唯一标识符，当再次发送请求时，会使用同一个 UUID。接收请求（或事件）的邮件服务可以用 UUID 来验证请求之前是否被接收过。在我们的架构中，如果一个请求可以在多个服务之间进行传递，所有服务都可以使用相同的 UUID。通常，UUID 是在生产者端（用于执行请求或事件的第一个服务）生成的，沿途所有服务都可以用它来进行去重。

　　UUID 是否被处理过的信息必须被持久化，所以 UUID 需要被保存在持久性数据库中。数据库是系统需要使用的一个新组件。你的服务很可能已经使用了某种数据库，所以添加一个用于去重的表可能很简单。图 10.7 显示了邮件服务的去重逻辑。

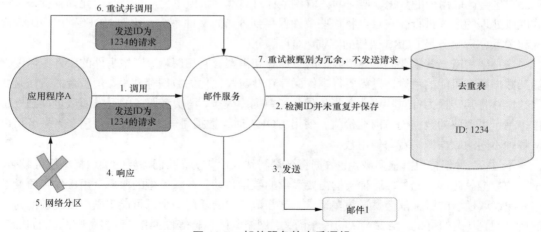

图 10.7　邮件服务的去重逻辑

　　让我们考虑之前那个导致邮件重复的情况。图 10.7 中发送的第一个请求的 ID 为 1234（在现实生活中，它将是一个 UUID）。当接收到请求后，邮件服务首先查询数据库，检查之前是否已经处理过这个 ID 对应的请求。如果没有处理过，它会将对应记录添加到数据库中。然后，它继续处理并向最终用户发送邮件。接下来，邮件服务返回响应（在步骤 4）通知应用程序 A，数据已被正确处理，但是，发生了网络分区（在步骤 5）。

应用程序 A 不知道邮件是否已发送，因此它会用相同 ID 重试发送请求。当重试请求到达邮件服务时，它会检查该请求是否重复。如果之前已经处理过这个请求，则不会再次处理。

该解决方案看起来很健壮，但它有一个问题。如果邮件服务在保存了 ID 信息之后、发送邮件之前发生了某种失败怎么办？现在让我们考虑一下这种情况，如图 10.8 所示。

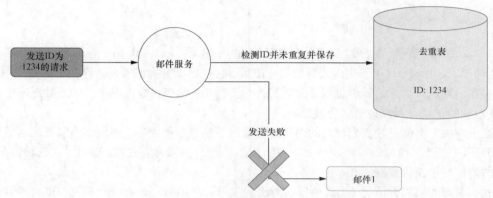

图 10.8　发送邮件时发生部分失败

如果去重服务在发送请求之前检查并保存事件的 ID，我们就会面临部分失败的风险。因为有可能在请求被标记为已处理之后，邮件发送失败。失败的响应将返回给应用程序。如我们所预料的那样，应用程序会用同一个请求 ID 重试。但是，此时邮件服务已将该 ID 标记为已处理，所以不会处理这个重试的请求，邮件也不会被发送。解决这个问题最直接的方法之一是将去重服务拆分为两个阶段，并将发送邮件的操作插入这两个阶段之间，图 10.9 显示了这个过程。

新方法将尝试从数据库中获取给定 ID 的记录。如果 ID 不存在，它就应该执行调用方提供的任何操作。在我们的场景里，这个操作就是发

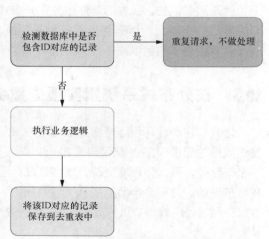

图 10.9　去重服务及发送邮件的 3 个阶段

送邮件。如果发送操作成功完成（没有返回异常），插入一条带有该请求 ID 的新记录。代码清单 10.1 显示了其逻辑。

代码清单 10.1　实现一个简单的去重服务

```java
public class NaiveDeduplicationService {

  private final DbClient dbClient = new DbClient();

  public void executeIfNotDuplicate(String id, Runnable action) {
    boolean present = dbClient.find(id);
    if (!present) {
      action.run();
      dbClient.save(id);
    }
  }
}
```

DbClient 负责与后端数据库交互。输入参数 Runnable 至邮件发送程序。dbClient.find(id)用于完成去重的第一阶段。它将尝试查找记录是否存在于数据库中。如果不存在，则执行实际的处理过程。最后将一个新的 ID 保存到数据库中。如果数据库中存在该 ID 对应的记录，对应请求就会被忽略。

这个解决方案似乎在我们讨论的两种故障情况下都表现得很好。如果邮件发送成功后出现网络分区，(在调用 dbClient.save()方法后)请求 ID 就被保存在数据库里。在这种情况下，重试的请求将被视为重复。

我们考虑的第二种情况（当邮件发送时出现故障）中 Runnable 运行失败。这将导致请求 ID 没有被保存到数据库中。重试时，请求就会被正确地重新处理，因为请求 ID 未保存。

但是需要记住，我们的邮件服务在分布式环境下运行。由于这个环境是并发的，我们所讨论的解决方案不会为所有场景都提供幂等性。让我们考虑一下为什么该解决方案不是原子性的，以及我们该如何以原子性的方式解决这个问题。

10.3　在分布式系统里实现去重会遇到的常见错误

让我们在两种环境下考虑 10.2 节的去重服务的简单实现。第一种环境假设邮件服务和向它发送数据的应用程序 A 都仅部署在一个节点上。第二种环境增加了复杂性：邮件服务被部署到多个节点上。第二种环境更符合现实情况，因为这是微服务架构中服务的部署方式，是可容错和可扩展的。拥有多个节点提升了容错能力，因为一旦某个节点发生故障，另一个（或多个）节点将开始处理故障节点的流量。我们将分析第二种环境会如何影响去重逻辑的一致性。

10.3.1　单节点环境

让我们看看去重逻辑如何在单节点应用程序 A 和单节点邮件服务的环境下运行。它们都仅部署在一个节点上，如图 10.10 所示。

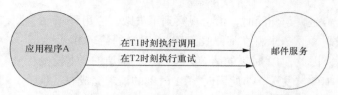

图 10.10　应用程序 A 和邮件服务都是单节点部署

让我们分析在给定 ID 情况下的重试。应用程序 A 在 T1 时刻执行第一个调用。我们假设它失败了，在 T2 时刻执行的重试也失败了。另外我们还假设用之前提到的三段式逻辑。

- 阶段 1——在数据库查询请求 ID。
- 阶段 2——如果请求 ID 不存在，执行邮件服务逻辑。
- 阶段 3——将请求 ID 保存在数据库。

简单起见，我们只考虑在阶段 2 发生的故障，但是在真实世界的应用里，任何阶段都可能发生故障，这使得故障处理起来更加棘手和难以分析。我们侧重于分析该组件的主要功能：防止重复发送邮件。

如果 T1 时刻的请求在阶段 2 失败，则将响应返回给调用服务的应用程序 A。因为请求在阶段 2 失败，所以阶段 3 的操作没有执行。T2 时刻的重试会被执行，邮件发送成功。即使 `executeIfNotDuplicate()` 方法不具有原子性，在这种情况下也不会进行重复的发送，如代码清单 10.2 所示。

代码清单 10.2　阻塞式邮件发送

```
public void executeIfNotDuplicate(String id, Runnable action) {
  boolean present = dbClient.find(id);
  if (!present) {
    action.run();              发送操作会
    dbClient.save(id);         阻塞 N 秒
  }
}
```

让我们考虑一下如果邮件发送操作执行了很长时间会发生什么。在以上代码里，邮件发送操作是阻塞式的，它涉及另一个远程调用（发送一封实际的邮件）。这个调用会阻塞代码的运行。它也可能在等待响应时由于网络分区而失败，这跟 10.1.2 节介绍的情况一模一样，只是它用在了邮件的外部网络调用上。

从第 9 章我们知道，每个网络请求都应该配置一个合理的超时来防止线程和资源的阻塞。让我们假设应用程序 A 将超时设置为 10 s，但邮件服务的发送操作阻塞的时间是它的两倍（20 s）。在这种情况下，T1 时刻的请求会在 10 s 后失败。但是，这并不意味着邮件发送失败。它可能会在下一个 10 s 后成功执行。图 10.11 显示了上述情况。

两个请求会产生交错。从应用程序 A 的角度来看，T1 时刻的请求（因为超时）失败了。但这只是因为发送邮件的操作阻塞了 20 s，且后面它还成功了。之后，去重逻辑会将请求 ID

保存在数据库中。但是，与此同时，由于观察到了失败，应用程序 A 在 T2 时刻执行重试。重试请求将在邮件服务将 T1 时刻的请求 ID 保存为已处理之前到达。因此，T2 时刻的请求会被当成一个新的、非重复的请求。这会导致邮件被发送。与此同时，T1 时刻的请求完成并且也导致邮件被发送。由于邮件被重复发送，非原子性的去重服务在系统中导致了不一致。

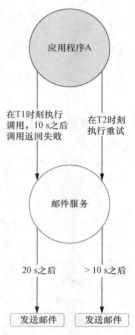

图 10.11　单节点环境下的重复发送邮件

这只是单节点环境下可能导致重复发送邮件的场景之一。然而，在设计一个健壮组件时，即使只有一个场景会导致需求不满足，我们也应该考虑改变设计。在改变设计之前，我们先在多节点环境下分析同样的场景。

10.3.2　多节点环境

让我们看看，当邮件服务被部署到多节点环境时，去重逻辑的一致性和正确性。将服务部署到更多的物理机（节点）以提高其整体性能和容错能力是很常见的操作。

当我们在多个节点上部署邮件服务时，它的 API 通过负载均衡器暴露出来。通过负载均衡器的 IP 地址可以访问邮件服务的每一个实例。我们假设这能提供动态可扩展性，意味着可以基于流量动态添加或删除新的邮件服务实例。因此，邮件服务各个实例的 IP 地址对于应用程序 A 是隐藏的。应用程序 A 的请求被发送到负载均衡服务。负载均衡服务捕获请求并将其重定向到后端的某个邮件服务实例。

负载均衡的实际实现是从应用程序 A 中抽象出来的。当新的邮件服务被部署时，它会将自己注册到负载均衡服务上。此后，负载均衡服务就会将流量转发到新添加的节点上。图 10.12 说明了负载均衡器在多节点环境中的作用。

在这个场景下，邮件服务必须是无状态的；对于接收到的任何请求，它都应该能够处理。所有需要的状态，包括保存已处理请求的表，都保存在单独的数据库中。为了简化分析，我们假设数据库不是分布式的，并将其所有状态保存在一个节点（它可以是主从架构的）上。然而在真实世界的应用中，可扩展（通过添加或删除节点来实现）的应用程序一般使用分布式数据库，所以请求的 ID 数据会被分区到 N 个节点上。这也使得数据层可以通过添加或删除节点来水平扩展。这两种（分布式和非分布式）数据库类型，我们后面都会讨论。

假设负载均衡器组件在转发请求时只是通过简单的循环来选取后端的邮件服务实例。第一个请求被转发到邮件服务实例 1，第二个请求被转发到邮件服务实例 2，以此类推。注意，负载均衡算法广泛使用循环策略，因为它很容易实现也很容易理解。它在很多业务场景下，往往也表现良好。此外还有其他的负载均衡算法，例如考虑节点延迟的算法。其中使用最广泛的一种算法是随机二选一算法。不过，负载均衡服务使用的具体算法不影响我们的分析。

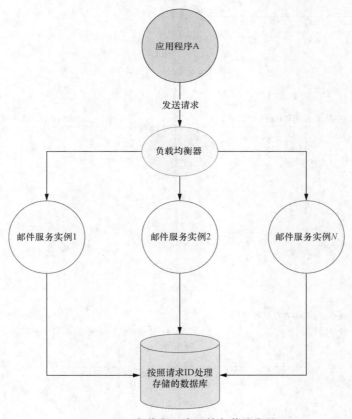

图 10.12   多节点环境下的负载均衡器

但是，我们当前的去重逻辑在这种环境下无法正常工作。让我们考虑应用程序 A 在多节点环境下进行重试的场景，如图 10.13 所示。

在步骤 1，应用程序 A 发送请求，要求发送邮件。请求经过负载均衡器，并在步骤 2 转发到后端邮件服务实例 1。在步骤 3，邮件服务检查请求 ID 是否已保存在数据库中。若不在，它继续处理。但是，这会导致步骤 4 返回应用程序 A 的响应超时。应用程序 A 在步骤 5 发起重试请求，这个重试请求在步骤 6 被转发到邮件服务实例 2。邮件服务在步骤 7 检查请求 ID 是否已处理，如果发现它没有被处理，便会继续发送请求。同时，邮件服务实例 1 完成邮件发送，并在步骤 8 将请求 ID 保存到数据库。然后，邮件服务实例 2 在步骤 9 完成操作并将请求 ID 保存到数据库，覆盖邮件服务实例 1 的保存操作。这也意味着当我们的去重逻辑开始工作后，两个邮件服务实例都没有观察到重复，但结果却是邮件被重复发送。

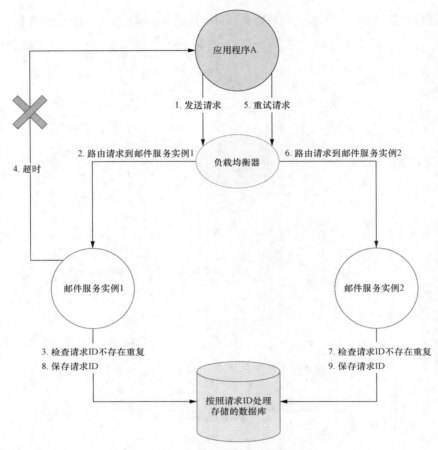

图 10.13 多节点环境下重试请求

在现实生活中，情况可能会更复杂。应用程序 A 基于某种逻辑触发邮件发送。而这个逻辑可能是由另一个服务的外部调用触发的。这在微服务架构中（尤其是基于事件的微服务架构中）并不少见。业务流可能会跨越多个服务。另外，假设我们的应用程序是无状态的，应用程序 A 也可能收到重复的请求。因此，非原子性去重逻辑可能会导致更多的重复邮件。可能存在的大量重复会严重影响系统的一致性视图。分析到这里，我们已经可以清楚地看到去重逻辑需要改进。接下来让我们看看如何使其在单节点和多节点环境下具有原子性。

10.4 用原子性的逻辑避免竞争条件

回顾一下我们现在的去重逻辑，它分为 3 个阶段。

- 阶段 1——在数据库查询请求 ID。

- 阶段 2——如果请求 ID 不存在，执行邮件服务逻辑。
- 阶段 3——将请求 ID 保存在数据库。

值得注意的是，无论我们的逻辑是否有阶段 2，前面讨论的所有故障场景都会破坏系统的一致性。让我们简化一下示例，假设我们的去重逻辑只有阶段 1 和阶段 3。去重逻辑现在如下所示。

- 阶段 1——在数据库查询请求 ID。
- 阶段 2——将请求 ID 保存在数据库。

现在，发送重复邮件的可能性依然存在，因为在数据库中查询和保存数据的操作也可能由于在分布式环境下执行远程调用而失败。就算这些操作执行成功了，响应也可能被网络分区阻断。

之前讨论的应用程序 A 遇到的所有故障也都可能在数据库调用时发生。例如，在阶段 3 保存请求 ID 时，可能会抛出一个表示超时的异常。众所周知，超时不会给调用方提供很多信息。可能发生的一种情况是客户端超时了，但服务端的操作仍在执行。从应用程序 A 的角度来看，这意味着操作失败，应向应用程序返回错误信息。重试可能发生在请求 ID 被邮件服务实例 1 插入表之前。因此，请求将被转发到邮件服务实例 2。这个情况与 10.3 节讨论的情况几乎相同。图 10.14 显示了这会如何产生一个竞争条件。

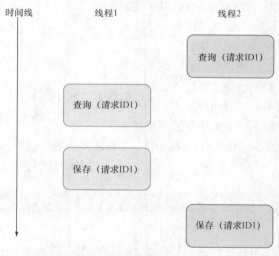

图 10.14　两个线程同时查询和保存会产生竞争条件

查询和保存操作会发生交错，导致系统不一致。例如，一个线程（或节点）可能在另一个线程（或节点）执行查询操作后执行同样的操作。执行查询操作可能需要任意时间。所以我们不能对此做任何强假设。两次查询调用都会返回 false，于是逻辑继续，最后，保存也会被调用两次。这就是我们的去重逻辑没能正常工作的原因。

　　为了实现去重逻辑的原子性,我们需要将阶段的数量减少到 1。我们还需要在一个操作里检查给定的请求是否重复并保存请求的 ID。这应该是一个没有任何中间步骤的外部调用。每次当我们查询一个值、执行一些操作、并保存另一个值时,都有可能出现竞争条件。

　　这在多线程环境中是不可避免的。我们可以把所有对去重组件的调用以同步的方式实现,但这意味着该组件的并发度等于 1。换句话说,一次只能处理一个请求。真实世界的应用程序每秒需要处理 N 个请求,这样的解决方案是不可用的。系统需要处理的请求越多,线程的数量就越多,线程之间的争抢也就越激烈。这增加了中间出现故障的可能性,可能让我们的去重逻辑发生不一致。

　　幸运的是,大多数横向扩展架构使用的分布式数据库都暴露了一种方法,让我们的任务可以通过一个原子性的操作执行。(标准的 SQL 数据库也允许我们执行原子性操作。)

　　我们需要执行一个保存操作,仅当新记录不存在时才插入它。此外,它需要返回一个布尔值,表示插入是否成功。这样的操作为我们提供了实现健壮的去重逻辑所需的所有信息。这个操作被称为 upsert;保存操作仅当值不存在时才会插入该值,并返回结果。图 10.15 说明了这个操作。你需要查看自己选择的数据库是否提供了这样的方法。upsert 操作应该是原子性的,这意味着数据库应该将其作为单个操作执行。

　　因为 upsert 操作是原子性的,所以两个交错的操作之间不会产生竞争条件。所有逻辑都在数据库端执行,只有结果被返回给调用方。

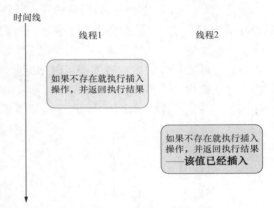

图 10.15　原子性操作 upsert 仅当值不存在时才插入该值并返回结果

　　现在让我们看看使用 upsert 操作的去重服务该如何实现。重要的是,DbClient 将提供一个方法允许我们进行 upsert 操作,如代码清单 10.3 所示。

代码清单 10.3　去重用到的 `upsert` 操作

```
public boolean findAndInsertIfNeeded(String id);
```

　　我们需要确保自己使用的方法是原子性的。它应该尝试插入一个给定 ID。如果该 ID 已存在于数据库中则返回 false。如果(upsert 操作)执行了插入,则返回 true。代码清单 10.4 显示的新的 isDuplicate()方法会根据给定 ID 是否重复返回 true 或 false。

代码清单 10.4　实现原子性去重逻辑

```
@Override
public boolean isDuplicate(String id) {
```

```
boolean wasInserted = dbClient.findAndInsertIfNeeded(id);
if (wasInserted) {
  return false;
} else {
  return true;
}
}
```

如果 findAndInsertIfNeeded() 返回 true，表示给定 ID 已插入数据库。这意味着在此之前数据库里没有这个 ID。重要的是这个方法会将给定的 ID 插入数据库。我们不需要像之前那样执行阶段 2。如果 findAndInsertIfNeeded() 方法返回 false，说明给定的 ID 是重复的。这也意味着 upsert 操作没有插入一个新的 ID，因为该 ID 已经存在。

我们的逻辑现在是原子性的，因此不容易出现竞争条件。我们需要注意，原子性的 upsert 操作不允许我们在阶段之间执行自定义行为。然而，我们发现这种方法是错误的。现在，去重逻辑只负责查找重复项。它不会尝试以端到端的方式确保请求成功。新的去重逻辑仅有一个功能，且它以原子性和正确的方式执行。

如果在邮件服务中使用新的去重组件，而没有其他机制检查发送邮件的正确性，我们就可能无法发送邮件。让我们考虑下面这个情况，当请求到达邮件系统时，去重逻辑将请求标记为已处理。如果之后的邮件发送过程出现故障，则应用程序重试的请求将不会生效，因为该请求已被标记为已处理。

另外，如果在成功处理后才进行标记，那这个机制并不能防止重复发送邮件。因此，我们应该在系统入口处使用原子性去重逻辑。并且，我们应该将它与其他验证系统正确性的机制一起使用，例如事务日志或在发生故障时回滚（删除）已处理的 ID。所有技术都有其复杂性和权衡，应单独分析。

本章的示例演示了在分布式系统中执行操作并推理其过程是具有挑战性和复杂性的。如果你可以将处理过程设计为幂等的，你的系统将具有更高的容错性和健壮性。然而，并不是每个处理服务都可以是幂等的，我们需要设计一种机制来保护我们的系统不会重试不该重试的操作。如果你不想设计复杂的去重逻辑，那么从你的应用程序的角度来看，每次请求失败都是致命的，因为无法重试。只有系统管理员的手动操作才能协调数据，如果你想要让自己的系统具有容错性和可靠性，这不是理想的做法。

基于这个原因，我们可能实现一些机制，例如重试和去重，来解决这些问题。但是，我们需要小心，因为在分布式系统中实现这样的机制可能会产生与我们的预期不同的行为。实现一个具备伪一致性的系统是危险的。在执行重复交易时，我们可能会面临引入难以调试的 bug 和亏损金钱的风险。出于这些原因，我们应该在正确的传输语义下分析所有输入和输出的流量。我们将在第 11 章深入研究应用程序之间的传输语义和数据流。

小结

- 如果你的应用程序执行任何网络调用，那么它就是在分布式系统的环境下运行的。请记住，每个网络调用都可能失败。
- 每个外部调用都可能出于各种原因而失败，例如网络故障或目标应用程序故障，但我们可以对这些故障进行分析和推理。
- 重试机制允许我们设计可容错的应用程序。
- 幂等性操作让我们可以重试操作而不用担心重复数据。
- 我们可以将业务领域设计成对幂等性操作更加友好的。幂等性操作越多，我们的系统的自动化程度和容错性越高。
- 除了幂等性，我们还需要注意请求的顺序。我们可以分析幂等性对应用程序的重试策略的影响。
- 实现在分布式环境下运行的逻辑（例如去重逻辑）时，我们需要仔细分析边缘情况和故障场景。
- 如果一个本该是原子性的操作过程被拆分为 N 个阶段，那要让我们的系统具备原子性就变得很复杂，甚至不可能。我们可以用正确的数据库操作将非原子性解决方案改造成原子性解决方案。
- 如果将一个本该一致的操作拆分为 N 个远程调用，我们的系统就有可能失去一致性。
- 所有系统都应有一些保证原子性和一致性的功能给我们的代码使用。如果和这些系统交互时需要进行外部调用，那么这些调用中的每一个都可能失败。
- 如果我们使用的系统被设计成可以在分布式环境下工作，我们想要解决的问题很可能更容易解决。例如，很多乍一看可能难以实现的原子性操作，可以使用 upsert 操作来实现。这提高了我们的系统的一致性。

第11章 分布式系统的传输语义

本章内容
- 数据密集型应用程序的发布–订阅模式和生产者–消费者模式
- 传输保证及其对弹性和容错性的影响
- 用传输语义构建容错系统

我们从第 10 章相对简单的系统架构中学到了容错、重试以及操作的幂等性。在现实中，系统包含各种组件，用来负责业务模块的不同部分以及底层架构。比如，我们可以用一个服务负责收集指标，另一个服务负责收集日志，等等。除此之外，我们需要各种应用程序提供基本的业务逻辑，这可以是一个付款模块或者一个负责持久化的数据库。在这样的架构中，服务需要互相连接来交换信息。

系统的组件越多，可能的故障点就越多。每一个网络请求都可能出错，而我们则需要决定某个操作出错后是否需要重试。如果想要创建一个可容错的架构，就需要将错误处理纳入系统。那么每个组件就需要在产生数据时提供精准的传输语义。另外，数据也应该按照期望的传输语义被消费。

我们将在本章学习如何构建这样的架构，让我们可以创建松耦合的容错系统。我们用事件驱动来形容这样的架构，会使用 Apache Kafka 作为系统的主要组件。在练习过程中学习如下的传输语义：至多一次、（最终）恰好一次，以及至少一次。最后我们会将容错纳入系统，使系统提供期望的传输保证。先让我们从一个数据密集型应用程序的事件驱动架构及其优缺点开始学习。

11.1　事件驱动应用程序的架构

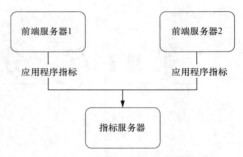

图 11.1　两个前端服务器发送数据
给一个后端服务器

为什么要实现一个事件驱动的系统架构呢？让我们从一个简单设计开始，看它在紧耦合以及容错的情况下会如何演化。然后我们会看到将它重构成事件驱动后可以如何改进这个系统。

假设我们有两个前端服务。可以认为它们是运行在不同节点上的独立微服务。它们都会产生应用程序指标并将其发送给一个指标服务器用来持久化指标数据。图 11.1 展示了这个场景。

这也意味着前端服务 1 和前端服务 2 会跟指标服务器建立连接。这是一个标准的请求-响应过程。前端服务（可能通过 HTTP 或者别的协议）发送请求，等待响应并结束。在现实中，发送指标可能是一个较为繁重的任务，所以每个前端服务都会需要一个线程池来发送这些请求。

从指标服务的角度来看，它需要保持的连接数是前端服务的两倍。当指标服务故障时，两个前端服务都无法发送数据。这意味着指标服务的故障会影响到它的所有客户端。这样的容错能力可不理想，因为指标服务变成了一个单点故障。

在现实中，情况会变得更加复杂。我们可能会有 N 个不同的指标服务，用于不同的场景。比如，可能有一个指标服务用来提供 UI 仪表盘，另一个指标服务在后台对指标进行分析。某些关键的指标可能会被发送给第三个指标服务用来呼叫人工干预。

另外，我们的架构需要监控的服务数量可能会增长。除了前端服务以外，数据库可能也需要监控。如果我们的业务给用户提供了价值，可能需要处理用户的支付和账户信息。所有服务都需要发送指标数据，如图 11.2 所示。

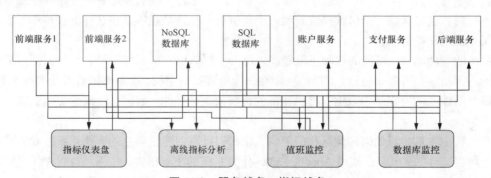

图 11.2　服务越多，指标越多

在现有架构中，这样的情况会导致服务间连接数的"爆炸"。每一个产生指标的服务都需要发送数据给 N 个指标服务。任何一个指标服务故障都会导致所有产生指标的服务一起故障。

每一个连接都是直接连接，我们的系统是紧耦合的。如果我们的服务需要通过一个不可靠的媒介（网络）以同步方式发送数据，就会很难保证符合 SLA。幸运的是，事件驱动架构提供了解耦合容错能力，可以解决这些问题。

在本节，我们将在数据的生产者和消费者之间引入一个新的组件以提供一个间接层来改进架构。我们可以称它为发布-订阅（pub-sub）系统或事件队列。发布-订阅系统是生产者和消费者之间唯一的集成点。

举例来说，如果一个服务需要发送一个指标，它不再需要将指标直接发送给目标服务。假设它需要发送的目标服务包括指标仪表盘、离线指标分析以及值班监控服务，如图 11.3 所示。

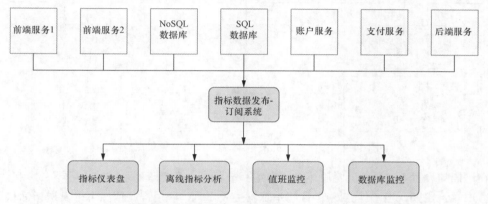

图 11.3   事件驱动架构在生产者和消费者之间加入了一个间接层

在之前的架构里，前端服务需要连接 3 个不同的指标服务（指标仪表盘、离线指标分析和值班监控）。其中任何一个服务发生的故障都会传播给这个前端服务。现在，前端服务只需要连接一个队列组件：发布-订阅系统。所有对前端服务产生的指标感兴趣的消费者都可以订阅发往队列（发布-订阅系统）的事件。一旦某个事件被发送，所有的消费者都会收到这个事件。

值得注意的是我们的架构从同步迁移到了异步；生产者和消费者之间没有直接连接，任何指标服务发生故障，前端（生产者）应用程序都不会受到影响。事件仍然会被发送给队列。队列会将事件保持一段有限的时间（或无限的时间），并在指标服务重新上线后继续发送给它。

使用这样的机制，我们就能给系统加入容错能力。但是要实现这样的机制，需要能够正确理解传输语义，并在生产者端和消费者端都实现这样的逻辑。我们会在本章后面学习如何实现。现在，某些读者可能已经注意到当前的架构有一个新的问题。队列组件成为系统的单点故障。一旦它有了故障，系统就无法工作了。

幸运的是，像 Apache Kafka 或 Pulsar 这样的队列系统都是经过生产环境验证的，都提供了极高的 SLA 和可用性。事实上，我们可以基于业务场景提升这些系统的可用性和一致性。可用性可以通过增加服务（Kafka broker）数量以及主题的复制因子来提升。broker 越多，我们能够容忍的错误就越多。如果你的数据被复制到了 N（大于 1）个 broker 上，一个 Kafka 服务发生故障，系统依然可用。这是因为其他 broker 会在第一个 broker 故障时开始处理流量。

　　另一个可以提升系统的容错性、可用性和提供松耦合的方案是部署并维护多个独立的事件队列。在这样的设置下，我们可以有一个独立的队列负责指标，另一个队列负责日志，还有一个负责收集应用程序的事件等，如图 11.4 所示。

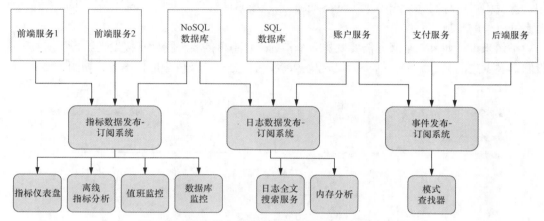

图 11.4　多个独立的发布-订阅系统可避免单点故障

　　在这样的设置下，系统通常就不会再有单点故障了。某个队列系统的故障不会影响其他系统的客户端。比如，当事件的发布-订阅系统发生故障时，应用程序依然可以发送指标和日志，因为每个发布-订阅系统都是独立部署的。如果指标的收集对我们的架构很关键，就可以调整系统设置，单独提高它的可用性。我们可以在基础架构上投入更多的钱，部署更多的服务并将数据复制到更多的地方。另外，如果我们觉得事件的收集并不是关键的，可以降低它的成本并允许数据丢失。（我们在事件的发布-订阅系统上的开销会减小，但是需要忍受一些数据丢失。）通过将队列功能拆分成 N 个独立系统，我们就可以获得双赢——低耦合度的异步容错系统且没有单点故障。

　　当事件的发布-订阅系统发生故障时，生产者可能决定将一些发送的事件缓存一段时间（也可以不缓存）。这种行为被称为断路。此时我们的架构依然是可用的。在我们开始了解事件驱动架构的传输语义之前，让我们先了解 Apache Kafka 的一些基本概念。

11.2　基于 Apache Kafka 的生产者和消费者应用程序

　　在我们开始分析生产者和消费者的传输保证之前，让我们先来了解 Apache Kafka 架构的基本概念。生产者和消费者使用的主要结构被称为主题。主题是一个分布式、只追加的数据结构。主题通过分区获得分布能力。一个主题可以被分割成 N 个分区；分区越多，它的分布式处理进程就越多。假设我们有一个名为 topicName 的主题，它有 4 个分区（见图 11.5）。分区编号从 0 开始递增。

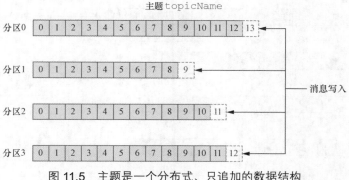

图 11.5　主题是一个分布式、只追加的数据结构

　　每个分区都有它自己的偏移量用于在只追加结构中精确指定一条记录。当生产者向主题发送一条新的记录时，它需要先计算这条记录应该被发送给哪个分区。每一条记录都包含一个键值对。

　　键决定了记录的分区。比如，它可以只包含 user_id。那么 Kafka 会根据 user_id 分区，确保同一个用户的所有事件都被发送到同一个分区里。只有这样，用户事件的顺序才会得到保留。实际的发布-订阅系统中会存在很多主题。一个主题处理账户数据，另一个主题处理支付数据，等等。

　　生产者发出的事件会被追加到某个分区的末尾。比如，要是分区算法决定某个事件应该被发送到分区 0，它就会被追加到该分区的末尾。新记录的偏移量是 13。注意这里我们可能会遇到分区倾斜的状况，也就是有一个分区处理了太多的数据。这意味着我们使用的分区键太狭窄了。我们可以向 Kafka 键添加额外的数据来提升分区的分布性。

11.2.1　Kafka 消费者

　　Kafka 解耦合生产者和消费者，它以异步方式进行数据的消费。消费者是一个从 Kafka 主题读取数据的进程。你可能还记得，主题是有分区的。因此，消费者需要知道主题所有的分区。我们可以只用一个消费者从所有的分区读取数据。不过在现实中，我们的应用程序会具有更高的并发性。

　　现在假设我们有一个 4 个分区的主题。我们让一个应用程序从这 4 个分区中获取数据。在这样的条件下，我们可以根据性能需要最多部署 4 个消费者。每个消费者都从一个分区中获取数据。如果我们的消费者数量超过了分区数，多余的消费者就会被闲置。这是因为每个主题分区都已经被分配给了一个消费者。

　　让我们假设一个更加复杂的情况。我们的主题还是有 4 个分区，但我们不需要 4 个消费者（见图 11.6）。在经过了性能测试后，我们发现 3 个消费者就足以处理带宽了。

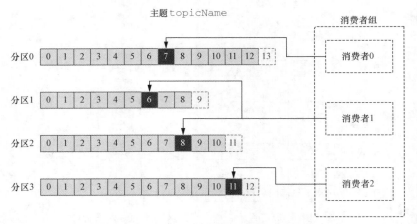

图 11.6   分配具有多个消费者的消费者组

这样的情况是完全可行的。在这样的设定下，有一个消费者进程（消费者 1）会得到 2 个分区。消费者 1 会处理分区 1 和分区 2。请注意现实场景下的分区分配可能跟这里的不太一样。但是在我们的场景下，每个消费者都会分配至少 1 个分区。

注意这个额外分区的处理是无法被分布到 N 个节点上的，因为这会打乱分区内的顺序。如果让多个消费者得到同一个分区键的事件，我们就无法保证处理的顺序。因此 Apache Kafka 会确保这样的情况不可能发生。

上述情况（4 个分区、3 个消费者）的问题在于有 1 个消费者处理的事件量是其他消费者的 2 倍。因此，在现实设定中，我们应该考虑选取偶数个消费者。如果我们有 4 个分区，创建 2 个消费者来让它们处理同样的数据流量。如果需要更高的带宽，我们应该使用 4 个消费者。

注意   在创建主题之前就选定分区的数量是很重要的，所以需要根据性能测试和经验数据仔细选择这个数字。

假设我们发现选择的分区数对于我们需要处理的流量来说太小了，那么我们可以创建一个具有更多分区的新主题，并将旧主题迁移到新主题上。不过这个操作是资源密集型的，而且很耗费时间。

使用 Apache Kafka 的一个最重要的好处是它让我们有能力部署 N 个独立的消费者应用程序。在 Kafka 中，每一个应用程序都被称为消费者组。每一个消费者组都可以有 N 个消费者。这就解决了发布-订阅相关内容所描述的问题。

我们可以让多个应用程序消费同一个主题。每个应用程序都可以按照自己的节奏从同一个主题中独立消费数据。比如，假如指标仪表盘应用程序（一个独立的消费者组）不需要高带宽，那么它可以是运行在单个物理节点上的单个 Kafka 消费者进程。另外，人工呼叫的值班监控服务可能是一个关键且对性能敏感的应用程序。这个消费者组就可以有 N 个消费者来快速处理数据。

11.2.2　理解 Kafka broker 设置

让我们来分析如何将 Apache Kafka 完整地部署到 N 个 broker 上。我们来看一个简单的场景，Kafka 被部署到 2 台物理机上。每一台机器上都有一个 Kafka broker。我们的一个名为 T 的主题有 2 个分区。这意味着生产者和消费者最大的并发性等于 2（分区数）。除此之外 T 主题的复制因子被设置为 2，所以每一个事件（最终）都被保存在 2 个 broker 上。

我们假定上述设定只有 1 个生产者和 1 个消费者。我们最多可以有 2 个生产者，且每个消费者组最多可以有 2 个消费者。然而，将设定简化为只有 1 个生产者和 1 个消费者让我们可以轻松探究 Kafka broker 设置的理由。图 11.7 显示了符合我们场景的设定。

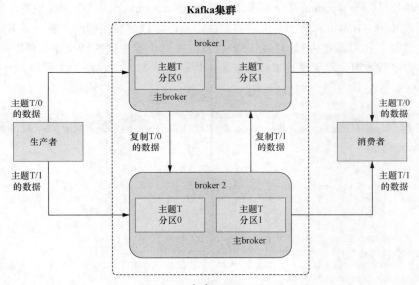

图 11.7　多个 Kafka broker

T 主题有 2 个分区。由于主题复制因子被设定为 2，每个分区都会被保存到 2 个 broker 上。如果它被设定为 1，每个分区就只被保存到一个 broker 上。分区以主从模式工作。任何一个分区都只有一个主 broker。在我们的设定下，broker 1 是 T 主题分区 0 的主 broker，broker 2 是 T 主题分区 1 的主 broker。

我们需要记住复制因子越大，集群需要的资源就越多。如果复制因子为 2，相比复制因子 1，我们就需要 2 倍的磁盘空间。这是因为数据需要被保存在 2 个物理地址上。如果复制因子等于 3，我们就需要 3 倍的磁盘空间。另外，将数据保存到更多的 broker 也需要更多的网络流量并消耗更多的 CPU。因为在复制数据时需要通过网络进行传输。

生产者发送数据到主题分区时，它会发送给分区的主 broker。接下来，数据被复制到从 broker，作为崩溃时的备份。如果 broker 1 崩溃了，broker 2 会作为对应分区的主 broker 开始服务。消费者进程需要保存一个列表，里面包含所有主题所有分区的主 broker。这样它才能从正确的分区消费数据。当一个 broker 发生故障时，重平衡过程会更新对应消费者上所有分区的主 broker。现在我们已经了解了 Kafka 是如何工作的，接下来让我们来分析生产者的传输语义。

11.3 生产者的逻辑

让我们先来看看 Kafka 生产者的逻辑。Apache Kafka 生产者是我们发送数据给 Kafka 主题的主要入口点。Kafka 生产者可以有很多参数，其中有 3 个是我们需要指定的，包括 Kafka broker 列表和两个序列化器。

第一个参数是一个 Kafka broker 列表，叫作 bootstrap-servers。这个列表里应该包含同一个集群中的所有 Kafka broker，生产者用它们来决定事件应该被发往哪里。每一条 Kafka 记录都包含一个键值对，我们需要为它们指定序列化器。序列化器提供的转换逻辑可以将一个 Java 对象序列化为字节数组，用于发往 Kafka 主题。代码清单 11.1 显示了一个使用 Spring Kafka 库的 Kafka 生产者配置的例子。

代码清单 11.1 创建一个 Kafka 生产者的配置

```
@Configuration
public class SenderConfig {

  @Value("${kafka.bootstrap-servers}")
  private String bootstrapServers;

  @Bean
  public Map<String, Object> producerConfigs() {
    Map<String, Object> props = new HashMap<>();
    props.put(ProducerConfig.BOOTSTRAP_SERVERS_CONFIG, bootstrapServers);
    props.put(ProducerConfig.KEY_SERIALIZER_CLASS_CONFIG,
      IntegerSerializer.class);
    props.put(ProducerConfig.VALUE_SERIALIZER_CLASS_CONFIG,
      StringSerializer.class);          ← Kafka 生产者的配置数据
    return props;                          结构是 map
  }

  @Bean
  public ProducerFactory<Integer, String> producerFactory() {
    return new DefaultKafkaProducerFactory<>(producerConfigs());
  }

  @Bean
  public Producer<Integer, String> producer() {       生产者处理 int 类型的键
    return producerFactory().createProducer();      ← 和 String 类型的值
  }

  @Bean
```

```
public KafkaTemplate<Integer, String> kafkaTemplate() {
    return new KafkaTemplate<>(producerFactory());
}

@Bean
public Sender sender() {        ◄──  Sender 是一个建立在 Kafka
    return new Sender();              生产者上的 Spring 抽象
}
}
```

生产者逻辑使用了之前创建的 Producer 向 Kafka 主题发送数据。这个逻辑是异步的，Producer 的行为不会阻塞，而是返回一个 Future。这里需要指出，在多个线程之间共享一个 Producer 实例向多个主题发送数据是线程安全的。Producer 接收主题、分区键和实际的值作为参数。它会将请求基于分区键路由到正确的主题分区，如代码清单 11.2 所示。

代码清单 11.2　创建一个 Kafka 生产者

返回一个 Future
```
    @Autowired private Producer<Integer, String> producer;
                                                                生产者接收主题、
                                                                分区键和实际的值
┌─► public Future<RecordMetadata> sendAsync
│   ➡ (String topic, String data, Integer partitionKey) {  ◄──
│     LOGGER.info("sending data='{}' to topic='{}'", data, topic);
│     try {                                                 将 ProducerRecord
│       return producer.send(                               直接传递给 Kafka
│           new ProducerRecord<>(topic, partitionKey, data),  ◄──  生产者
│           (recordMetadata, e) -> {  ◄──  成功发送数据后执行异步的回调函数
│             if (e != null) {
│               LOGGER.error("error while sending data:" + data, e);
│             }
│           });
│     } finally {
│       producer.flush();
│     }
│   }
```

发送操作是异步的，我们可以注册一个回调函数在发送结束后执行。回调函数会检查异常是否为空。如果不为空，说明发送操作失败了。

以上简单的 sendAsync() 代码隐藏了很多复杂性。让我们通过图 11.8 来分析生产者发送操作的流程。

首先，我们创建一个生产者记录。它包含主题、分区键和值。我们可以指定记录要发往的分区，如果不指定，会根据键的值计算出分区。如果我们没有提供键（键是空值），会根据轮转算法给记录分配分区。接下来，记录会被序列化成一个字节数组。然后，分区器决定将记录发送到哪个分区。

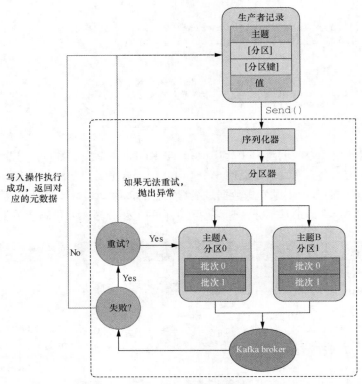

图 11.8　Kafka 生产者发送操作的流程

　　注意，生产者会按照主题分区对记录进行批处理。这意味着一个批次可以包含 N 条同一个分区的记录。发送成功后，返回每一条记录的元数据，包括记录在送达的分区内的偏移量。如果发送失败，发送会重试。重试参数可用于配置重试的次数。如果还有剩余的重试次数，整个批次的记录都会被重发。如果重试次数用完，会向调用方传播一个异常。

　　这里需要注意的是，在某个分区内重发一批记录会打乱该分区内的顺序。如果第一个请求失败了并调度了一个重试，第二个请求有可能在重试发生之前成功。此时，批次会发生交错（跟我们在第 10 章讨论的情况类似）。这会导致分区内的乱序事件。

　　如果启用了重试（默认是启用的），就有可能发生重复。工作在这种模式下的生产者提供了至少一次的传输保证——同一条记录可以被发送一次或多次。如果我们想要让生产者的逻辑具有容错性和健壮性，重试起着至关重要的作用。

选择数据一致性还是系统可用性

　　我们在生产者端需要做出的一个重要的权衡是选择数据一致性还是系统可用性。假设我们的集群有两个 broker，主题 A 被同时保存到这两个 broker 上。简化起见，我们假设主题 A 只有 1 个分区（其行为和 N 个分区是一样的）。当生产者往该主题发送数据时，我们在确认响应时有 3 个选项。每一个选项都提供了不同的一致性和可用性。让我们先来研究将 `acks` 参数设置为 `all` 会发生什么，如图 11.9 所示。

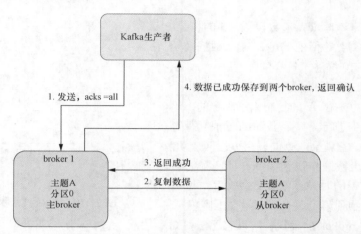

图 11.9　acks=all，我们选择了一致性，放弃了可用性（生产者需要等待服务器返回的确认）

　　如果主题在创建时选择的复制因子是 2，发送的数据需要被所有的 broker（在我们的例子中是 2 个）成功保存并返回确认。主题 A 分区 0 的主 broker 是 broker 1。生产者会向这个 broker 发送数据。因为 `acks` 参数被设置成 `all`，主 broker 将记录传播给 broker 2（从 broker）。当数据在从 broker 上成功保存后，主 broker 会收到来自从 broker 的成功响应，然后才能向生产者返回一个成功响应。

　　任何一个 broker 发生故障，由于之前处理的数据都是一致的，所以能够保证该主题在 2 个 broker 上的数据相同。然而，当有一个 broker 故障时，由于无法满足复制因子为 2 的条件，此时我们的系统处于不可用的状态。也就是说我们为了数据的一致性而牺牲了整个系统的可用性。

　　在实际设置中，我们会有更多的 broker。如果我们有 3 个 broker 且复制因子为 2，一个 broker 故障不会导致整个系统不可用。只要还有 2 个 broker 在线，我们就能成功发送数据。

　　你要根据自己的业务场景选择 broker 的数量和主题的复制因子。为了确定这些数据，你要先确定集群需要处理的每秒最大请求数。一旦有了这个数据，你就可以针对单个 broker 进行性能测试，找到它的最大处理带宽。你也可以在网上找到相关资源，但是要注意，你的最大处理带宽会根据你使用的机器类型发生变化。磁盘速度、CPU 数量和内存大小都会影响带宽。

　　找到单个 broker 最大处理带宽后，你就可以根据流量算出所需的 broker 数量。但是为了让 Kafka 系统具有高可用性和一致性，你还需要增大主题的复制因子。复制因子的大小取决于你的个人需求，需要仔细选取。主题复制的地方越多，你的集群需要处理的带宽就越大。比如，假设你将复制因子设置为 2，那么你的网络流量就会翻倍。由于数据需要被保存在 2 个 broker

上，需要的磁盘空间也要翻倍。

> **注意**　创建一个生产环境的 Kafka 集群是一个复杂的项目，所以需要多读、多做实验来找到最适合的设置。

现在让我们来考虑 acks 参数设置为 1 的情况。此时，生产者只需要等待主 broker 确认数据成功保存即可。图 11.10 描述了这样的配置。

在这个场景下，数据需要被复制到多少个 broker 上依然是由主题 A 的复制因子决定的。不过复制操作会异步进行。只要主 broker 成功保存了生产者的数据，它就会立刻向调用方返回成功。

数据在后台会被同步到从 broker 上。不过在从 broker 保存数据的时候有可能发生故障。此时，数据就没有被复制到第二个 broker 上。因为生产者只需要等待主 broker 的确认，所以它无法得知

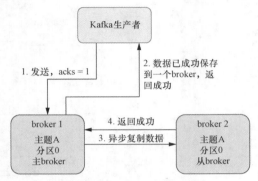

图 11.10　acks=1，我们选择了
可用性，放弃了一致性

后台发生的故障。如果 broker 1 在复制数据的时候失败，broker 2 上主题 A 的数据就不是最新的，我们就面临丢失数据的风险。另外，就算集群里只有一个 broker 在工作，生产者依然可以将数据发送到主题 A，我们获得了主题 A 的可用性，代价则是牺牲数据的一致性。

我们还可以将 acks 参数设置为 0。此时，生产者不会等待任何 broker 返回确认。这是一个触发即遗忘的场景，生产环境下一般很少用到，因为丢失数据的可能性很大，而你甚至都不会注意到。

现在我们已经了解了生产者端的逻辑，接下来让我们了解 Kafka 消费者端。我们会在消费者端的代码里实现不同的传输语义。

11.4　在消费者端实现不同的传输语义

数据被成功保存到主题的只追加日志后，Kafka 消费者就可以获取它。我们可以设置主题的留存时间，超过这个时间的事件会被删除。留存时间也可以被设置成无限，这意味着事件永远不会被删除。让我们从一个消费者代码例子开始。

在配置消费者时，我们也需要提供一个 Kafka broker 列表。你可能还记得生产者端需要使用一个序列化器来将对象转换成一个字节数组。消费者端需要进行相反的转换：从字节数组转换成对象。因此我们需要提供一个反序列器的类。每一个消费者都工作在一个消费者组里，所以我们也需要提供消费者所属消费者组的 ID。

这里有个重要的知识，Kafka 主题的偏移量是在消费者组内追溯的。这意味着当消费者从主题内批量获取事件时，它会通过提交偏移量来表示这些事件已经被正确处理了。当发生故障的时候，同一消费者组内的另一个消费者就会从上一次提交的偏移量后继续处理。

提交偏移量和继续处理的方式影响消费者应用程序的传输语义。让我们从一个简单的例子开始：让 Kafka 消费者自动提交偏移量。我们可以通过设置 enable.auto.commit 为 true 来进行自动提交偏移量，如代码清单 11.3 所示。

代码清单 11.3　配置 Kafka 消费者

```
@Bean
public Map<String, Object> consumerConfigs() {
  Map<String, Object> props = new HashMap<>();

  props.put(ConsumerConfig.BOOTSTRAP_SERVERS_CONFIG, bootstrapServers);
  props.put(ConsumerConfig.KEY_DESERIALIZER_CLASS_CONFIG,
      IntegerDeserializer.class);
  props.put(ConsumerConfig.VALUE_DESERIALIZER_CLASS_CONFIG,
      StringDeserializer.class);
  props.put(ConsumerConfig.GROUP_ID_CONFIG, "receiver");
  props.put(ConsumerConfig.ENABLE_AUTO_COMMIT_CONFIG, "true");
  return props;
}
```

我们可以用这个配置来创建一个 Kafka 消费者。消费者可以工作在 N 个主题上，也可被多个线程共享。我们只需要用它来订阅我们想要消费的主题，如代码清单 11.4 所示。

代码清单 11.4　创建一个自动提交偏移量的 Kafka 消费者

```
public KafkaConsumerAutoCommit(Map<String, Object> properties, String topic) {
  consumer = new KafkaConsumer<>(properties);
  consumer.subscribe(Collections.singletonList(topic));      ◁──  消费者从订阅的
}                                                                  主题接收事件

public void startConsuming() {
  try {
    while (true) {                                            轮询所有可用的记录，
      ConsumerRecords<Integer, String> records =             最多等待 100 ms
      consumer.poll(Duration.ofMillis(100));          ◁──
      for (ConsumerRecord<Integer, String> record : records) {   ◁──
        LOGGER.debug(
            "topic = {}, partition = {}, offset = {}, key = {}, value = {}",
            record.topic(),
            record.partition(),                              返回一批记录，它们来
            record.offset(),                                 自订阅的所有主题
            record.key(),
            record.value());
        logicProcessing(record);
      }
    }
  } finally {
    consumer.close();
  }
}
```

在 while 循环中迭代处理

startConsuming()方法在循环中调用消费者的poll()方法获取结果,最多等待 100 ms。这个方法返回一批记录给消费者处理。每一条记录都包含键和值以及一些元数据,比如主题和分区。offset()方法返回记录在对应主题分区内的偏移量。最后,对这批记录进行迭代,循环处理每一条记录。

如果消费者使用了自动提交的工作模式,它会在后台每隔 *N* ms 自动提交偏移量,*N* 由 auto.commit.interval.ms 设置指定,默认为 5 s。

想象一下我们的应用程序每秒能处理 100 个事件,如图 11.11 所示。假设一共有 5 批这样的事件。这样的场景下,偏移量每隔 500 个事件才会被提交一次。如果应用程序在 5 s 内发生了故障,偏移量就不会被提交。最近一个已知的偏移量就还是 0。

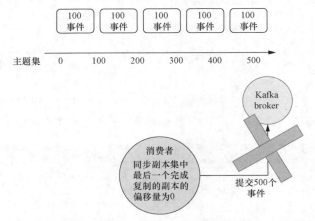

图 11.11　每秒处理 100 个事件的消费者自动提交偏移量

如果消费者组中的某个消费者因故障而恢复处理,会观察到上次提交的偏移量为 0。它会轮询到之前发生故障的那个消费者可能已经处理过的 500 个事件,这意味着有可能发生 500 个重复事件。这就是至少一次传输语义有可能发生的场景。我们的消费者在成功提交时可以只收到一个事件。但是如果提交失败了,另一个消费者会重新处理数据。

11.4.1　消费者手动提交

我们可以用手动提交来改进上述情况。我们需要先将自动提交设置为 false,如代码清单 11.5 所示。

代码清单 11.5　禁用自动提交

```
props.put(ConsumerConfig.ENABLE_AUTO_COMMIT_CONFIG, "false");
```

从现在开始，消费者不会再自动提交偏移量了，提交偏移量这件事变成了我们的任务。现在我们需要做的最重要的决策是，在事件刚进入系统时就要提交偏移量还是在系统处理完事件后提交偏移量。如果我们想要保证至少一次的传输语义，就应该在处理完事件后提交偏移量。这样就可以确保事件只有在成功处理后才会被标记成已提交。代码清单 11.6 展示了这个过程。

代码清单 11.6　同步提交

```
public void startConsuming() {
  try {
    while (true) {
      ConsumerRecords<Integer, String> records =
      consumer.poll(Duration.ofMillis(100));
      for (ConsumerRecord<Integer, String> record : records) {
        logicProcessing(record);
        try {
          consumer.commitSync();                        这段消费者代码里唯一的
        } catch (CommitFailedException e) {             区别就是手动提交偏移量
        LOGGER.error("commit failed", e);
        }
      }
    }
  } finally {
    consumer.close();
  }
}
```

在代码清单 11.6 中，我们用 commitSync() 方法来完成手动提交偏移量。它会提交消费者处理的所有分区的偏移量。注意 commitSync() 方法是阻塞的。这意味着我们在完成偏移量的提交之前不会继续处理下一批记录。虽然这样比较安全，但是新方案的整体性能会受到影响，所以使用 commitSync() 是有一定代价的。

如果要避免这个代价，我们可以使用不阻塞线程的 commitAsync() 方法。但是，如果要用异步方式提交偏移量，我们就需要仔细处理错误，因为异常不再被传播给主调用线程。代码清单 11.7 展示了如何使用 commitAsync()。

代码清单 11.7　异步提交

```
consumer.commitAsync(
        (offsets, exception) -> {
          if (exception != null) LOGGER.error(
➡ "Commit failed for offsets {}", offsets, exception);
        });
```

有时我们可能观察到一个异步提交失败了，但下一批事件的提交成功了。此时，我们的系统不会受到影响，因为后面那次成功的提交操作会保存正确的偏移量。

现在让我们来看看在处理事件之前就提交偏移量会发生什么。此时，处理事件的逻辑发生的故障不会被 broker 注意到。因为偏移量已经被提交了，所以当消费者继续处理时，之前的批次不会被重新处理。

如果 `logicProcessing()` 方法没有成功执行，一些事件可能并没有被处理。此时我们就有可能丢失事件。这样的系统具有至多一次的传输保证：一个事件会被处理一次（但也有可能它一次也没有被处理）。

11.4.2　从最早或最晚的偏移量开始重启

还有一方面也会影响消费者应用程序传输语义。假设我们的主题有 10 条记录（因此会有10 个偏移量）。我们的消费者应用程序一次会获取多条记录，这批记录内包含的事件数量可能为 1 个到 10 个。之后消费者会提交一个等于获取事件数量的偏移量。但是我们的消费者应用程序在提交阶段崩溃了。此时，我们不知道消费者应用程序处理了多少事件。这可能受很多因素的影响，比如消费者的超时设置、批处理的大小等。消费者应用程序重启后，我们可以有两种方式继续进行处理。

这两种方式由 auto.offset.reset 策略控制。如果将其设置成 earliest，会从主题分区最后一次提交的偏移量开始继续处理。如果不存在偏移量，那就从头开始处理。图 11.12 描绘了这个策略。

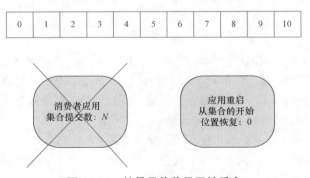

图 11.12　从最早偏移量开始重启

此时，消费者会重复处理事件。这是因为消费者的崩溃可能发生在处理记录的任何时候，事实上，我们一次重启最多可能会有 20 条重复记录（2×10 个事件）。这个偏移量重置策略提供了至少一次的传输语义。

我们可以通过集成测试观察这个策略。在代码清单 11.8 所展现的测试中，我们将`OffsetResetStrategy.EARLIEST` 传递给 Kafka 消费者。

代码清单 11.8　测试最早偏移量重置策略

```
// 给定
ExecutorService executorService = Executors.newSingleThreadExecutor();
```

```
String message = "Send unique message " + UUID.randomUUID().toString();

KafkaConsumerWrapper kafkaConsumer =
    new KafkaConsumerWrapperCommitOffsetsOnRebalancing(
        KafkaTestUtils.consumerProps(
            "group_id" + UUID.randomUUID().toString(),
            "false",
            AllSpringKafkaTests.embeddedKafka),
        CONSUMER_TEST_TOPIC,
        OffsetResetStrategy.EARLIEST);     ◁──── 使用最早偏移
                                                量重置策略
// 何时
sendTenMessages(message);
executorService.submit(kafkaConsumer::startConsuming);  ◁────
sendTenMessages(message);                                在发送 10 个事件后调用
                                                         startConsuming() 让消费
                                                         者开始消费
// 然后
executorService.awaitTermination(4, TimeUnit.SECONDS);
executorService.shutdown();
assertThat(kafkaConsumer.getConsumedEvents()     接收 20 个
                                                 事件
    ➥ .size()).isGreaterThanOrEqualTo(20);  ◁────
```

这段测试代码首先发送 10 个事件，消费者开始消费，然后再发送 10 个事件，最后验证收到的事件数量。结果是消费者收到生产者发送的 20 个事件，包括消费者创建之前发送的 10 个事件。

我们可以选择的另一个策略是从最晚偏移量开始重启。使用这种策略，当给定主题不存在偏移量时，故障后会从该主题最后一个偏移量开始恢复处理。在我们的测试场景中，应用程序会从偏移量 10 或更晚开始，如图 11.13 所示。

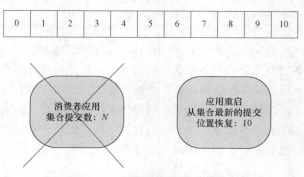

图 11.13　从最晚偏移量开始重启

在这个场景里，应用程序崩溃前传达的一些事件有可能丢失。它们被传达了但没有被处理。此时我们不会有重复的事件，但会丢失事件。使用最晚偏移量重置策略可以提供最多一次的传输语义。

测试逻辑跟之前的例子类似，如代码清单 11.9 所示。首先，我们会用 OffsetReset-

Strategy.LATEST 创建 Kafka 消费者。我们不需要传递这个参数，因为它是 Kafka 的默认值；我们在这里传递这个参数只是为了显式和清楚。消费者使用一个随机的消费者组 ID（为了保证一开始不存在偏移量），且不会自动提交偏移量。接下来我们会向 Kafka 主题发送 10 条消息。发送完毕后，我们才启动 Kafka 消费者。消费者启动后，我们继续发送接下来的 10 条消息。

代码清单 11.9　测试最晚偏移量重置策略

```
// 给定
ExecutorService executorService = Executors.newSingleThreadExecutor();
String message = "Send unique message " + UUID.randomUUID().toString();

KafkaConsumerWrapper kafkaConsumer =
    new KafkaConsumerWrapperCommitOffsetsOnRebalancing(
        KafkaTestUtils.consumerProps(                          ◁── 动态生成消费者组，
            "group_id" + UUID.randomUUID().toString(),              避免跟其他消费者
            "false",                                               测试产生冲突
            AllSpringKafkaTests.embeddedKafka),
        CONSUMER_TEST_TOPIC,
        OffsetResetStrategy.LATEST);                            ◁── 传入最晚偏移
                                                                   量重置策略
// 何时
sendTenMessages(message);

executorService.submit(kafkaConsumer::startConsuming);        ◁── 最初的 10 条记录
                                                                   发送后开始执行消
sendTenMessages(message);                                          费者逻辑

// 然后
executorService.awaitTermination(4, TimeUnit.SECONDS);
executorService.shutdown();
assertThat(kafkaConsumer.getConsumedEvents().size()).isLessThanOrEqualTo(10);
```

你可以观察到 Kafka 消费者只获取了 10 条记录。消费者启动前发布的事件没有被处理。

以上两种策略有各自的优缺点和各自的适用场景。如果我们对延迟很敏感，需要对最近的事件做出响应，我们可能会从最晚的偏移量开始继续处理。比如，一个告警系统可能对几分钟前传达的事件更感兴趣，过时的数据对我们来说没什么价值。另外，如果我们的系统需要提供正确性，我们就应该处理所有的事件，并去除重复。比如，如果一个付款系统崩溃了，我们需要从崩溃前的点开始继续处理所有等待中的付款交易。

11.4.3　（最终）恰好一次传输语义

构建一个提供恰好一次的传输语义的系统很难。到目前为止，我们已经看到了两种可以实现的传输语义：至少一次和至多一次。如果我们的系统逻辑是非幂等性的，且我们不能丢失任何事件，那我们就需要恰好一次的传输语义。

实际上，提供最终恰好一次的传输语义的系统通常构建在至少一次的传输语义基础上。正

如我们在第 10 章学到的，实现去重逻辑可以为我们提供最终恰好一次的传输语义。我们强调"最终"是因为，在中间某些层，事件可以被重复。比如，它们可以在生产者端的重试逻辑中重复。在这种情况下，这些重复事件对于整个系统来说是看不见的，系统期望最终恰好一次传输语义。

Apache Kafka 通过实现一种分布式事务的形式来构建最终恰好一次的传输语义。在 Kafka 架构里，生产者和消费者都可能发生重复。生产者默认会重试失败的请求。消费者则如本节讨论的那样，可能由于提交偏移量的行为在重启后获得重复的事件。

为了缓解这个问题，Kafka 实现了事务。生产者会在将一个新的事件发送给 Kafka 主题之前开始一个事务。它使用 `transactional_id` 在事务内提供最终恰好一次的传输语义。每一条记录都会得到一个事务 ID。当发送出现故障时，操作会回滚，于是 Kafka 确保相应记录不会出现在 Kafka 主题内。之后我们可以用一个不同的事务 ID 重试相应记录。不过，事务仅在当前 Kafka 生产者内有效。如果生产服务的逻辑基于外部事件（比如来自另一个 Kafka 集群或通过 HTTP），我们依然有可能得到重复事件。

触发生产者发送的事件可能遵循至少一次的传输语义（见图 11.14）。如果使用了 Kafka 事务的系统不能防止此类重复，那么这些事件就有可能被生产者认为是两个独立的事件。

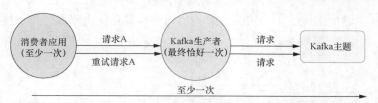

图 11.14　上游至少一次的传输语义会导致恰好一次的系统发生重复

假设某消费者应用程序没有实现事务并提供了至少一次的传输语义，它就可能在发生故障时重试。即使基于该消费者逻辑的 Kafka 生产者使用了事务来提供最终恰好一次的传输语义，我们也要注意到此时整个系统是有可能产生重复的。

从 Kafka 生产者的角度来看，这是两个不同的请求。如果没有实现去重机制，我们就不可能判断出这些请求是否重复。接下来，这两个请求都会通过事务传输，并都具有恰好一次的保证。而从整个系统的逻辑来看，它向 Kafka 发送了两次同一个事件（这两个事件其实是重复的）。因此，逻辑上这个系统具有至少一次的传输语义而不是恰好一次。

我们可以很清楚地看到，只有当业务流程内所有组件都提供最终恰好一次的传输语义时，整个系统才是最终恰好一次的。实际上，我们可能会有 N 个处理、通信、交换数据的阶段通过发布-订阅系统、HTTP 等互联，这意味着整个流水线都需要被封装到单个事务里。这样的解决方案可能非常脆弱，很难容错。在任何阶段发生故障，我们的业务流都有可能无法继续，必须等待操作人员的干预来修复事务。

如果你想在系统里使用最终恰好一次的传输语义，你要注意系统的性能和可用性。在决定使用它前,应该做大量的性能和混沌测试。我们会在 11.5 节看到如何使用 Kafka 传输语义来提升系统的容错能力。

11.5　用传输保证提供容错能力

考虑以下的场景,我们有两个基于事件的服务,它们之间唯一的集成点是 Kafka 主题。其中,出库服务通过 Kafka 的异步消费者逻辑产生一个付费事件,然后,账单服务从主题中获取并处理它,如图 11.15 所示。

图 11.15　基于事件的出库服务和账单服务

假设出库服务平均每秒发送 50 个请求。账单服务的 SLA 保证它每秒能处理 100 个请求,如图 11.16 所示。假如账单服务故障了或者在部署新版本时停止了工作,那它在这段时间里就不能消费 Kafka 主题中的事件了。这两个服务之间的解耦合让出库服务可以容忍诸如此类的错误。

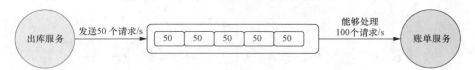

图 11.16　在 Kafka 主题内缓存事件

即使账单服务停止工作了,出库服务依然可以继续产生付费事件,只不过这些事件会被保存在 Kafka 主题内。假设账单服务在 5 s 后重启并开始正常工作。在这段时间内,出库服务向 Kafka 主题发送了 250(50×5)个事件。这些事件会被缓存在 Kafka 主题内。消费者重新上线后会继续处理缓存的事件。

如果账单服务工作在至少一次的传输保证下,那它就要从最后一个已经处理的事件之后开始继续处理。这意味着消费者需要正确提交偏移量(在处理逻辑成功以后提交),且偏移量重置策略应该被设置为最早偏移量重置策略。缓存在主题内的 250 个事件需要跟来自出库服务的正常流量一起被处理,否则账单服务就没办法跟上后续的流量。

我们已经知道,账单服务每秒可以处理 100 个请求。但它在正常工作下还需要每秒消费 50 个事件。也就是说,账单服务需要额外的 2.5 s 来处理缓存的事件。在这段时间,我们会观察到处理的延迟达到了 2.5 s 甚至更长。这是因为账单服务需要在处理新流量之前先处理缓存的事件,而作为生产者的出库服务还在继续发送事件。过了一段时间之后,所有缓存的事件都已经被消费掉了，我们的两个服务就会开始以标准的延迟和流量继续处理整个业务流。

同样的解决方案可以用于处理预料之外的流量暴涨。假设我们的出库服务突然开始每秒产生 200 个事件。此时账单服务无法应用这样的流量，因为它只提供了每秒处理 100 个请求的 SLA。不过，暴涨只是暂时的，额外的事件会被缓存在 Kafka 主题内。当流量回归正常时，账单服务就能处理那些额外的数据并在一段时间后回归平时的流量。

只要我们有一个发布-订阅的架构和一个可以缓存流量的组件，就可以为自己的系统实现容错功能。除此之外，我们还需要搞明白组件能提供哪些传输保证，然后才能根据我们的需要选择适当的传输语义。

这个解决方案的第二个关键点在于消费者处理额外流量的能力。如果消费者的 SLA 并不比生产者高很多，用于恢复处理的时间就会很长。消费者需要能在处理普通输入流量的同时处理额外的缓存流量。否则一旦它发生了部分故障，流量的处理就会出现问题。现在让我们总结一下本章所学内容。

小结

- 发布-订阅架构让我们可以创建松耦合的异步系统，用恰当的传输语义保证提升容错能力。
- 使用发布-订阅架构让我们有能力创建事件驱动的架构。互联的服务越多，这个架构给我们带来的好处越大。
- 我们可以在生产者和消费者端判断并控制传输语义。
- 我们可以调节分布式系统的一致性和可用性。
- 我们可以在消费者代码中实现 Kafka 的至少一次和至多一次传输语义：
  - 在至少一次的传输语义下，细粒度地提交偏移量可以减少消费者端的重复；
  - 在至多一次的传输语义下，当发生故障时，存在有些事件没有被处理的风险。
- 如果将队列功能拆分成 N 个独立系统，我们的系统就既可以获得松耦合与异步容错能力，又不会出现单点故障。
- 我们可以用事务获得最终恰好一次的传输语义。不过当我们的流水线上的服务越来越多，架构越来越复杂时，想要实现最终恰好一次的传输语义也会变得越来越复杂甚至无法实现。

第 12 章　版本管理和兼容性

对于有些话题，就算是最资深的工程师也会感到头疼。如果你开始谈论本地化、合并冲突，或者时区，你就要准备好面对一个安静的场面。版本管理也是其中之一，它虽然也是生活中的一部分，但是大多数人都已经很久没有关心过它了——部分原因是做这些事情令人感觉是在浪费时间。你很少听到某个产品、库或者 API 的版本管理做得很好的评论，反倒是经常会听到对这方面的抱怨。

我们在本章提供一些关于版本管理的思考，可以帮助你为你的产品设计一个合适的版本策略。我们会提供一些具体的指导和建议，但最终，你只能靠你自己面对矛盾的需求和技术的挑战。

有一条建议倒是一开始就可以给出来：不要闭上你的眼睛并指望可以对版本管理视而不见。除非你的代码真的可以用完就扔，否则你就应该思考它将会如何进化以及可能的后果。在我们深入了解库代码、网络 API（比如 Web 服务）以及数据存储的细节之前，让我们先看看版本管理到底是什么意思以及我们为什么需要它。

12.1　版本管理的抽象思考

如果你希望在生活中永远也不需要关心新的挑战和需求，那软件行业对你来说可能不是最好的选择。该行业的改变会以各种形式到来：常见的可能是某块代码的需求发生了改变，事实上几乎我们用到的所有东西（硬件、操作系统、开发者平台、编程语言、部署模型等）都会随着时间改变。这些改变会导致软件的复杂性和不可预测性。

版本管理希望"驯服"这种复杂性和不可预测性，沟通着人和系统之间相互的预期。不同的版本规范适用于不同的需求和预期。我们会在本节看到它们的异同之处。

12.1.1　版本的属性

很多东西都有版本，比如应用程序、库、协议、图书、编程语言等。不同的版本规范会有不同的特性，版本可能在哪些特性上有差异，这是值得我们思考的。

易记性

很多版本规范的设计目标是易记性和可读性，比如，你可以很容易记住你用的是 Ubuntu 20.04，或者书的版本。有些版本规范很难记，如最明显的是 git 哈希。我怀疑我能否记住 af257385d785f597fc8be67c84f2cf714fbe4203 这样一串字符，如果需要记住多个 commit①，就算只要记住 af25738（git 哈希的前 7 个字符，GitHub、Bitbucket 等显示的缩略形式）也有点费力。

不可变性

有时我们使用的软件版本是精确且不可变更的。如 NuGet.org 提供的 NodaTime NuGet 包的 3.0.4 版本，其内容是永远一致的。包的提供者会阻止一个已经存在的版本被覆盖。

git 哈希本质上也是不可变的：哈希是根据内容计算出来的，所以如果内容变了，哈希必然也要变（不考虑极小概率发生哈希碰撞的情况）。

这个特性对于软件系统的可预测性非常有用，但是对人类有点不太友好——在描述我们使用的操作系统时，你会更喜欢用 Windows 10 而不是 Windows 10 build 19042.867。不可变性和易记性并不是对立的，只是两者之间的关系有点"紧张"，毕竟一个不可变的版本通常需要包含更多的细节信息。

版本间的隐含关系

很多版本尝试在很少的数据（版本号字符串）里传递重要的信息。我们会在 12.1.3 节里学

---

① Git 规范里用这样的哈希来作为每个 commit 的独特 ID。——译者注

习语义版本规范的时候看到明确的例子，在其他地方也有很多相关例子。Visual Studio 使用基于年份的营销版本：比如 Visual Studio 2019 就很明显比 Visual Studio 2017 晚发布。

有些版本之间看不出任何顺序或关系。如果我给出两个 git 哈希，你要是不访问 Repo 根本看不出哪个在前哪个在后，以及它们是否为独立的分支，甚至看不出它们是否来自同一个 Repo。

有些版本规范看上去好像给了一些信息，但这些信息却会误导你。比如这两个版本哪个先发布：Xbox 还是 Xbox One？Xbox 360 是什么时候发布的？你要是有兴趣去看一下.NET 的版本历史，你会发现它也很有意思，但你不会想要使用那样的版本规范。

在设计你自己的版本规范或者选择某个已经存在的版本规范时，你需要考虑自己希望传达的是什么样的信息，以及你不希望自己的用户可能会从版本规范中推导出什么样的信息。

很多版本规范试图通过版本号提供一个重要信息，那就是版本的兼容性（或者提示新版本跟旧版本不兼容）。让我们看看兼容性意味着什么。

12.1.2　向后兼容性和向前兼容性

兼容性的话题一般关注的是，当代码的一个版本需要跟另一个版本一起工作时会发生什么。我们故意将这句话表述得很模糊，是因为其可以有很多不同的表现方式。

向后兼容性指的是新版本代码可以处理旧版本代码提供的信息。向前兼容性指的是旧版本代码可以跟新版本代码提供的信息一起"合作"。

这些概念的具体例子如下。

- 作为一门语言，Java 具有向后兼容性。用 Java 7 写的代码可以用 Java 17 编译器编译。但它不具有向前兼容性；Java 17 的某些代码可能会让 Java 7 编译器发生编译错误。
- 库通常都具备向后兼容性；NodaTime 2.3 依然可以跟 NodaTime 2.4 一起工作。我们会在 12.2 节看到关于库版本的更多细节。我们会在 12.1.3 节看到，语义版本规范的补丁号提供了向前兼容性。
- Web 服务通常具有向后兼容性；一个基于 2021 年 1 月 10 日的服务定义编写的由 JSON 编码的 Web 请求，在 2021 年 4 月 1 日服务定义已经发生了变化的情况下，依然可以获得服务。只不过调用代码可能需要考虑如何处理响应中的未知数据（又回到了数据兼容性）。我们会在 12.3 节看到网络 API 版本的更多细节。
- 一些数据格式，比如 Google Protocol Buffers（下文使用 Protobuf 代替）和 Apache Avro 的设计目标就是同时具有向后兼容性和向前兼容性，让旧的代码可以跟新的代码一起工作而不会丢失来自新代码的信息。我们会在 12.4 节学习数据存储的版本管理。

有些情况下，向后和向前的说法更令人困惑，可能会导致人们在开会时讨论的不是一个东西。这种时候用特定的例子来描述会更有帮助。与其说一个最新的客户端版本，不如给出特定的版本号。它不需要是一个已经发布或正打算发布的实际版本号，可以只是一个假设。但是提供这样一个实际的例子可以避免信息的不一致。正如验收测试的 given then when 模式，这些场景会首先定义一组特定版本的特征，设想一组特定的操作，然后定义期望得到的结果。我们会在本章后续看到一些例子。

12.1.3 语义版本规范

语义版本规范（通常称为 SemVer）已经成为大多数平台的库生态圈最常用的版本规范之一 ——至少理论上是这样。每个软件遵循的语义版本规范都不太一样，我们会在 12.2.4 节看到一些好的理由。

稳定版的规则

遵循语义版本规范的版本号必然有 3 个整数部分：主版本号（major）、次版本号（minor），以及补丁号（patch）。在图 12.1 中，主版本号是 2，次版本号是 13，补丁号则是 4。

图 12.1 语义版本规范的示例

语义版本规范的基本规则（运用在同一个实体中，比如一个库中）如下。

- 如果两个版本的主版本号不同，就不保证兼容性。比如，版本 2.13.4 和版本 3.0.2 可能完全不兼容。
- 如果两个版本的主版本号相同，但是次版本号不同，那么较大的版本必须向后兼容较小的版本。比如，版本 2.13.4 必须向后兼容版本 2.5.3。
- 如果两个版本的主、次版本号都相同，那么它们必须向前、向后都兼容。比如，版本 2.13.4 和版本 2.13.1 必须互相兼容。

语义版本规范设计了这些规则，使得它的用户在决定有必要改变版本时可以进行高效沟通。

- 如果你改变了主版本号，一切都完了。你需要进行严格的测试，并允许你的用户有一段很长的升级时间。
- 如果你升级了次版本号，一切应该没什么问题。（有时候这个"应该"也不是那么靠谱，我们后面会看到具体说明。）
- 如果你升级或降级了补丁号，一切也应该没什么问题。这里要注意补丁号通常用于修复 bug，但有时候你的代码可能会依赖有 bug 的行为（比如你可能会发现当 bug 修复后原来的一个解决方法现在不适用了），这时候恢复为原来的版本应该也没什么问题。

在讨论特定版本时，通常会用 x 或 y 作为版本号某个部分的占位符。比如，你可以说 $1.3.x$ 必须向后兼容 $1.2.y$。

指代不稳定的版本

语义版本规范也提供两种机制用来指代不稳定的版本。第一种是让主版本号等于 0，用于最初的开发阶段。一般人们会预期那些主版本号为 0 的版本无须遵循语义版本规范；比如版本

0.2.0 可能跟 0.1.0 完全不兼容。我们甚至不需要通过改变补丁号（比如 0.1.0 升级到 0.1.1）来维持兼容性。

第二种指代不稳定的版本的方法是使用预发布标签。此时，在语义版本号后面会有一个半字线 "-"，后跟由点号分隔的标识符。

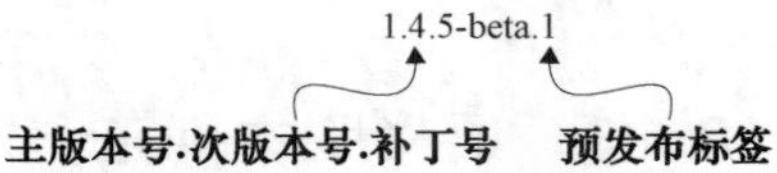

1.4.5-beta.1

主版本号.次版本号.补丁号　　预发布标签

图 12.2　语义版本规范使用预发布标签的示例

图 12.2 中，版本号的主版本号.次版本号.补丁号部分是 1.4.5。"-" 后面还有一个预发布标签 beta.1。一个预发布标签可以有任意多个由点号分隔的标识符，但通常只有 1～3 个。每个标识符只能包含 ASCII 的字母、数字或连字符。

虽然预发布版本没有兼容性保证，不过一般来说，它是由主版本号.次版本号.补丁号部分所指代的正式版本之前的一个临时版本，而正式版本应该具备跟其他版本之间的兼容性要求。举例来说，版本 1.5.0-alpha.1 通常会向后兼容 1.4.x。

> **选择 0.x.y 还是预发布标签**
>
> 在过去，选择 0.x.y 比较常见，但是后来人们意识到这样做有一个很明显的缺点：它只适用于第一个正式版（1.0.0）之前。如果你第一个稳定版的版本升级序列是 0.8.0、0.9.0、1.0，那么你可能会使用 1.8、1.9、2.0 作为第二个主版本的升级序列。在大多数情况下，这违背了语义版本规范的基本规则，因为升级到 2.0 应该意味着引入了不兼容的改变。
>
> 哪怕是第一个公开发布的版本，我也会推荐使用预发布标签。这样你就可以在第一个主版本和第二个主版本之间使用一致的发布序列（比如 1.0.0-alpha.1、1.0.0-beta.1、1.0.0-beta.2、1.0.0 和 2.0.0-alpha.1、2.0.0-alpha.2、2.0.0-beta.1、2.0.0）。我会将 0.x.y 预留给早期的原型，或者彻底避免使用这样的版本号。

构建元数据

语义版本规范也支持将构建元数据作为一个用加号连接的后缀加入一个稳定版或预发布版的版本号里。构建元数据包含用点号分隔的标识符序列，和预发布标签类似。构建元数据是仅用来提供信息的。比如，你的构建元数据里可能包含一个时间戳或者一个 commit 哈希。

图 12.3 中，版本的主版本号.次版本号.补丁号部分是 1.2.3，预发布标签是 beta.1，构建元数据部分则是 20210321.af25738。该构建元数据是一个日期加一个 commit 哈希，但语义版本规范本身对其意义并没有做出任何规定。

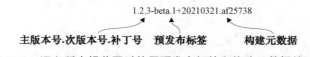

1.2.3-beta.1+20210321.af25738

主版本号.次版本号.补丁号　　预发布标签　　　构建元数据

图 12.3　语义版本规范同时使用预发布标签和构建元数据的示例

版本顺序

语义版本规范还在版本之间指定了顺序，让各种工具在可能的情况下检测版本的兼容性，并提供升级建议。通常来说：

- 1.2.3 早于 2.0.0；
- 1.2.3 早于 1.3.0；
- 1.2.3 早于 1.2.4；
- 1.3.0-alpha.5 早于 1.3.0-beta.1；
- 1.3.0-beta.8 早于 1.3.0-beta.10（注意数值的比较）；
- 1.3.0-beta.2 早于 1.3.0。

接下来，我们从语义版本规范的精确指代版本转向另一个极端：营销版本。

12.1.4 营销版本

语义版本规范的设计目标是用简洁的方式传递技术信息，而不是诱惑客户购买新的产品，那是营销版本的目标。本章提到营销版本是为了强调营销版本和语义版本规范的区别。

在很多情况下，我们都没有任何必要使用营销版本。它们通常是用于产品的，而不是用于库、协议、文件格式或存储数据格式。任何需要用到营销版本的地方通常也会需要提供一个版本用于技术支持。这个技术版本号不一定符合语义版本规范，但是通常会比营销版本更精确也更冗长。有时候技术版本号甚至会跟营销版本号矛盾：你可以用技术版本号 2.3.1 发布"超棒游戏"，然后用初始技术版本号 1.0.0 发布"超棒游戏 2"。

这里主要记住它们是不同的版本规范，用于达到不同的目标。无论是在看别人的版本规范还是设计你自己的版本规范，都不要将两者搞混。

目前，我们还只是了解了版本管理的抽象概念。语义版本规范主要是给库使用的，我们会在 12.2 节深入了解库的版本管理的细节。

12.2 库的版本管理

对于很多开发者来说，版本管理里较重要的就是库。如果你只是使用库，情况会比较简单——或者至少可能比较简单。使用多个库的多个版本是很复杂的，可能会令你极度沮丧。就算所有你用的库的开发者都遵循跟你的平台一致的版本命名规则（比如语义版本规范），也不能保证你不会遇到兼容性问题，最多只是减少你需要做出的决策而已。

本节大部分内容都跟库的发布有关。发布一个库需要做出很多决策，其中许多决策只能基于有根据的猜测进行权衡。库的发布这个概念本身就有很多细微的差别。在 Maven Central 或 NuGet 这样的包管理器发布库时需要考虑的事情和一个公司内部库的发布或库源码的更新需要考虑的事情截然不同。

这没有简单的解决方案，但是本节提供的指引能够帮你问出正确的问题并得到一个至少不算最糟的答案。很多库的版本管理解决的都是兼容性问题，让我们先来思考兼容性到底意味着什么。

12.2.1 源码、二进制和语义兼容性

我们会在本节讨论这样一个全局性问题：我们希望发布一个库的新版本，且我们需要知道它是否向后兼容旧版本。我们会假设对使用我们库的代码一无所知，并将每一个示例都写成这样一种形式：我们会写出一段假想的客户代码，它会因为我们的改动而出问题，然后我们再考虑这个问题背后的原因。

> **注意** 本节任何地方，当我们提到客户代码时，意味着这段代码属于某个依赖我们的库的应用程序（或另一个库）。也就是说它通常会调用我们的库提供的函数。但这不是一定如此的。有时候客户代码也可能只是实现了一个我们的库提供的接口。

警告：对于几乎所有你能够想到的改动来说，写一段假想的会出问题的客户代码都是可能的。作为一个极端的例子，客户代码可以校验你的库的哈希并在不符合预期时抛出异常。这种情况下，对你的库的任何改动都会让客户代码出问题。

幸运的是，大多数客户代码都是符合常理的，不过你可能依然会发现客户代码出现一些令人费解的问题。你是应该承认这种情况属于破坏性改动并付出相关的代价，还是认为这种情况不属于需要修复的范畴？在你发现某个改动可能导致客户代码被破坏后，你就需要做出这样的决策。

对于编译语言来说，你需要考虑 3 种类型的兼容性问题：源码兼容性、二进制兼容性，以及语义兼容性。那些不需要提前编译的语言不需要考虑二进制兼容性的问题，因为它们的库实际以源码的形式发布。比如 React 和 jQuery 这样的 JavaScript 库。下面的所有例子都是用 Java 写的，兼容性规则跟语言是息息相关的；我们的目的是展示思考的过程，而不是关注示例里特定的改动。

大多数示例展示的都是库代码，包括改动前和改动后的代码，以及使用库的客户代码。让我们先来看看源码兼容性。

源码兼容性

如果一个基于旧版本库的客户代码也可以工作在新版本库上，我们就称这个库的新版本源码是兼容旧版本的。对于 Java 来说，客户代码需要对新库重新编译。让我们看一个显然属于不兼容改动的示例：重命名一个方法（即使只是改了一个字母的大小写），如代码清单 12.1 所示。

> **代码清单 12.1　改变方法名字**

库代码改动前
```
public static User getByID(int userId) {
    …
}
```

库代码改动后
```
public static User getById(int userId) {
    …
}
```

客户代码
```
int userId = request.getUserId();
User user = User.getByID(userId);
```

库代码改动后，客户代码编译失败，报错说明找不到 `User.getByID` 的符号。重命名任何公开信息（比如包、属性、接口、类或方法等）都是破坏性改动。但并不是所有的破坏性改动都那么明显。考虑将一个参数的类型改成其超类的情况——比如将 String 改成 Object，如代码清单 12.2 所示。

> **代码清单 12.2　改变参数类型（源码兼容性）**

库代码改动前
```
public void displayData(String data) {
    …
}
```

库代码改动后
```
public void displayData(Object data) {
    …
}
```

任何调用这个方法的代码都依然能够工作，即使客户代码做了方法引用的转换也能工作。但客户代码能做的可不仅是调用方法。

客户代码
```
public class ConsumerClass extends LibraryClass {
    @Override
    public void displayData(String data) {
        …
    }
}
```

原来的代码没问题，但是改动后的库代码就会导致客户代码编译失败。新版的 Java 会阻止子类重载超类里标记了 final 的方法，这种情况下，这个改动可能依旧是源码兼容的。一般来说，你应该当心任何公开 API 的改动，因为你没法确定这个改动是不是兼容的。

注意　虽然我们这里看到的示例是用 Java 写的，但是在其他语言里也会存在兼容性问题。重要的是不要假定在一种语言里源码兼容或二进制兼容的改动在另一种语言里同样兼容。比如，在 Java 里重命名方法的参数是向后兼容的，但在 C# 里就不是，因为 C# 有一个功能叫作命名参数。更复杂的地方在于，向后兼容的规则还会随着时间而改变。（比如，C# 并不是一直都有命名参数的功能，而 Java 也可能在未来提供这个功能。）

在大多数情况下，添加新内容都会被认为是兼容的改动，即使它可能在理论上因引入名字冲突而破坏客户代码。一个重要的反例是在接口中添加新的方法。除非你为新方法提供了一个默认实现，否则那就是一个破坏性改动，因为任何声明自己实现了该接口的客户代码现在都不是完全实现该接口了。在已有的抽象类中添加新的抽象方法也一样。

到目前为止，我们已经考虑了改动库代码并重新编译客户代码的情况。如果我们不能重新编译客户代码又会发生什么呢？这种情况下的兼容性被称为二进制兼容性。

二进制兼容性

在深入了解二进制兼容性细节前，我们需要提醒读者为什么它很重要。毕竟，在需要的时候重新编译我们的应用程序没什么大不了，对不对？虽然在应用程序层面确实如此，但是对于其他依赖关系来说通常不太可行。现在先想象如下的场景。

- 你的应用程序依赖 A 库和 B 库。
- A 库也依赖 B 库。

这个场景如图 12.4 所示，每个箭头表示一次依赖。如果 B 库改动后需要重新编译才能向后兼容，那你就需要重新编译 A 库，而这可能会很麻烦。

二进制兼容性可能比源码兼容性更难推断，因为它包含一个开发者通常会忽视的抽象层。比如，Java 的代码会生成字节码，而字节码是大多数 Java 开发者都不需要了解的。幸运的是，Java 的语言规范里有一整个章节讲述哪些改动是二进制兼容的、哪些不是。不过不要指望所有的语言都有精细到这种程度的文档。

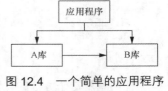

图 12.4　一个简单的应用程序依赖了两次 B 库

有些二进制不兼容的改动很明显：删除或重命名方法或类型。另外一些改动就不那么明显了。让我们回顾一下之前那个将方法参数的类型从 `String` 改成 `Object` 的例子。忽略我们之前注意到的重载问题，源码是兼容的，因为有一个隐式的从 `String` 到 `Object` 的类型转换。但那是一个只有编译器才知道的转换。在执行的时候，JVM 还是会期待方法的签名保持不变。让我们来看一个实际的例子，如代码清单 12.3 所示。

代码清单 12.3　改变参数类型（二进制兼容性）

库代码改动前

```
public void displayData(String data) {
    …
}
```

库代码改动后

```
public void displayData(Object data) {
    …
}
```

客户代码

```
public class Program {
    public static void main(String[] args) {
        new LibraryClass().displayData("Hello");
    }
}
```

如果我们试图运行的客户代码是基于改动前的库代码编译的，且在库代码改动后只重新编译了库，那么在执行时会抛出一个错误。

```
java.lang.NoSuchMethodError: 'void LibraryClass.displayData(java.lang.String)'
```

二进制兼容性特别"令人讨厌"的在于下面两个方面。

■ 你只有在执行的时候才会发现问题。因为编译语言的开发者已经习惯让编译器在编译的时候发现此类问题（调用的方法不存在）。

■ 你只有在 JVM 运行到调用缺失方法的代码的时候才会发现问题。这点特别让人担心，因为最不容易被测试覆盖到的代码路径往往是那些处理错误代码的代码路径，这会导致错上加错。

我们可以看到，有些 API 的改动可能是源码兼容但二进制不兼容的。添加新类这样的改动可能是二进制兼容但源码不兼容的（因为名字冲突）。另外一些改动要么是两者都兼容，要么两者都不兼容。

所有目前提到的都还只是关于公开的 API 的，还没有涉及实现的细节。但是代码可以编译且所有方法都能被找到和所有代码都跟以前一样可以工作是两回事。我们要考虑的最后一个兼容性话题就是语义兼容性。

语义兼容性

二进制兼容性是不容辩驳的。但源码兼容性就有一些模棱两可，比如，潜在的名字冲突算不算破坏性改动这点需要由你来决定。不过通常都可以很明确地定义。语义兼容性讨论的是代码的行为，而你通常不知道你的用户都会依赖什么样的行为。这叫作海拉姆定律（Hyrum's law，以谷歌软件工程师 Hyrum Wright 的名字命名）：

> 如果一个 API 有足够数量的用户，那么你在接口规范里定义的行为就不重要了，你系统的所有可观察的行为都会被某些人依赖。

在一个极端情况下，我们可以让每一次库的更新都升级语义版本规范的主版本。在另一个极端情况下，我们可以对用户说"如果你不喜欢新的行为就别用这个库"，并申明任何不影响公开 API 的改动都是非破坏性改动。这两种极端情况显然都不太合理。

当然，大多数代码实现的改动都不会让行为做出巨大改变。值得注意的是下面这 3 类改动。

- 参数校验。
- 继承。
- 性能改动。

参数校验改动通常分为两种。要么是某个非法的输入之前被错误放行了，而你打算收紧这个口子把它拒绝掉（作为 bug 修复），要么是你打算放行某个之前被拒绝的输入（作为一个新功能）。这里给出一个关于后者的例子，一个简单的 Person 类提供一个人的正式名字和别名（可能是昵称、缩写等）。一开始，两种名字都是用户必须提供的，如代码清单 12.4 所示。

代码清单 12.4　Person 类一开始有两个不可为空的参数

```
public class Person {
    private final String legalName;
    private final String casualName;
    public Person(String legalName, String casualName) {
        this.legalName = Objects.requireNonNull(legalName);
        this.casualName = Objects.requireNonNull(casualName);    ◁ 如果 casualName 为
    }                                                               空则抛出异常
}
```

现在假设，在实际使用中，我们发现大多数用户并不想要指定一个别名。他们会取一个与正式名字相同的别名，有时候这会让代码变得复杂。我们可以修改库，允许用户提供一个空的别名，此时代码默认让别名等于正式名字，如代码清单 12.5 所示。

代码清单 12.5　Person 类构造函数改为允许空的别名

```
public class Person {
    private final String legalName;
    private final String casualName;                                    如果 casualName 为
    public Person(String legalName, String casualName) {                空则使用正式名字
        this.legalName = Objects.requireNonNull(legalName);
        this.casualName = casualName == null ? casualName : legalName;  ◁
    }
}
```

从某种意义上来说，这是一个兼容的改动。但是如果用户依赖了对 casualName 参数的校验，他们就"完蛋"了。更令人担忧的是，可能会造成沉默性破坏。请看下面这个客户方法，它会在屏幕上输出一些字符，或者用来在网页上创建 HTML：

```
public static void createUser(String legalName, String casualName) {
    Person person = new Person(legalName, casualName);
    System.out.println("Welcome, " + casualName);         ◁ 期望这里的 casualName
    ...                                                      已经被校验过是非空的
}                        ◁ 使用 Person 类进行后续操作
```

如果 createUser() 方法的 casualName 参数为空，这段代码会输出 Welcome, null，而不是像以前那样抛出一个异常。该方法可能还会在后面的代码里继续使用该参数，而后面的代

码在以前可不会预期传进来的是一个空值。这段代码可能属于一个库，且这个库的文档宣称会对 casualName 进行校验，实则利用了 Person 类的构造函数来做这个校验。

在这种情况下，一个向后兼容的替代方案是新增一个构造函数，只接收一个名字作为参数（这个名字会被用于正式名字和别名）。如果你发现自己在考虑放松（或收紧）校验，新增一个替代路径（通过函数的重载或新增一个方法）可以帮助你避免沉默性的破坏性改动。

继承会导致语义改动，这是因为实现的细节可能通过函数重载的方式暴露给外界。代码清单 12.6 展示了某个游戏代码的 Player 类和 Position 类。

代码清单 12.6　一开始的 Player 类和 Position 类

```
public final class Position {
    private final int x;
    private final int y;
    public Position(int x, int y) {
        this.x = x;
        this.y = y;
    }
    …
}
public class Player {
    private Position position;
    public void moveTo(int x, int y) {           代理给接收 Position
        moveTo(new Position(x, y));              参数的方法
    }
    public void moveTo(Position position) {
        this.position = position;                在接收 Position 参数的方法
    }                                            里真正改变 Player 的位置
    …
}
```

现在假设 Player 的一个子类想要将玩家的移动限制在一个特定的区域里。它可以重载 moveTo(Position) 方法，判断区域的限制，并调用 super.moveTo(actualPosition) 来完成操作。但是，Player 类的作者可能为了避免总是创建 Position 对象，而直接使用 x 和 y 的值，做了一个向后兼容的改动，对换了 moveTo() 的代理方法，如代码清单 12.7 所示。

代码清单 12.7　改动 Player 类，对换了重载函数的代理方法

```
public class Player {
    private int x;                               坐标直接保存为两个整数
    private int y;
    public void moveTo(int x, int y) {
        this.x = x;                              坐标方法成为主实现方法
        this.y = y;
    }
    public void moveTo(Position position) {
        moveTo(position.getX(), position.getY());   代理给坐标方法
    }
}
```

此时，Player 的子类只有调用 moveTo(Position)方法的行为才是正确的。它会对输入的区域做限制并调用 Player 的实现，然后 Player 代理给 moveTo(int, int)方法。但如果用户直接调用子类的 moveTo(int, int)方法，对输入区域进行限制的代码就被跳过了。

如果 Player 类或 moveTo()方法使用了 final 关键字，这就没问题了。但是只要我们还想要让自己的类或者方法可以被继承，那么它们的实现细节就会被函数重载暴露出去。

这个例子引出了又一类值得考虑的语义变化：性能（性能到底算不算语义范畴还值得推敲）。但这是一个可观测的行为变化，虽然这个行为并不像输入输出那么简单）。继续说上面的 Player 类，我们会注意到原始的改动是为了避免创建大量的 Position 对象。但是考虑到类的使用方式，这有可能导致相反的结果。假设 Player 类有一个访问器用来访问位置以及位置的坐标，它的实现有两种方式，如代码清单 12.8 所示。

代码清单 12.8　Player 类内部的 Position 访问器

改动前的访问器
```
public int getPositionX() {
    return position.getX();
}
public int getPositionY() {
    return position.getY();
}
public Position getPosition() {
    return position;
}
```

改动后的访问器
```
public int getPositionX() {
    return x;
}
public int getPositionY() {
    return y;
}
public Position getPosition() {
    return new Position(x, y);
}
```

改动后 Player 类是否具有更好的性能，完全取决于它是如何被使用的。调用 moveTo(int, int)、getPositionX()及 getPosotionY()的代码绝对会减少内存分配，但是调用 getPosition()的代码会增加内存分配。实际上，使用库的最佳方式发生了变化，原来可以高效分配内存的使用模式现在变得低效了。如果这个库对性能要求很敏感，你就需要考虑将这个改动申明为破坏性改动，因为调用方代码需要进行改动。

现在你已经可以评估任何一个改动是否向后兼容了，这是不是意味着我们的工作就结束了？你可能得出这样的结论，我们只需要检查所有的改动并遵循语义版本规范就可以了。你可能会对自己说:"如果我们做了一个破坏性改动,那也没什么关系,只需要升级主版本,我们的用户就都能明白这意味着什么。"如果每一个应用程序都只有一层依赖,那么确实就是这样的。制造一个破坏性改动确实会给我们的用户带来一些麻烦(他们需要检查这个破坏性改动是否会影响他们的代码并进行相应的改动),但也就仅此而已。

但是,实际中并不总是那么简单。让我们通过依赖图看看当有很多个库互相依赖的时候会发生什么。

12.2.2　依赖图和菱形依赖

我要提醒你本节内容十分令人惊讶。有时候,在看过了某个特别大的依赖图后,我自己都会被震惊,我们竟然如此严重地依赖那么多软件,而且这些软件还在持续进化。本节展示的问题是非常现实的,每一位曾经跟依赖冲突"作战"过的勇士都会展示他们的"伤疤"来证明这一点。好在大多数的时候我们都战胜了。

> **注意**　本节以很多库的版本号作为示例。我们假设所有库都遵循语义版本规范。即使依赖图里有任何库不遵循语义版本规范,那也不会影响我们讨论的内容,只是会让推断的过程变得困难。

目前,我们已经看过了一个应用程序依赖一个库的例子,且那个库自身没有任何的依赖。现在,我们要看的例子是一个应用程序依赖多个库,且每个库都有可能依赖多个二级库,甚至是三级库。我们会用有向图来展示这些场景,图中每个节点都表示一个库(包括其所有版本),每个箭头都表示一个依赖关系,且用标签标注了依赖的版本。

> **注意**　有些工具(包括 Maven)用树而不是图来表示依赖关系。树的每个节点包含一个库及其版本,而不是用图的边表示依赖的版本。两种形式都提供了同样的信息,我个人觉得用图能够更好地发现菱形依赖。

如果这些内容听上去太复杂了,别担心,用图就可以帮助你轻松理解。(大型依赖图里包含的问题并不能轻松解决,但是想要理解图本身并不难。)

让我们来看一个例子。我们有一个应用程序需要读取一些 JSON 文件,它需要用到一个消息队列和一个数据库。正巧,消息队列的库也需要 JSON 的功能。其依赖关系如下所示。

- 应用程序依赖 JsonLib 1.2.0。
- 应用程序依赖 MQLib 2.1.2。
- 应用程序依赖 DbLib 3.5.0。
- MQLib 依赖 JsonLib 1.1.5。

从应用程序的角度来看,最后那个依赖是一个传递依赖,也叫间接依赖,只是因为应用程序依赖 MQLib 而存在。传递依赖可以包含主应用程序不直接依赖的库。

图 12.5 展示了这一组依赖关系。

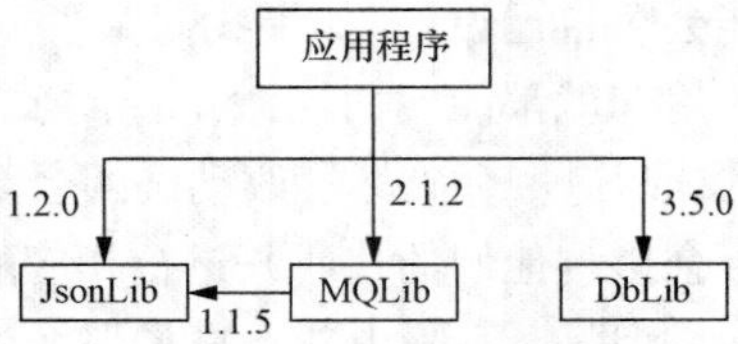

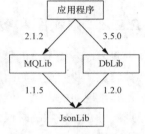

图 12.5　一个简单应用程序的依赖图

实际的应用程序的一个完整依赖集可能包含上千甚至上万个库。虽然这个例子比实际的应用程序要简单很多，但是它还是展示出了一些可能出现的问题：JsonLib 的一个客户（应用程序本身）期望使用版本 1.2.0，而另一个客户（MQLib）则期望使用版本 1.1.5。这就是菱形依赖问题的一个例子。当一个库被两个客户依赖，且这些客户自己也是被别人依赖的库时，我们就称其为菱形依赖。如果应用程序完全不依赖 JsonLib，但 DbLib 依赖它，我们就会看到图 12.6 所示的情况。

图 12.5、图 12.6 所示都是菱形依赖。基于所使用的语言和包管理器，应用程序直接依赖的库可能会有不同的规则，但是本节讨论的主要问题在这两种情况下都会存在。

关键的问题是：使用的 JsonLib 到底是哪个版本，我们是否必须选择单一版本？

图 12.6　经典的菱形依赖图

> **传递依赖的复杂性**
>
> 为了简化，我们忽略了依赖图的另一个方面：通常来说，库的不同版本会有不同的传递依赖。所以 JsonLib 1.1.5 可能依赖了 CommonLib 1.2.0，而 JsonLib 1.2.0 可能依赖了 CommonLib 1.3.0。

共享依赖 vs 隔离依赖

不同的平台、语言，以及库、包管理器对依赖的处理方式都不一样。这些不同的处理方式有各自的优缺点，也有各自独特的细节，最重要的一个区别是这些依赖是被整个应用程序共享的还是被隔离的。

如果依赖是共享的，整个应用程序会使用同一个版本的库。如果依赖是隔离的，每个依赖会复制一份自己需要的库版本，包括库内的各种状态。

共享依赖通常比隔离依赖更有效，也更方便，具体说明如下。

- 代码的多个副本会占用更多内存（且部署时也会占用更多磁盘空间），优化的代价也更大（比如 JIT 必须为每一个副本编译字节码）。
- 需要付出昂贵代价才能初始化的资源或缓存可以借助单例模式被整个应用程序更有效地利用。
- 应用程序的不同组件之间可以透明地传递对象。

但是共享依赖也有两个主要的缺点。

- 如果共享的状态没有设计好，组件之间可能会互相干扰。（比如两个组件都期望自己是库内某个缓存的唯一用户，这样的预期都会被对方破坏。）
- 如果两个不同的组件期望使用同一个库的两个不同版本，那么单一的共享库没法同时满足这两个不同组件的需求。

能够在不同的组件之间传递对象的能力特别重要。在图 12.6 所示的经典菱形依赖中，假设 3 个库具有如下的类和方法，应用程序用起来就十分方便。

```
public class JsonObject { … }                          ← JsonLib 里的类
public class MQTopic {                                 ← MQLib 里的类
    public JsonObject readJsonMessage() { … }
}                                                      ← DbLib 里的类
public class DbTable {
    public void writeJsonValue(string columnName, JsonObject value) { … }
}
```

可以从消息队列里读取 JsonObject，不需要做任何转换就可以将它写入数据库。这只有当 2 个方法的签名（readJsonMessage() 的返回值和 writeJsonValue() 的参数）中 JsonObject 类型是同一个类型或者至少是互相兼容的类型时才可能做到。

> **注意** 在 Java 和 C#这样的静态类型语言中，来自不同库但名字相同的类型之间通常是不兼容的。在动态类型语言中，语义会稍微宽松。动态类型语言的隔离依赖不会像静态类型语言的隔离依赖那样禁止对象传递。但是这并没有解决不兼容的库版本之间的问题。有时候它甚至会让事情变得更复杂，比如，创建对象的组件使用的库比消费对象的组件使用的库只是次版本旧一些，对象的传递也许还能进行，但是反过来可能就不行。

如果一个组件的依赖库完全被用于该组件内部的实现细节（依赖库里的对象不会成为该组件公开 API 的参数和返回值），那么隔离该依赖是十分健壮的方式，除了存在之前提到的潜在的效率问题。

应用程序在选择共享依赖还是隔离依赖时不需要对所有的依赖使用相同的方式。比如，Maven 包管理系统提供了创建 fat jar 的选项，允许用户将一个库的所有依赖都打包形成隔离依赖。而这个库可以和其他使用共享依赖的库一起工作。

主版本之"殇"

有了共享依赖和隔离依赖的背景知识，我们就可以考虑不兼容的库版本可能带来的影响。我们将之前的依赖图更新，让各个组件依赖 JsonLib 不同的主版本（见图 12.7）。

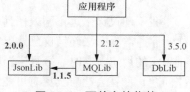

图 12.7 不兼容的依赖

现在应用程序依赖 JsonLib 2.0.0，而 MQLib 还是依赖 JsonLib 1.1.5。这会是一个问题吗？也许……

如果应用程序使用了隔离依赖，也许没问题。如果应用程序是用动态类型语言写的且会将 JsonLib 对象传递给 MQLib，那可能会造成一些新的不兼容问题，但除此之外应该可以正常工作。

如果应用程序使用了共享依赖，先要确定我们要共享哪个版本。可能的选项有 3 个。

- 应用程序和 MQLib 双方都使用 2.0.0 版本。
- 应用程序和 MQLib 双方都使用 1.1.5 版本。
- 依赖管理器拒绝非法的依赖图，因为找不到一个兼容的版本。

最可能的选项是第一个。它能发挥作用吗？这取决于在 JsonLib 的 1.1.5 版本和 2.0.0 版本之间发生了什么破坏性改动。很可能 MQLib 并没有使用任何被破坏的东西，那么一切都能正常工作。这也是依赖管理器不会在依赖图上出现严重失误的合理理由。问题是，你很难知道一个破坏性改动是否会对你产生影响，特别是当潜在的破坏可能发生在另一个库时。就算有工具可以帮你检查源码兼容性和二进制兼容性，但也没法帮你检查语义兼容性。（这不是说能够检查库版本兼容性的工具价值不高。我们还是推荐使用这种工具的，只是不要期望它能检测出所有的破坏性改动。）

> **注意** 不同的语言和包管理器会做出不同的决策。作为库的开发者和使用者，你值得花些时间学
>   习自己开发环境里的规则和惯例。

应用程序的依赖越多，发生主版本不一致情况的概率就越大。同样，一个库包含的依赖越多，主版本的不一致导致实际发生破坏的可能性也越大，普遍被使用的库尤其如此，比如 Java 中的 Apache 通用库或者.NET 中的 Newtonsoft.Json 库。（不过在本书写作时，Newtonsoft.Json 的最新版本是 13.0.1 版，还保持着不错的向后兼容性。）

就算所有的部分都正常工作，一个库要发布一个主版本也要付出巨大的代价。所有依赖这个库并打算升级到最新的主版本的其他库都要仔细检查它们自己是否需要更新主版本，因为这可能会破坏使用旧版本的用户。（依赖的版本是如何影响客户代码自身版本的，这个话题就可以写一本书。）任何依赖该库的应用程序都可能需要改代码来适配新版本，并有可能需要解决菱形依赖和不兼容依赖的问题。

> **注意** 作为一个库的开发者，在决定引入破坏性改动之前，你需要意识到整个生态圈将要为此付
>   出的代价。

我不建议你永远不引入任何破坏性改动。设计库的 API 是一个"先有鸡还是先有蛋"的问题：你通常没办法确信自己做出的决策是否正确，也没办法在错误中学习，直到你的库有了一批忠实的用户。这时，修复错误就有可能需要破坏这批用户。然而，只要在一开始就考虑到这些问题，你就会让自己更有可能成功。

12.2.3   处理破坏性改动的技术手段

本节有点像是收集了很多妙计的锦囊，你可以按任意的次序选用其中的内容。总的来说，你需要在决定自己库的版本时深思熟虑。

了解你的环境：语言、平台和社区

本章通篇都在告诉你语言相关的细节很重要。你可能还记得之前提到过在 Java 里面重命名一个参数不算是破坏性改动，但在 C#里就并非如此。环境方面的细节远远超出了破坏性改动的范畴。它们还包括包管理器如何解读依赖图、社区的预期，甚至涵盖哪些技术手段可以用来规避破坏性改动。

比如，Java 的默认方法和 C#的默认接口实现都允许你往接口中添加新的方法而不造成破坏性改动——只要你提供了一个合理的默认实现。（如果没有一个合理的默认实现，提供一个 no-op 的默认实现可以给你一种非破坏性改动的错觉，但实际上会破坏所有调用默认方法的代码。）你是否在库中提供接口或抽象类的决策也会影响你的设计。版本显然并不是影响库设计的唯一因素，重要的是在选择库的后续版本时考虑各种选项带来的影响。

另外很重要的是构造函数和方法参数。如果你发现每次添加新功能时，参数列表都在不停增长，你可以考虑将参数封装进它们自己的类型来提供更高的灵活性。

强调一遍，你可以使用的设计模式将严重依赖于你的编码语言并会在将来进一步受到目标平台的限制。（比如，旧版本的.NET 平台就不支持 C#的默认接口实现。）

约束你的公开 API 层

如果你意外声明了一个叫作 Costumer 的公开类而不是 Customer，并将这个版本的库发布出去，那么修复这个拼写错误也算破坏性改动。另外，如果你一开始就只在库内部使用这个类，那么没有任何用户会发现你在一个新的补丁版本里对它重命名。

库里的每一个公开的类、方法、属性，或者接口都可能在将来让你头疼。但是，如果你不公开任何东西，你的用户就根本没办法使用你的代码。所以这也是一种权衡。

> **注意**　从一开始就提供一个约束良好的 API 层是可能做到的——比如只提供默认的选项。当你的用户开始探索库的基本功能时，你就会收到各种有用的反馈，明白哪里需要提升灵活性。这就可以避免把库"锁"死在一种设计上，而无法以兼容的方式进化来满足用户的需求。

约束你的公开 API 层的一个方面不像不公开类名那样显而易见。我们前面看到，如果允许继承，那么改变调用代理函数的实现细节可能是一个破坏性改动。但如果你限制这些方法不能被重载，那就没问题了。

> **注意**　有时候，会有一些实际的理由需要你暴露一些额外的 API，然后你需要对这些 API 做破坏性改动。如果你能明确规定普通用户不应该使用这些类，比如将它们放在一个以 internal 之类的名字结尾的包或者命名空间里，那么这也算是一种可行的办法，只是效果不太理想。

有时你会想要在一个稳定的版本里暴露一些新功能，其中只有部分 API 还不太稳定。Guava

库对这种情况的解决方法是使用@Beta 注解。这样效果也不太理想，因为用户很容易漏看这些注解和名字，但有时候带来的好处值得我们这么做。

继承是一个绝妙的工具，但它也会让写出来的代码难以理解。我推荐 Josh Bloch 的建议："从一开始就把继承关系设计清楚，不然就彻底禁止它。"如果你确实设计了继承关系，且一个可以重载的函数会调用另一个，那么你需要用文档把这种继承记录下来，它不再是一个实现细节了——它其实是公开 API 的一部分。

关注你自己的依赖

我们在 12.2.2 小节看到版本改动会如何在整个生态圈泛起"涟漪"。库中共享的依赖越多，会被这些依赖的改动影响的用户也越多。当然，我们并不是建议你重新造轮子。使用可靠的、经过良好测试的第三方组件是一件乐事。你只是需要意识到使用依赖会给你带来什么影响。

如果你想在以后改变自己的决策（比如从一个 JSON 解析库迁移到另一个 JSON 解析库），那就有可能是一个破坏性改动。特别是如果你在公开 API 里使用了任何类型的依赖，那这就一定是一个破坏性改动。改变一个工具或应用程序的依赖要比改变一个库的依赖容易多了。

在决定是否要使用某个依赖前，值得看看项目的历史。你需要用到这个依赖里的多少代码？它们的版本策略是什么？它们对 bug 报告和新功能请求的响应速度快不快？还有人在积极维护项目吗？

如果你的依赖是隔离的，那么涟漪效应的影响范围就没那么广，但还是会有影响，所以最好在添加新的依赖前深思熟虑。总的来说，依赖还是要用的，但请谨慎使用，并意识到你和你的库用户潜在的维护代价。

决定哪些改动具有破坏性

我们在 12.2.1 小节已经看到，并不是所有的改动都可以用破坏性或非破坏性来描述。有些改动很明显会破坏所有使用某段代码的用户；另一些改动则只影响以错误的方式使用库的用户。

当你在考虑是否进行改动并评估某个改动是否具有破坏性时，你可以先试着写一段最有可能被这个改动破坏的用户代码。如果用户需要用到非常晦涩的语言特性才能导致破坏性后果，那么最好只升级次版本。

> 注意　你可能会有这样的想法：如果对某个改动有疑虑，那就干脆把它当成是破坏性改动。这听上去是一种小心谨慎的策略，但其实代价高昂，因为新的主版本会在生态圈里传播"涟漪"。有时候你想要进行的改动虽然在理论上很明显是破坏性的，但是有很好的证据表明它实际上并不会破坏任何用户。这种情况下，你在改动了以后最好还是只升级次版本。这样确实会违背语义版本规范，但如果你已经决定这么做了，那就不要偷偷摸摸地做，而是透明地公布你的理由。

　　我们还没有讨论的一个破坏性改动的"灰色地带"是代码淘汰。大多数语言有自己的方式标记一个类或者方法是即将被淘汰的。使用将被淘汰的类或方法通常会导致一个警告。引入一个新的警告算不算破坏用户？如果用户在构建时把警告当成错误怎么办？我个人将这种情况看成用户需要主动做出决策的场景：他们希望出现破坏性改动时能得到提醒，而我们只是提前提醒了他们。我们马上会看到，代码淘汰可以成为一种强大的工具，帮助用户迁移到新版本。

　　所有选择都需要你来做。工具可以在某些场景下检测出破坏性改动，此类工具有内建的判断逻辑，比如它们会将添加新类看成非破坏性改动，即使它具有潜在的名字冲突的问题。（工具通常不能检测出语义上的破坏性改动。）可能的话，最好将判断你的库的改动是否具有破坏性的原则写进文档，避免让你的用户大吃一惊。

在升级主版本时考虑他人的感受

　　最后，如果破坏性改动不可避免，你该如何处理？首先，我建议你一开始就用文档记录下所有你打算实施的破坏性改动。每一个主版本都代价不菲，所以我们有必要将破坏性改动批量发布，以降低用户被破坏的频率。主版本发布的频率没有什么"金科玉律"，完全基于你的库及用户。你的用户越多——尤其是依赖你的库的其他库越多——主版本升级的代价越大。

　　其次，你的文档应该越清晰越好。理想情况下，你应该有一份所有版本的历史文档，否则至少要有一份关于主版本升级的文档。文档里要记录所有你知道的破坏性改动，无论改动有多么微不足道。可能的话，最好写一篇迁移指南来帮助你的用户。

　　说到迁移，某些情况下，你可以发布一个次版本来作为桥梁帮助用户更方便地迁移到新的主版本上。这里用 NodaTime 作为一个实际的例子。NodaTime 从 1.0 版本到 1.3 版本都定义了IClock 接口，如代码清单 12.9 所示。

代码清单 12.9　NodaTime 1.0～1.3 的 **IClock** 接口

```
public interface IClock
{
    Instant Now { get; }
}
```

　　我们在这个接口的实现上犯了错误。它不应该像 DateTime.Now 那样返回一个系统本地时间，也不应该是一个属性。我们在 NodaTime 2.0 里面修复了它，如代码清单 12.10 所示。

代码清单 12.10　NodaTime 2.0 的 **IClock** 接口

```
public interface IClock
{
    Instant GetCurrentInstant();
}
```

　　如果我们只是这样改了接口，就没办法告诉用户为什么要修复它或指引用户如何修复它。

所以，在发布了 2.0.0 版本之后不久，我们又发布了 1.4.0 版本，将 Now 属性标记为淘汰代码，并引入了一个扩展方法，如代码清单 12.11 所示。

代码清单 12.11　NodaTime 1.4.0 鼓励 **IClock** 接口的迁移

```
public interface IClock
{
    [Obsolete("Use the GetCurrentInstant() extension [...]")]
    Instant Now { get; }        ◀──────  当前使用 IClock.Now
}                                        的代码被标记为淘汰
public static class ClockExtensions
{
    public static Instant GetCurrentInstant(    │  提供一个类似 2.0 版本里
        this IClock clock)=> clock.Now;         │  IClock()方法的扩展方法
}
```

除了会有编译警告，1.4.0 版本在源码和二进制上完全兼容 1.3.0 版本。如果用户想要忽略警告，那没什么问题。或者他们可以改变代码，来为 2.0.0 版本做准备。有些改动没法用这种方式来处理，但是大多数都可以。

这种流程可能不适用于所有的库，但是所有的库开发者都可以尝试让破坏性改动的代价最小化。也许你可以提供工具来迁移配置文件甚至改写源码。也许你可以提供一些分析工具。也许你只提供了文档，但是它写得很清楚并提供了可操作的例子。具备同理心是很棒的：如果你正在使用某个库并遇到了主版本升级，你会想要看到些什么？我们最后一个关于库版本的话题有点偏，但描述的场景是绝大多数开发者都会面对的内部库。

12.2.4　管理内部库

我工作过的每一家公司对于内部库的版本管理都有细微的区别。甚至不同的人对内部这个词的定义都不一样：如果你的产品是一个应用程序，它使用了一些库，但你不打算让任何其他人使用这些库，且你总是将整个系统一起升级，那么这些库还能算是内部库吗？这样的库显然没必要遵循常见的库规则。

同样，如果你的内部库的二进制文件不会被部署到客户的机器上，比如它们只会被用于你的网站或网络 API，那么这些内部库还需要版本吗？对这些库做破坏性改动的规则又是什么呢？

> **注意**　如果你能找到所有使用库的代码，那么关于某个改动是否会对某些用户造成破坏，你就能提出更具体的问题。如果代码总共有上亿行，找到所有相关代码的任务会是一个令人气馁甚至不可能完成的任务。即便如此，情况依然还是会比开源库要好一点，因为你基本不可能知道一个开源库被使用的方式。

即便你可以随意进行破坏性改动——比如留下一段注释"当付款服务的团队更新他们的库

版本时，他们需要改代码"——我还是会建议你尽可能慎重。我们的目标是让客户代码和库代码一起进化，让所有的部分都能继续工作，同时让你打算删除（或破坏）的类或方法慢慢淡出，并最终可以被删除。如果你确实就是这样做的，在真正删除前，我建议你给自己一段冷静时间。这样，在某个最新的改动需要回滚的时候，你就不至于手忙脚乱。

有时候，这种渐进式方案并不总是可行的，或者需要花费的成本大于收益。这就跟数据结构迁移一样，有时候，短时间的下线维护的成本要小于在线迁移的成本。这个跟运行环境有关：有些系统本身就有定期维护的时间窗口，另一些系统则对哪怕很短的下线时间都极度敏感。

有一点是可以肯定的：如果你的内部系统没有一个明确的版本策略，那么进行任何改动都会更加困难。也许你的所有组件都必须基于其他组件的最新版本才能构建。也许你的系统使用了内部的包管理器，可以让各组件独自进行版本管理。也许你有一种混合方案，核心组件做了版本管理，而其他组件则只使用了普通的代码管理。无论是哪一种方案，团队每一位成员都需要理解系统并明白自己代码的改动会如何影响其他同事。

> **注意** 我们在本节开头提到通常各公司的版本管理都不一样。有时候，团队会被设置得尽可能彼此独立，他们甚至有独立的代码管理系统和有限的访问权限。和所有代码都公开可访问的系统相比，这可以让内部系统通过破坏性改动进化变得容易且可行。值得花点时间考虑并记录成文档的是，要用什么流程来进行改动才能避免破坏其他团队的代码或损害公司的工程师文化。

接下来我们就要"切换挡位"，将复杂性的来源从库被很多客户代码使用切换到网络 API 被很多客户端调用。虽然两者之间肯定有一些通用的考量，但它们需要的思维模式是截然不同的。

12.3　网络 API 的版本管理

在我们开始讨论网络 API 的版本管理之前，也许我们应该先了解网络 API 的定义。这个名词有很多变种，我们对网络 API 的定义是：一种通过网络访问，接收请求并提供响应的服务。有的变种比如 webhook API，它会向客户代码发送请求而不是用户向服务发送请求。为了简化，我们只讨论用户向服务发送请求，并由服务返回响应的场景。我个人对于使用 JSON 数据的 HTTP 服务以及使用 Protobuf 的 gRPC 服务很有经验，这里讨论的问题可以被运用到各种服务上。（Protobuf 是谷歌的二进制序列化格式，一开始只是在谷歌内部使用，公开于 2008 年。我们会在 12.4 节看到它的更多细节。）当然，我们讨论的问题对于不同的服务有不同的答案，所以你需要意识到在不同环境下复用答案可能导致的偏差。

12.3.1　网络 API 调用的环境

我们在发布一个库时，通常对于这个库如何被用户使用是一无所知的，除非用户提交 bug

报告、提新功能需求或者在 Stack Overflow 上提问等。我们通常会期望这个库只在一个单一的
生态圈里使用——比如我从来不会考虑 NodaTime 库和 Perl 之间要如何互动。这个生态圈本身
可以很大很复杂，包含多种语言，但我们应该不需要
处理太多意料之外的问题。

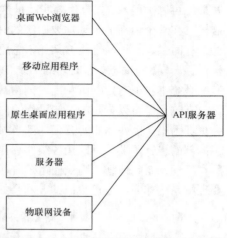

对于网络 API（或者至少是由我们提供的那些），
我们会更加了解它如何被用户使用，因为我们可以看
到服务端接收到的请求。但即便如此，我们通常也不
可能知道用户调用网络 API 的环境。这种灵活性是网
络 API 的强大功能之一，但同时也让我们难以推断改
动 API 可能带来的影响。

图 12.8 展示了不同应用程序或设备发送网络请求
的复杂环境，且其内部的实现会更复杂。你接收到的
请求可能来自用不同编程语言写的各种应用程序——
有些是自己写的裸代码发送的请求，有些则是使用某
个专门的客户端库发送的请求。在同一个平台上甚至
有可能存在多个不同的客户端库。

图 12.8　API 会被很多不同的应用程序或
设备调用

对客户端库的假设

　　客户端库可以给你的用户提供方便，但要写好客户端库不容易，特别是当你需要扩展支持多种语
言和多个 API 的时候。代码量提升到一定程度以后，你可能就需要通过某种工具或 API 描述格式来
自动生成你的库里的大部分代码，比如用 OpenAPI，或自己写的一个代码生成器。这会在兼容性方
面带来更大的复杂性：你在 API 上进行的改动也许兼容旧的请求和响应，但是会生成不兼容的新库。
这样的情况只能由你来决定是否可以接受（通过升级库的主版本）。

　　即使你提供了客户端库，你也不能假定所有的请求都是由客户端库生成的，除非你通过某种方式
强制这一点（比如让库提供数字加密的签名）。大多数 API 都不会这样做，因为跟那些能够用 Postman
等工具进行测试的 API 相比，强制使用客户端库会让用户感觉很不友好。

在讨论库和依赖图时，我们遇到了应用程序及其依赖库各自依赖另一个库的不同版本的情
况。在网络 API 里不存在这种菱形依赖的情况，但是会遇到类似的旧版本和新版本的代码同时
提供服务的情况。

- 在部署服务时，服务的旧版本和新版本可能会同时运行。现代的服务通常都会被设计
  成在版本更新时无须下线维护。
- 同样的数据可能被两种客户端访问——一种客户端只能识别旧版本的数据，另一种能
  识别新版本的数据。

我们需要意识到网络 API 所处的环境，那就是访问我们服务的客户端具有多样性，而我们
的服务的版本只能保证最终的一致性。我们会在后面看到这样的环境给我们的 API 设计带来的

具体影响，不过在此之前，让我们先从用户的角度看看他们想要完成的目标。

12.3.2　用户喜欢公开透明的版本策略

当你开始思考 API 的版本管理时，有时会忍不住深入了解技术方案和策略。但是如果不先显式确认需求，你的方案就可能太过简单而无法满足任何需求，或者太过复杂以至于难以理解。（或更糟，太过复杂以至于难以理解的方案依然无法满足用户的需求，你还很难修改。）

你应该问自己这样一些问题。

- 你的 API 是用于某个特殊环境吗？（通常来说，API 会被用于多种环境，一个 99% 的用户都是其他网络服务的 API 设计和一个 99% 的用户都是物联网设备的 API 设计可是完全不同的，物联网设备很少更新版本，而且对响应的数据量有要求。）这是我们在第 5 章描述的流量模式中提到的内容，以及对帕累托法则的运用。
- 你跟你的用户之间是否有一个清晰的沟通渠道，可以通知他们关注接下来的任何改动？
- 你是否打算跟用户合作开发 API 层？这会导致 API 的某些版本对稳定性的要求不是那么高。
- 你预计的 API 进化速度是多少？你估计用户需要多久才会升级到最新的版本？
- 你打算支持旧版本多长时间？能达到用户的预期吗？
- 你能否记录 API 各方面的使用情况，比如版本、客户端库以及远程过程调用（remote procedure call，RPC）这样的独立组件？

  这些问题中有一些甚至对简单的库也有意义，但是网络 API 会需要更多的互动。比如，用户想要继续使用一个供应商早已放弃支持的库，他们可以这样做（当然责任自负）。但在网络 API 里，如果供应商关闭了某个端口，用户会立即受到影响。

> **注意**　上述所有问题都会影响你的版本策略，但有一件事是肯定的：用户会欣赏一份清晰完善的版本文档。这能让他们的业务放心依赖你的 API，也能让他们的开发团队有信心安排好自己代码的升级。但是，这方面的文档就像其他大多数文档一样经常被忽视，而你的版本策略应该要将这种公开的文档作为你的产品的一部分。

有了这些背景，现在让我们来看两个经常用到的版本策略。

12.3.3　常见的版本策略

不同的组织对于长期的版本管理有不同的策略。最常见的策略之一莫过于：当它不会有问题时，走一步看一步。我当然不会推荐这样的策略。

有两个比较深思熟虑的策略，虽然它们依然有可能出错，需要花很大代价实现，但至少成功的概率比较高。我将它们称为客户端控制版本和服务端控制版本。这两个称呼比较模糊，后面会有详细的说明。

这两种策略都需要客户端在发送请求时通过某种形式指定版本。具体的指定方式不会影响之后的处理。比如，一个 HTTP 请求可以通过下列形式指定版本：

- 把版本放在某个 HTTP 头部；
- 把版本放在一个查询参数里；
- 把版本作为 URL 的一部分。

如果是其他协议，版本还可能出现在别的什么地方。无论我们让客户端把版本放在哪里都有其优缺点，具体的细节不属于本书范畴。我们主要关注版本会如何影响 API。让我们先看看由客户端精确指定 API 版本的情况。

客户端控制版本

在客户端控制版本的时候，客户端需要提供 API 版本，该版本精确指定了客户端代码能够理解的 API 层，示例如下。

- 客户端不应该在请求中提供不属于该版本的字段，即使字段会出现在其他版本里。
- 服务端不应该在响应中返回不属于客户端指定版本的字段。
- 服务端不应该在修改资源时对客户端指定版本中不存在的信息做任何假设。

让我们看一些具体的例子，想象围绕 Person 资源有一个非常简单的 API，其 1.0 版本有字段 id 和 name。[这实在是过于简单了，其目的是让我们只关注版本。如果你还想要关注各种其他方面，比如 id 的特征、应该由谁来创建 id 等，可以参考 J.J.Geewax 撰写的 *API Design Patterns*（Manning，2021），其中有一般 API 设计的更多细节。] 到了 1.1 版本，我们引入了一个新的字段：occupation。我们的 API 提供了 CreatePerson() 和 UpdatePerson() 方法（请求里包含 Person 资源）以及 GetPerson() 方法（请求里包含需要获取的 Person 的 id）。表 12.1 展示了客户端控制版本的一些示例请求及其响应。这些示例只包含 CreatePerson() 和 GetPerson() 方法。我们会在后面看到 UpdatePerson()。

表 12.1　客户端控制版本的示例请求及其响应

客户端请求	服务端响应	注释
版本：1.0 方法：CreatePerson() 正文：id=1, name="Jane"	OK	
版本：1.1 方法：CreatePerson() 正文：id=2, name="Erik", occupation="Accountant"	OK	1.1 版本可以指定 occupation
版本：1.0 方法：GetPerson() 正文：id=2	OK id=2, name="Erik"	虽然资源包含 occupation 字段，但不会在 1.0 版本的响应里返回

续表

客户端请求	服务端响应	注释
版本：1.0 方法：CreatePerson() 正文：id=3, name="Kara", occupation="Engineer"	Bad request	1.0 版本的请求里不能指定 occupation

版本号本身的格式很灵活。像语义版本规范那样区分主版本和次版本是需要的，但通常不需要再加上补丁号，因为语义版本规范的补丁号是用于不同实现的（或仅仅是改了注释），而不是用于 API 的。次版本号可以是一个普通的自增整数（比如 1.0、1.1、1.2 等），也可以是一个 8 位数的日期，形成这样的版本序列：1.20200619、1.20201201、1.20210504。基于日期的版本号更长，但是能提供更多信息，不需要用户查找完整的版本历史文档。

补丁号的成本和价值

对于需要确保绝对稳定性的商用 API 来说，你可以加入补丁号，确保客户端在请求指定的版本时获得一致的行为，即使该行为是一个错误的行为。比如，一个质数 API 在 1.2.0 版本里错误地声明了 1 是一个质数，并在 1.2.1 版本里修复了这个行为（没有改 API 层）。当客户端指定访问 1.2.0 版本时，依然能够得到一个错误的结果。这意味着需要维护每一个版本的实现，这可不是一项简单的任务。大多数 API 不需要这种程度的绝对一致性。

客户端控制版本的成本可能很高，因为服务端需要记住历史上曾经发布过的所有版本，或者至少记住所有你还打算支持的版本。让一个旧版本下线会破坏所有该版本的客户端。被破坏的客户端会采取什么行动取决于服务端里处理错误的方式——包括处理从来不合法的版本号，以及曾经合法但是现在不支持的版本号。本章不讨论你具体该怎么处理错误，但你需要在一开始设计的时候就考虑好。

客户端控制版本的一个缺点是实现代码需要把所有次版本的细节都记录下来，这样服务端才能知道如何验证请求并在响应里返回什么样的字段。因为请求可能在系统里传播，客户端指定的版本号也会被传播，所以最好在系统的入口点自动完成请求的验证过程和移除响应中多余字段的过程。

从理论上说，让客户端控制版本可以允许 API 迅速进化而不破坏客户端。比如，如果 1.0 版本有一个拼写错误，你可以发布 2.0 版本修复这个错误。新旧两个版本的请求可以被转化成一个内部的请求格式，以一种跟版本无关的方式进行处理。内部的响应格式则根据指定的版本转化成不同的响应返回给客户端。1.0 版本的现存用户不受影响，只有当他们打算升级到 2.0 版本时才需要改代码。

注意 主次版本号的作用区分只对人类有意义。对于代码来说，其实每个次版本都是独立的版本，服务端的代码或客户端的代码都不在乎 1.0 版本到 1.1 版本是一个向后兼容的改动，而 1.1 版本到 2.0 版本又是一个破坏性改动。只有人类才需要在升级应用程序使用新版本时关心这些——他们要了解是否需要修改代码来应对破坏性改动。

客户端控制版本在读-修改-写操作上有好的副作用。让我们回顾一下 Person 资源的 API，它的 1.0 版本有 id 和 name 字段。在 1.1 版本，我们又引入了 occupation 字段。我们的 API 有一个 UpdatePerson() 方法，接收一个 Person 参数，用来设置资源的所有字段。该参数内未提供的字段则会被清除掉。

如果我们不考虑客户端了解哪些字段，这种行为就会有危险的后果。让我们看看下面一段简化的代码，它更新 Person 的 name，如代码清单 12.12 所示。

代码清单 12.12　更新 name 的代码

```
public void updateName(String id, String newName) {
    Person person = client.getPerson(id);
    person.setName(newName);
    client.updatePerson(person);
}
```

虽然以上代码看上去没有什么问题，但如果某个客户端只知道 1.0 版本，而被修改的 Person 被另外一个客户端设置了 occupation 字段怎么办？表 12.2 展示了服务端没有正确地实现版本管理，会导致信息在一系列请求后丢失的场景。

表 12.2　错误实现的读-修改-写操作会丢失数据

客户端请求	服务端响应	注释
版本：1.1 方法：CreatePerson() 正文：id=2, name="Erik", occupation="Accountant"	OK	
版本：1.0 方法：GetPerson() 正文：id=2	OK id=2, name="Erik"	没有返回 occupation 字段，因为 1.0 版本的客户端不知道这个字段
版本：1.0 方法：UpdatePerson() 正文：id=2, name="Eric"	OK	1.0 版本的客户端提供了它知道的所有字段
版本：1.1 方法：GetPerson() 正文：id=2	OK id=2, name="Eric"	occupation 丢失了

在这个例子里，服务端处理 UpdatePerson() 方法的行为是错误的。虽然我们期望该方法接收的参数是一个完整的资源，但这只能是从客户端的角度看到的。客户端没有提供 occupation 并不说明客户端希望删除这个字段，只是客户端不知道 Person 资源里存在这个字段。

幸运的是，服务端可以更好地实现这个方法。它可以看到客户端指定了 1.0 版本，并只更新该版本里有的字段。在大多数情况下，这个实现已经足够好了。除非遇到新字段需要跟旧字段进行校验的情况，那时我们还会进行一些复杂的处理。在服务端实现正确的情况下，客户端就可以进行完整更新，而无须担心会践踏那些自己都意识不到的数据。我们在这里忽略了并发校验的情况，这是会导致数据丢失的另一种场景。但这两种导致数据丢失的因素是正交的，并发性跟 API 版本管理（更多的是资源的版本管理）无关。要实现这样的服务端并不容易，但通常会有一些比较通用的自动化方式能帮助我们实现它。

现在让我们来看看服务端控制版本的情况。这并不意味着版本完全由服务端说了算，但确实给服务端提供了更大的自由空间。

服务端控制版本

服务端控制版本的时候不存在次版本号的概念。API 只能在同一个主版本号内以向后兼容的方式进化，而客户端只能忽略响应里任何它们不理解的信息。

服务端控制版本的时候还是有主版本的，而且由客户端指定，可以通过 URL、IP 地址，或者 HTTP 头部指定。如果连这点协商都没有，服务端的破坏性改动就必然会破坏所有现存的客户端。

服务端控制版本比客户端控制版本更加动态、更不精确。通常服务端会更容易实现，因为它们只需要维护所有主版本的实现，而不需要确保支持所有的次版本，需要适配内部格式的请求和响应的版本数量更少，你需要写的适配器数量也更少。

服务端有可能在响应里返回比期望更多的信息，这对于某些客户端来说会是一个问题。比如，一个物联网设备请求一本书的信息，期望获得 100 B 左右的简介，结果 API 还返回了整个第 1 章的内容作为试看内容，导致设备在处理响应时内存耗尽。这不是一个不可解决的问题，API 设计模式里提供了限制响应数据量的方法，只需要客户端在请求中指定它对响应的哪部分内容感兴趣。对于我们来说，只要记住这里会有一些需要考虑的地方就好了。

在服务端控制版本时，我们之前见过的读-修改-写操作的问题会更严重，因为服务端没办法知道客户端都了解哪些字段。完整接收资源并无条件复制字段的方法会丢失数据，所以需要设计基于补丁语义的方法，让 API 接收一个需要更新的字段列表。我们会改动示例中的 API，让它提供一个 PatchPerson() 方法，允许客户端在提供待修改资源的同时提供一个待修改字段的列表。与表 12.2 类似，表 12.3 展示了服务端控制版本时的一个请求序列。客户端无须在请求里说明自己用的是 1.0 版本还是 1.1 版本，甚至都不会有 1.1 版本，只有 API 的 v1 版本。

表 12.3　用补丁语义实现读-修改-写操作

客户端请求	服务端响应	注释
版本：1（客户端版本是 1.1 版本） **方法**：CreatePerson() **正文**：id=2, name="Erik", occupation="Accountant"	OK	
版本：1 **方法**：GetPerson() **正文**：id=2	OK id=2, name="Erik", occupation="Accountant"	返回 occupation 字段，因为只指定了主版本，客户端可以丢弃它不理解的信息

客户端请求	服务端响应	注释
版本：1 方法：PatchPerson() 正文：resource={id=2, name="Eric"} fields="name"	OK	客户端指定它想要修改的所有字段（可以是它知道的所有字段，也可以是其中一部分字段）
版本：1 方法：GetPerson() 正文：id=2	OK id=2, name="Eric", occupation="Accountant"	occupation 还在，因为只更新了指定的字段

使用客户端控制版本的 API 为了提高效率也可以提供补丁语义；只是不需要为了避免丢失数据而为之，因为它已经在版本号里提供了额外的信息告诉服务端哪些字段是它能理解的。而在服务端控制版本的 API 里，除了简单的场景之外，其他场景都需要提供补丁语义。

保留未知字段

有些序列化格式有能力在解析响应的时候保留未知字段，并将这些信息原封不动地插入另一个请求里。比如 protobuf 就支持这种能力。但这种能力是比较脆弱的，如果响应的数据被反序列化到另一种对象模型里面，那么未知的字段就有很大可能被丢失。所以如果你想要一个比较健壮的方案，还是得显式指定你想要修改的字段。

客户端控制版本和服务端控制版本这两种策略都完全合法。它们对客户端库的版本管理、文档、服务端的实现都有不同的要求，而且正如我们在更新资源的 API 例子中看到的那样，它们甚至在 API 的设计上也有所不同。你需要自行决定最适合你的策略，也就是跟这两种策略都完全不同的策略。在决定选用任何一种策略之前，我建议你要深思熟虑。

上述两种策略还有其他一些需要考虑的因素。有些因素甚至会影响数据存储的选择，我们会在 12.4 节讨论。

12.3.4　版本管理的其他考虑因素

彻底分析网络 API 版本管理的方方面面超出了本书的范畴，这些内容就可以写一本书。不过，最后有几点还需要简要介绍，主要是为了提醒你在 API 相关的上下文里还有一些额外的思考。

预发布版本的管理

设计 API 不是件容易的事。通常也不受重视，毕竟 API 层自身并不包含代码逻辑。你可能觉得只有具体的代码实现才是重点。某些 API 是这样，但对于大多数 API，其接口设计才是重点，这需要工程和艺术的结合。你通常不会知道 API 会被如何使用（API 设计的一大乐趣也在这里），这意味着你在设计的时候拥有的信息不完整。再加上你在迭代 API 时还需要考虑兼容性方面的限制，最后能把它做好简直就是奇迹。这就是为什么我们需要预发布 API。

　　把 API 的早期版本或者是在已有 API 上待添加功能的早期版本提供给你的潜在用户，你就能在发布最终的 API 层之前收到反馈。虽然你总是可以发布一个新的主版本来修复任何问题，但这样做对于你的用户来说很不友好，因为他们将不得不修改自己的代码。图 12.9 显示了预发布版本如何在 API 的第一个稳定版本之前和之后进行迭代。

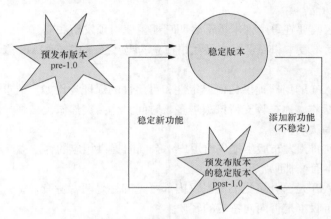

图 12.9　API 预发布版本的迭代

　　表 12.4 假设了一个 API 的发布序列。版本字符串的格式沿用了之前讨论客户端控制版本和服务端控制版本的例子。通过表 12.4 你可以知道如何让用户反馈帮助你改进 API 的设计，还不会导致需要稳定性的用户被破坏。

表 12.4　假设的 API 发布序列

版本	发布日期	注释
1.0-alpha.1	2023-01-10	API 初稿，用于获取用户反馈。某些部分还没实现，或者可能性能很糟
1.0-beta.1	2023-02-15	基于 alpha 版本的反馈做了修改，改进了实现——但还是不保证 API 层的稳定性以及服务的可用性
1.0-beta.2	2023-02-25	基于 1.0-beta.1 版本的反馈做了破坏性改动。如果我们足够自信，可以宣布这个版本为一个发布候选版本
1.0	2023-04-05	第一个稳定版本，保证了 API 层的稳定性和服务的可用性
1.1-beta.1	2023-04-08	两个新功能（X 和 Y）的预发布版本
1.1-beta.2	2023-05-05	基于 1.1-beta.1 版本的反馈做了修改；X 功能的 API 层有破坏性改动
1.1	2023-05-30	包含 Y 功能的稳定版本，但是不包含 X 功能，因为用户的反馈表明它还需要返工
1.2-beta.1	2023-05-30	和 1.1 同时发布，让试用（不稳定版的）X 功能的用户可以有一个较稳定的包含 Y 功能的 API 层。另外还加入了 Z 功能
1.3	2023-07-14	包含 X 和 Z 功能的稳定版本。不需要同时发布 beta 版本，因为没有其他不稳定的功能（对于大型 API 来说，这种事情可能永远不会发生。永远都会有一些不稳定的功能）

　　API 的预发布版本并不只是一个提供给经过挑选的用户群体使用的普通 API 版本。我们在

API 层的稳定性和服务的性能方面对它们的预期是不一样的。我们需要确保用户了解这些预期，这样他们才不会对我们产生抱怨。

处理预发布的方式有很多，下面列出了一些需要你自己回答的问题。

- 预发布版本的内容跟稳定版本的内容如何区分？如何确保用户不会因为不小心而用到不稳定的功能？
- 客户端是否需要在每个请求里都表明它期望使用预发布功能？
- API 的预发布版本和稳定版本是互相独立的吗？还是在一台 API 服务器上同时服务两类请求？
- 你是否向 API 的用户提供任何稳定性和可用性的保证？比如，请求里如果指定了预发布 API 的版本，你打算支持该版本多长时间？你会突然做出破坏性改动还是会提供一个较短的淘汰期？
- 你打算如何将预发布版本提供给用户？会同时提供相应的客户端库吗？
- 预发布版本有文档吗？
- 预发布的 API 是公开可见的还是仅内部可见的还是两者皆有？
- 你的预发布版本是否面向特定的客户？
- 你有什么内部工具和流程来支持回答上述问题吗？

如果你在开发的时候从没想过这些问题，事到临头要插入一个预发布版本，可能就要给你的用户添麻烦了。就算你一开始并没有打算实现预发布版本，也不妨碍你未雨绸缪。

服务部署

这听起来像是句废话：你的 API 会部署在多台服务器上。（说真的，任何生产环境 API 要是不这样部署我们才担心呢。）这意味着生产环境在任何时候都可能有混用的 API 版本。基于版本策略以及客户端在请求中指定版本的方式，你可以将公开的请求路由到指定的服务器上。但是更简单的方法通常是让所有的服务器都能处理所有当前公开支持的版本的请求，并确保你只在完成部署后才公开更新的 API 的细节。

API 部署流程通常包含如下步骤。

- 部署到一组灰度服务器上。
- 监控灰度服务器上的故障。
- 在灰度服务器上测试 API 的新功能。
- 部署到剩余服务器上（根据服务器数量，部署可能需要几个小时甚至几天）。
- 在随机服务器上测试 API 的新功能。
- 公开发表新 API 的细节。

你需要准备好在何时部署回滚，这意味着你需要考虑如何测试新 API 对资源造成的改动。如果你需要在发布新 API 后回滚，那你就要处理更大范围（也更敏感）的资源，包括所有新输入的字段，还要跟用户沟通回滚的情况。

跨版本资源处理

我们已经讨论过如何（慎重地）使用主版本来（偶尔地）对 API 做破坏性改动。大多数 API 需要将资源持久化，通常你也会让不同主版本的客户端有能力访问同一个资源。当然例外也是有的，你可能决定从 v1 升级到 v2 时淘汰部分资源，某些资源类型仅在新的主版本里可用也是很合理的。但是 v1 里的大多数资源到了 v2 应该依然可以被访问。如果没有某种边界控制，那么一旦某个资源被 v2 客户端访问，v1 的客户端就没法访问了。

跨版本访问资源会影响资源的使用方式，资源的 ID 不应该包含 API 版本号。这也会限制你设计和实现新的主版本的方式。如果你想要从头写 v2，支持 v1 客户端的需求会让你的重写变得很困难。让 v1 客户端的开发者迁移到 v2 只是需要考虑的因素之一，更重要的是服务端如何实现的问题。v1 可能只有一小部分用户，且他们可能根本不打算迁移到 v2（所以你不需要担心升级路径），但如果他们需要访问跟 v2 用户相同的资源，麻烦就来了。我们不是说彻底重新设计是不可能的，只是实现的代价会比你预期的大很多。

其中一些代价取决于你的存储系统提供的功能。本章最后一节，即 12.4 节，将介绍以版本灵活的方式设计数据存储。

12.4 数据存储的版本管理

我们生活在一个大数据时代。过去几十年来，我们一直认为数据是存放在 SQL 数据库里的，有数不清的文章教我们如何进化 SQL 表的格式。但是在本节，我们会以通用的方式讨论数据进化。虽然我们会使用 Protobuf 作为示例中的格式，但是我们讨论的内容是跟特定格式无关的。世界上还有很多其他的存储格式，比如 Avro 和 Thrift——它们在版本管理上都有细微的差别。无论你选择的是什么格式，本节都不打算成为特定格式的说明文档，只是会提醒你说明文档里的哪些部分比较重要，需要特别留意。其实讨论 SQL 的文章也是这么做的，只不过 SQL 表格式的选择跟你使用的 SQL 数据库类型强相关。

虽然本节讨论的是存储，但是涉及的很多格式也可以被用于网络 API，特定格式的破坏性改动也跟 API 的设计和版本策略有关。我们在 12.3 节特意只考虑了顶层的设计，没有深入介绍这方面的细节。然而一旦你设计好了顶层的 API 版本策略，本节就可以继续在细节方面帮助你。让我们从一个非常简要但足够解释本节剩余内容的 Protobuf 教程开始。

12.4.1 简要介绍 Protobuf

Protobuf 是由谷歌发明并广泛使用的一种序列化格式，后来被更广泛的生态圈接受并使用，特别是在 gRPC 框架中。Protobuf 的主要设计目的是实现高效的二进制存储，但现在它也支持 JSON 编码的格式。

Protobuf 的格式文件被称为 PROTO 文件，使用.proto 文件扩展名。这些文件应该跟其他源码文件一样被谨慎对待并一起托管在源码管理工具里。它们会在文件头部包含一些选项，并包含一系列定义格式的元素。

- 消息（message）——大多数 PROTO 文件的主要部分，类似于大多数编程语言中定义的类型。消息里面可以包含字段、嵌套消息以及枚举。
- 枚举（enum）——定义已命名的整型的映射。
- 服务（service）——用来定义远程方法调用（RPC）。虽然 gRPC 和 Protobuf 通常一起使用，但是也可以设计一个使用 Protobuf 的非 gRPC 的 RPC 框架，或设计一个不使用 Protobuf 的 gRPC。我们不会在这里关注服务的细节。

消息中的字段有 3 个主要内容。

- type——字段的类型，可以是基本类型（如整型、浮点型、字节字符串或文本字符串）之一、枚举或消息。在字段的类型前加上 repeated 表示这个字段是该类型的一个列表。
- name——字段的名字，在生成代码以及将消息转换成 JSON 格式时使用。
- number——字段的序号，用于二进制序列化格式。

Protobuf 还有一些额外的概念，比如扩展、多选一（是指提供一组字段，但在同一时间只能设置其中一个字段）、映射、可选字段等。

一般来说，Protobuf 的格式需要经过 Protobuf 编译器（protoc）的转换才能变成代码用于库和应用程序中。虽然理论上可以不用格式文件，直接写代码使用二进制序列化的格式，但是实际上很少有人这样做。（某些语言的代码还支持直接在数据模型上加标注表明 Protobuf 字段的 number 和 type）。

为了让说明更具体，我们通过一个简单例子来看看一个角色扮演游戏的 PROTO 文件是什么样的。我们想要表示一个玩家可以操控的角色，包括角色的名字、职业、血量，以及他们携带的物品（库存清单）。代码清单 12.13 展示了一个存储上述数据的 PROTO 文件。

代码清单 12.13　角色扮演游戏中定义角色的 PROTO 文件示例

```
syntax = "proto3";
message Character {
  string name = 1;
  bytes icon_png = 2;
  Profession profession = 3;
  repeated Item inventory = 4;
  // 库存最大格子数量
  // 库存已满
  int32 inventory_slots = 5;
  int32 health = 5;
  int32 max_health = 6;
}
message Item {
  string name = 1;
```

```
    // 该物品在库存里占用了几个格子
    int32 slots = 2;
}
enum Profession {
    PROFESSION_UNKNOWN = 0;
    MAGE = 1;
    THIEF = 2;
    WARRIOR = 3;
}
```

我们不会深入介绍更多的细节,但会以这个 PROTO 文件为基础讨论后续的改动及其影响。我强调一下,本节内容不会涵盖 Protobuf 的方方面面,只关注跟你使用的存储格式相关的细节。让我们先来看看哪些改动可能会有问题。

12.4.2 哪些是破坏性改动

正如海拉姆定律所揭示的,任何改动都可能破坏一些用户。如果用户以一种脆弱的方式使用数据,那么用户可感知的存储格式的变化会给用户带来麻烦。然而对于内部存储格式来说,任何的改动都会破坏一部分场景——由于用户感知不到这些场景,所以可能并不关心它们。这有点像源码兼容性和二进制兼容性的区别,但是需要考虑的因素更多。

举几个例子,如下所示。

- Protobuf 有多个类型表示 32 位带符号整型,它们有多个不同的序列化格式。把 int32 类型改成 sint32 类型会改变存储数据的含义但不会改变生成的 API 代码。
- 把字段名字从 health 改成 hit_points 不会改变存储数据的含义,但在生成的代码里会导致破坏性改动。
- Protobuf 为 Java 和 C#生成的方法和属性使用驼峰命名法。这意味着把字段名字从 inventory_slots 改成 inventorySlots 不会改变存储数据的含义,也不会改变 Java 和 C#生成的代码,但会影响为大多数其他语言生成的代码。
- 新增一个枚举值(比如添加新职业弓箭手)不会导致任何构建失败或存储失败,但所有试图使用角色职业的代码都需要对新值进行专门处理,或者可以用通用方式来处理(即我不知道这个值的含义,但是会保留它)。
- 删除一个字段会破坏所有试图使用它的代码,即使存储数据里还保留着该字段的数据。
- 新增一个字段不会破坏任何代码,即使你同时部署了新、旧版本的代码,且旧版本的代码读取的数据里包含新的字段也不会有问题。

最后这个例子是由 Protobuf 处理未知字段的方式决定的,我们在之前讨论 API 响应时已经提过。我们等会儿将看到更多的细节。

我还要提醒的是,上面所有陈述都假设我们只用 Protobuf 的二进制格式来存储数据。如果我们还要用 JSON 格式存储数据,改变字段名也会导致存储数据被破坏:JSON 格式里忽略了字段的序号,但是会根据字段的名字生成对应的 JSON 属性的名字。如果你的数据有多种存储格式，你需要在做改动时考虑其对所有存储格式的影响。

如果你的存储只在内部使用，你就能找到并改变所有用到它的代码。此时你会发现对生成的代码做出破坏性改动是可行的，有时候甚至还很简单。它很大程度上基于你的内部代码使用的版本策略。破坏存储格式的改动则是一件更困难的事，切不可掉以轻心。通常我们可以通过数据迁移来进行修复，但这需要很详细的计划。让我们来看一个例子。

12.4.3 在存储系统内部迁移数据

我们先要意识到数据迁移有很多不同的类型。有时可能是从一个系统迁移到另一个系统，有时则是在系统内部从一种格式迁移到另一种格式。在我们接下来要讨论的场景里，你会发现，如果要对现有的格式进行一蹴而就的改动，那将会是一种破坏性改动。但如果换一种小步慢走的方式，通常不会有破坏性改动。

假设我们要改变角色显示图标的方式，以便能支持不同大小和用途的图标。比如我们想要在介绍单个角色时显示大图标，而在显示角色列表时显示小图标。目前我们只有一个 `icon_png` 字段。虽然我们可以继续简单地往 `Character` 消息里面添加更多的新字段，但这样做会给我们的后期维护带来麻烦，且不利于我们在类似场景下（比如在展示物品或地点时）复用图标处理的代码。所以我们想要引入 `IconCollection` 消息来帮助我们进行数据格式和代码的复用。

> **注意** 使用最简单的方法做事可以帮助我们在原型阶段迅速试错，但是到了后期就会难以改变。你不可能预先设想好所有的场景，且提前引入灵活性也会存在过度设计的风险。但无论如何，在你为字段选择原始格式之前，请至少先考虑是否值得使用一个消息类型。哪怕这个消息里面一开始就只包含一个字段。

我们的 `IconCollection` 消息会相当复杂，这里先给出一个简化的版本，如代码清单 12.14 所示。

代码清单 12.14 图标集的 proto 示例

```
message IconCollection {
  message Icon {
    bytes data_png = 1;
    int32 width = 2;
    int32 height = 3;
  }
  repeated Icon icons = 1;
}
```

我们的最终目标是将当前 **Character** 消息里的 `bytes icon_png = 2` 字段替换成新的字段：`IconCollection icons = 7`。我们不希望在改动的过程中影响任何现有用户。注意这里字段的序号是不同的，这一点对于数据迁移来说很关键。

现在我们需要执行一系列步骤来迁移数据。

① 写一份关于所有步骤的计划文档，确保所有利益相关者都对之满意。

② 将新的 `IconCollection` 消息加入格式文件，并将 icons 字段加入 `Character`。

③ 修改服务端所有读取 `icon_png` 字段的代码。

- 如果 `Character.icons` 字段存在，且这个重复字段中至少有一个元素，使用第一个元素。

- 否则使用旧的 `icon_png` 字段。

④ 修改服务端所有写入字段的代码。

- 将 `Character.icons` 字段设置成 `IconCollection` 消息，其重复元素中只有一个元素。

- 将新的图标数据也设置到旧的 `icon_png` 字段里。

⑤ 部署新服务代码。

⑥ 等待一段时间，直到我们确信不需要回滚。

⑦ 运行迁移工具，检查系统内的所有 `Character`，如果 `icon_png` 字段有值而 icons 字段没有，则将数据复制到 icons 字段的 `IconCollection` 里。

⑧ 修改服务端，移除所有用到 `icon_png` 字段的代码。

⑨ 部署新服务代码。

⑩ 等待一段时间，直到我们确信不需要回滚。

⑪ 运行迁移工具，检查系统内的所有 `Character`，如果 `icon_png` 字段有值就将其清除（确保我们没有无用的陈旧数据）。

⑫ 将格式文件中 `icon_png` 字段替换为 `reserved 2`。

最后一步确保我们今后永远不会复用序号为 2 的字段。这样做不会有什么坏处，还能提供额外的安全防范——万一有一些旧数据没有迁移，我们也不会将旧的图标数据错误地解释成别的什么。

图 12.10 展示了上述步骤。左边的文本描述了在采取每一个步骤时数据结构和存储数据的状态，右边的文本则描述了步骤之间需要进行什么操作。步骤与步骤之间必须有一段合适的等待期，以确认是否需要回滚。我们应该要有一份在必需的情况下回滚的计划，但也要尽可能避免回滚。

现在，所有的代码都已经使用了新字段，我们就可以开始实现新功能了，而这又会导致新一轮的改动步骤，因为我们的逻辑从 Character 只有一个图标变成 Character 可能有多个图标。确认是否需要回滚的等待步骤十分关键。数据迁移只有在我们知道是什么代码在访问数据的情况下才能进行。为了确保两个不同的代码版本可以在同样的数据存储上并发访问，我们就不可避免地要执行这些细碎的步骤。（这是我们假设不允许下线维护的情况。如果你可以在迁移的时候让系统彻底下线，那么很多事情就会很简单。但在现代的系统设计里，这样的情况很罕见。）

推断 3 个或更多代码版本同时访问相同数据的情况会变得更加复杂，通常采取"小步慢走"的方式总是会更好。在我们的例子中总共出现过 3 个不同的服务端版本。

- 最初的版本只知道 icon_png。
- 同时知道 icon_png 和 icons 的迁移版本，且确保它们是一致的。
- 最终版本只知道 icons。

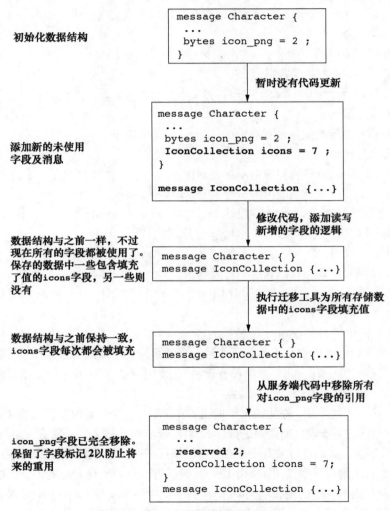

图 12.10　存储迁移步骤的图示

如果 3 个版本同时运行，那么第一个版本对图标做的任何改动对第三个版本都是不可见的，反之亦然。另外，我们还需要关注其他所有可能访问数据的代码：如果在迁移理论上完成之后还有哪个服务不认识新的字段，那就会导致严重的问题。这也是我们在第一步必须让所有利益相关者同意计划的原因。

　　上面列出的只是一般步骤，更复杂的迁移可能会有更多的步骤，可能需要同时迁移多个字段。每一次迁移都伴随着风险和代价，而在考虑复杂迁移计划时，你需要权衡的是将其拆成多个小迁移的风险和代价（比如会有更多的步骤，且总的时间也会更长）和在尽量少的步骤内完成迁移的风险和代价（每一个步骤的风险更高，需要更仔细地验证）。

　　上述迁移步骤的一个关键前提是原始代码可以安全读取包含 icons 字段的 Character 消息，毕竟原始代码在部署的时候，其格式文件里根本不存在这个字段。让我们看看这对我们写的代码来说意味着什么。

12.4.4　准备好面对未知

　　让我们老实承认：没人很擅长预测未来。我们不希望本节被错误解释成你需要过度开发代码来为今后所有的新需求做准备，或者你需要在写第一行代码之前确定今后 10 年的需求。这两种方式都不可行。我们建议你在设计软件和数据格式时保留一定程度的自然灵活性，能够满足现有的需求，也不用额外添加太多的实现。我们已经见过其中一种方式了，它使用开放式的数据格式来面对未来的需求，那就是将一个字段的类型从一个原始类型替换成一个单字段的消息。

> **注意**　我们的 Character 消息包含多个原始字段。我们是否应该创建一个 Inventory 消息来替换原有的 inventory 和 inventory_slots 字段？跟角色血量相关的字段呢？一般来说，如果我们需要用到多个字段表示同一类概念，就是在提示我们应该用消息把它们封装起来——正如我们会在代码中做的那样。这方面目前还没有什么明确规则，而且存储格式的封装和代码里的封装也不完全等价。

　　不过使用这种方式的前提是我们的代码也要可以处理新加的字段才行。现代的大数据格式通常都被设计成能够满足这个条件，但你需要明确了解自己使用的格式到底支持什么样的行为。尤其是它可能会限制你将数据转换成不同存储格式的能力。在 Protobuf 里，未知字段（解析数据时接收到的字段，但是无法被代码生成时的原始格式识别）会被保留在二进制存储格式里，但不能被转换成 JSON 这样的文本存储格式，因为字段的名字不属于二进制序列化格式的一部分。

　　存储格式提供的复制操作可以保留数据，但如果你手写了一个转换消息的代码怎么办？如果你不知道一段数据的含义，你就很难知道它应该如何参与这个转换。任何时候当你手写转换代码时，都需要记住它会影响你引入新字段的能力。任何时候当你引入新字段时，你都需要检查手写的转换代码。

添加新的枚举值

　　只要现有代码能够在不理解新字段的情况下传播它，那么添加新的字段还不至于干扰现有逻辑。要推断枚举值的情况则会更难一些。

枚举可以被看作一组特定场景下所有已知的值，但我们有时候会忘记这个所有已知的值其实指的是在代码生成的时候所有已知的值（或者是其等价物）。你的代码只知道这些值，但这些值在将来可不一定是全部的值。

有些枚举值毫无疑问是固定的，如果你开发一个扑克牌游戏，你会把花色的枚举值定为红桃、黑桃、方块、草花。这些都很好处理，而且在代码里一旦遇到不属于上述 4 种花色的枚举值就抛出异常也很有道理。

有些枚举值则在设计的时候就是可扩展的，比如角色扮演游戏里的 Profession 枚举值。如果你的代码确实需要有能力处理所有角色的职业，那么在引入任何新职业之前，你先要确保能够处理新职业的升级代码已经被部署完成了，且这一点要在需求收集阶段就明确。其他的代码可以忽略它们不理解的枚举值，但需要能将这些枚举值保留。(Protobuf 能够在代码的数据模型和二进制格式之间序列化和反序列化的时候保留未知枚举类型的整数值。)

最后，有些枚举值可能一开始是固定的，但是后来发现需要扩展。比如，你可能需要一个表示美国所有州的枚举值。这个枚举值可能在很长一段时间都是固定的，但是不能排除你需要在某些时候添加（甚至移除）部分值的可能。你可能不需要为此制定一个详细的计划，但至少需要确保自己在一旦遇到此类需求的时候无须重写整个应用程序。

枚举值可能带来的版本管理问题有时候甚至会让你考虑彻底放弃使用枚举值类型。特别是，当需要枚举的值已经有业界标准的字符串表达的时候，比如 MIME 类型或 ISO 3166 的国家或地区代码，这种时候直接使用字符串值通常会更合适一些。

我们在前面讨论数据的存储格式时都基于一个前提，那就是你能够控制所有跟存储数据互动的代码。接下来让我们看看当该条件不成立的时候怎么处理。

12.4.5　分离网络 API 和存储的数据格式

一些常见的较好实践需要一些时间才能掌握，但是掌握以后就会让你的工作变得更简单，然后你就很少再思考背后的原因。本节提供的关键建议恐怕不属于这类实践。它将引入重复的模式、冗长的代码（或者复杂的基础架构），通常都会很麻烦。但是，如果你需要进化自己的系统，它会给你带来巨大的好处。

将你的网络 API 和存储的数据格式分离

创建一个系统存储数据并使用网络 API 接收和返回同样的数据是十分常见的。几乎每一个提供 API 的系统或多或少都会这么做，除非提供的信息完全是转瞬即逝的，比如"当前时间"。

一旦你仔细设计好了存储的数据格式，且你的网络 API 也使用相同的数据格式，那么你会很容易地想到将它们直接公开成网络 API 的数据格式。把接收到的数据原样保存下来，把保存的数据原样返回，生活无比简单。这样的做法在原型阶段有时候是可行的，直到你需要考虑稳定性。而且虽然这种做法在原型阶段开发速度很快，但是你要为此付出的代价是长期的灵活性。

如果你对本章关于网络 API 版本管理和存储版本管理的内容进行比较，就会发现它们区别很大，那是因为它们需要在不同的环境下处理问题。在考虑网络 API 时，你通常需要面对的环境是多种客户端使用了在不同时间点发布的多个 API 版本，对数据格式的破坏性改动会导致巨大的代价。虽然你可以鼓励用户改变他们的代码来适配改动，但是你很难在不引起"敌意"的情况下控制整个用户群体的升级时间表。（技术上你可以只给用户提供一个很短的时间用来迁移到一个新的主版本上，但是这会让你的用户流失，特别是当你经常这么做的时候。技术上可行和实际可行是两码事。）长期系统需要有能力进化它们的存储数据格式，我们需要在一开始设计的时候就意识到这点并将这个能力构建出来。

分离这两种数据格式的具体方式取决于你使用的存储格式以及可以与之"合作"的工具。其核心要点在于，分离 API 和存储的数据格式需要两类转换。

- 你如何将存储的数据格式转换成 API 的数据格式？
- 你如何在两种数据格式之间转换？

注意，我这里特地指明从存储的数据格式开始转换：因为几乎无论何时，存储的数据格式才是真正的信息源。存储的数据格式和 API 的数据格式之间最终是要能互相转换的，但要用一种机器可以理解的方式表达出来可能会比较难。在系统生命的初期特别难，因为那时你还没有多少时间去开发工具，而且你对到底需要什么样的转换理解得还不够深刻。

手动转换

将存储的数据格式转换成网络 API 的数据格式最简单的方法之一是复制、粘贴并编辑。一开始也没有太多东西需要编辑，除了改包名或命名空间等。当你需要改变存储的数据格式时，你可以直接将改动复制、粘贴到网络 API 的数据格式里——当然也不能完全复制、粘贴。

在运行时转换数据（比如将请求里的数据转换成可以被存储的数据，或将存储里取出的数据转换到响应里）就比较费力。技术上最简单的方案之一通常是为每一种数据结构类型在每一个方向上写一个方法进行转换。这样做很烦琐、费力，且容易出错。你很容易出现改了存储 API，也将其复制到了网络 API，但忘了相应修改转换方法的情况。不过这样的错误通常会在 API 集成测试中被迅速发现。（有太多的事实告诉我们一个完备的 API 集成测试有多重要了——远不止版本管理这一个方面。）

如果所有这些让你感到手动转换是一个很糟的主意，我完全理解。没人想干这种活。但它确实也有自身的优点。如果改动原始的数据格式之后你能在依次改动相关代码时保持批判性思维，你就可能发现问题或机会。有时一个新功能最恰当的存储数据格式并不是最恰当的 API 数据格式之一。比如我们可能会发现，需要在存储的数据格式里使用枚举值（用来保存当前支持的所有值），并在网络 API 的数据格式里使用字符串（使将来的改动更容易）。你还可能需要在两种数据格式上使用不同的粒度和范式。这两种数据格式使用的环境不一样，你需要做出的决策也不一样。当你的数据格式越来越丰富，你对于需要做的转换也越来越清楚的时候，你就可以考虑将一些工作自动化。

自动转换

如果手动保持 API 和存储在数据格式上隔离的代价变得越来越令人难以接受，你就应该想办法用工具来做这件事。也许有时候你可能会找到一些现成的工具，但是大多数情况下，你会发现需要由自己来实现这些工具。它们能提供更高的灵活性，当然也需要你维护更多的代码。

我会建议你在经历了足够多的手动转换之后再开始做自动转换，因为那样可以帮助你发现各种边界情况以及简单情况下的偶发状况。如果你打算进行自动转换，最好记录下边界情况、你是如何解决它们的以及为什么这样解决。这可以帮助指导你的自动化流程并提供一组优秀的测试用例。

以我的经验，在设计自动化工具时，最好给自己留一个"安全舱"：如果某个数据结构在 API 和存储上具有大相径庭的格式，那么手动维护这部分代码可能会更加简单，最好能将其从自动化工具中移除。不要给工具不断增加新功能让它变得无所不能，那只会让工具在处理简单任务时太难使用和维护。

最后，关于数据格式的转换，我还建议你在过程中手动检查工具的输出，至少要检查开始的几个数据格式改动。等到工具已经很长时间没有给你带来意外之后，你才可以将检查步骤移出流程。

数据转换的检查会更复杂，但是测试会更简单。你的存储格式自带的工具通常是一个不错的起点。比如，Protobuf 库提供了一个可以动态访问消息数据的反射 API，我们可以把它作为自动转换的起点。数据格式转换中需要"安全舱"的地方通常也会需要手动转换，所以你需要在设计自动化工具的时候想好如何加入手动转换的代码，即使你不需要立刻开始做手动转换。

你可能会担心数据转换对性能的影响，特别是当我在上一段提到反射的时候。既然涉及性能问题，那就必须对手动转换和自动转换的各方面性能影响进行测量和比较。但是根据我的经验，数据转换在所有 API 调用的总时间上通常都不会有很大的开销，而是在 CPU 和内存使用上会有很大的开销。总之，仔细衡量各方面指标是运筹帷幄的关键。

选择存储格式有这么多需要考虑的因素，它显然是一个非常重要的决策。让我们回顾一下在决策过程中你需要问自己的几个问题。

12.4.6　评估存储格式

本书不会推荐任何一种存储格式或技术。在选择存储时有很多考虑因素，其中大多数跟版本管理无关。但是既然本章关注的是兼容性，我们在下面提供了一份清单，列出了你需要在评估各种存储格式时问自己的问题。

- 如果它是一种无格式的存储，它还能支持定义格式吗？
- 它能对格式进化提供外部支持吗？比如 Apache Avro 在设计的时候就考虑了这一点，

并提供了兼容性规则和工具来支持格式的进化。

■ 它如何处理未知的值，比如当接收到的数据中存在格式中没定义过的字段或枚举值时，客户端会如何处理？

■ 你如何将格式改动加入你的构建过程？练习做几个构建计划会很有帮助，包括写一系列假想的数据迁移步骤。

■ 如果你打算使用生成的代码，这会影响你内部代码的版本策略吗？如果数据格式的改动不会破坏存储但会破坏现有代码，你的策略会是怎样的呢？

■ 你会为存储和 API 选择同样的数据格式吗？如果会，请继续问自己下列问题。

　　－ 有没有进行格式转换的工具或至少能支持你写自己的工具？

　　－ 有没有在不同格式间进行数据转换的工具或支持？

　　－ 这是否符合你的 API 版本策略？

上面这份问题清单可不是一个简单回答是或否的检查清单。很多存储技术都提供了足够的功能来支持你想做的事；这些问题是为了帮助你评估它们完成这些任务的难易程度。别忘了，当你在评估系统的存储格式时，你并不是要确定世界上最好的存储格式，而是选择最适合你的系统的存储格式。

小结

■ 版本管理管的是事物随着时间的推移而发生的变化。版本号以简洁的形式传达这些变化中最重要的信息。

■ 向后和向前兼容描述了新老代码和信息之间如何互动。

■ 语义版本规范以 major.minor.patch 的格式提供兼容信息。

　　－ 破坏性改动会有新的主版本。

　　－ 向后兼容的改动会有新的次版本。

　　－ 双向兼容的改动会有新的补丁号。

　　－ 我们可以在 major.minor.patch 格式后面加上额外的信息，比如预发布状态或构建元数据等。

■ 库代码的兼容性需要考虑不同的形式，主要包括源码兼容性（比如现有代码能在新版本的库上构建吗）、二进制兼容性（比如现有的二进制程序能和新版本的库一起运行吗），以及语义兼容性（比如用了新库后代码行为能跟之前保持一致吗）。

■ 在依赖图中可能看到菱形依赖，即应用程序的不同部分会依赖同一个库的不同版本。不同版本之间的破坏性改动可能导致我们无法找到能让应用程序成功运行的一组完整依赖。

■ 主版本的改动会通过依赖图给整个生态圈带来涟漪效应；热门库应该尽量避免为了破坏性改动而升级新的主版本。

- 内部代码比公开代码更能承受破坏性改动，但你还是要小心处理并做好回滚准备。
- API 的版本管理通常比库的版本管理复杂，且有两种方式。
  - 客户端控制版本让客户端提供一个精确的版本，服务端返回的响应不应包含该版本之外的任何内容。
  - 服务端控制版本让客户端提供一个主版本号，服务端返回的响应可能包含客户端不理解的内容。
- 预发布版本可以让用户在正式发布之前试用还在计划中的新功能。这些新功能需要跟稳定版的 API 层的功能有严格区分。
- 不同的存储格式在数据格式的进化方面有不同的特性。
- 设计能够接纳未来变化的数据格式是一个很有挑战性的工作，需要从一开始就将其纳入考虑。
- 分离你的 API 和存储的数据格式能给你提供更强的灵活性，但需要为此付出额外的代价，比如烦琐的手动维护或复杂的自动维护。
- 虽然你无法预知所有的版本改动，但是在一开始就制定好版本策略可以给你带来长期的好处。

第 13 章　紧跟最新技术趋势和维护旧代码之间的权衡

本章内容

- 依赖注入框架
- 用响应式模型处理数据
- 代码中的函数式编程
- 延迟初始化和急切初始化的权衡

在软件行业，新的库和概念会不停涌现（基本上每周都会出现）。可能你刚把一个崭新的框架或模式运用到自己的程序或架构上，另一个新的框架或模式就已经开发好并且迅速流行起来。微服务架构、响应式编程、无服务架构等都具有很多优点，比如松耦合、更高的性能，或者消耗更少的资源。但是每种模式或库都有其复杂性。

如果我们决定将应用程序从线程池模型改成异步的响应式模型，而且该想法只基于最近的技术趋势和流行度，我们就可能遇到麻烦。它不但需要花费很多时间来开发，而且新的模型可能并不适合我们的处理模式。

新框架通常可以解决很多问题，但是在选择一个新框架之前，我们应该先了解并判断我们是否需要解决这些问题。即使一个新框架能够帮助我们解决一些复杂问题，它也可能在别的什么地方提升额外的复杂性。如果该框架解决的主要问题并不是最关键的，那么我们就是在给应用程序增加复杂性且没有充分利用新框架的好处。所以我们应该在决定使用一个新框架之前仔细调查它的优缺点。很有可能额外的复杂性以及迁移到新框架的成本对于我们来说是无谓的开销。

本章会展示一些软件工程里常用且经过验证的解决方案，比如依赖注入框架和响应式编程。我们将分析什么时候需要紧跟软件技术趋势并判断是否应用它们。我们也会分析什么时候应该先等等，并选择一个落后于最新技术趋势但简单的解决方案。先让我们来看看依赖注入模式及其实现框架。

13.1 什么时候应该使用依赖注入框架

依赖注入（dependency injection，DI）框架的设计思路是很直观的。我们的组件，比如服务、数据访问层，或者配置类，都不应该构建它们自己的依赖。组件需要的所有依赖都应该从外界注入。至于外界是什么并没有定义，可以由一个外部调用方来实现，而且实现的注入可以发生在任何层面。

假设我们有一个方法需要依赖组件 A 执行一个操作。我们可以将组件 A 作为参数轻松注入该方法，如代码清单 13.1 所示。

代码清单 13.1　通过参数将组件注入方法

```
public void doProcessing(ComponentA componentA){
    // 处理
}
```

组件 ComponentA 由调用者注入。doProcessing()方法不会知道 ComponentA 的具体细节，因为它是由外界提供的，且 doProcessing()并没有在方法内部创建该组件的实例。这么做可以让测试这个方法变得十分简单。

我们可以向方法传入一个模拟（mock）对象（或者另一种实现）来显式测试所有功能。相反，如果 ComponentA 是在 doProcessing()方法内部创建的，要想测试这个方法就比较难。我们无法为了测试而换一种实现。例如，ComponentA 的默认实现可能需要连接另一个服务的线上 API，如果我们能注入该组件的另一种实现，就能让它连接一个提供测试数据的 API。

这种注入的另一个好处是 doProcessing()方法不需要关心 ComponentA 的生命周期。创建和删除该组件的代码都在外界，可以由调用方处理。

参数注入是一个合法的技术。然而，在面向对象的编程语言中，我们倾向于构造复杂的对象，让它们使用其他对象。因此，让所有方法都通过参数注入组件并不是一个理想的解决方案。这会让我们的代码冗长且难以阅读。

一个替代解决方案是在构造函数里注入组件。使用这种技术，调用方需要在构造一个对象实例时提供该对象的所有依赖组件。然后，由构造函数将这些组件设置为对象内部的成员变量。最后，该对象的所有方法通过访问成员变量来使用之前注入的组件。

13.1.1　DIY 依赖注入

让我们来看一个依赖注入的组件关系示例，如图 13.1 所示。我们假定应用程序包含以下

4 个组件。

- DbConfiguration 是数据库的配置类。
- InventoryConfiguration 是库存的配置类。
- InventoryDb 是数据访问层，它依赖于 DbConfiguration。
- InventoryService 是应用程序的主入口，它依赖于 InventoryDb 和 Inventory-Configuration。

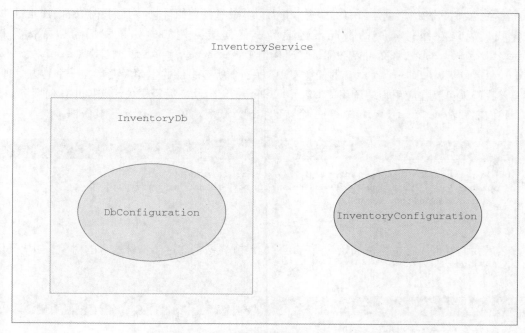

图 13.1　依赖注入的组件关系示例

　　我们想要让应用程序使用依赖注入模式，因此我们不能在组件里创建任何其他组件的实例。我们还想要在构造函数里进行依赖注入。这意味着我们需要一个专门的地方来创建并注入所有需要的服务和配置类。在创建并设置好依赖关系后，我们还要调用 InventoryService 的 prepareInventory() 方法。

　　为了实现这样的场景，我们创建了一个 Application 类作为应用程序的入口。所有需要的依赖都在该类中被创建并注入。代码清单 13.2 展示了创建 Application 类并注入依赖的过程。

代码清单 13.2　DIY 依赖注入

```
public class Application {
```

```
public static void main(String[] args) {
    // 构建依赖关系
    DbConfiguration dbConfiguration = loadDbConfig();
    InventoryConfiguration inventoryConfiguration = loadInventoryConfig();
    InventoryDb inventoryDb = new InventoryDb(dbConfiguration);
    InventoryService inventoryService = new InventoryService(inventoryDb,
    inventoryConfiguration);
    inventoryService.prepareInventory();
}
```

　　注意，我们只在这里创建所有的服务和配置类。没有任何组件会在其内部初始化其他组件，这样我们就能在组件隔离的情况下迅速测试任何类。例如，如果我们希望隔离测试 InventoryService，那么可以在测试代码构造 InventoryService 时注入 InventoryDb 和 InventoryConfiguration 的任意实现。另外，所有组件的生命周期都在一个地方管理。这样，我们就可以在应用程序调用完 prepareInventory() 后轻松关闭或停止任何服务。

　　我们需要注入 InventoryDb 的一个特殊实现，代码清单 13.3 展示了其做法。

代码清单 13.3　创建一个特殊服务

```
public class SpecializedInventoryDb extends InventoryDb {
    public SpecializedInventoryDb(DbConfiguration dbConfiguration) {
        super(dbConfiguration);
    }
}
```

　　然后我们就可以在主方法初始化所有组件的地方轻松创建这个特殊服务的对象，如代码清单 13.4 所示。

代码清单 13.4　依赖注入初始化地方的改动

```
public class Application {

    public static void main(String[] args) {
        // 构建依赖关系
        DbConfiguration dbConfiguration = loadDbConfig();
        InventoryConfiguration inventoryConfiguration = loadInventoryConfig();
        InventoryDb inventoryDb =
➡   new SpecializedInventoryDb(dbConfiguration);      ⟵── 创建 SpecializedInventoryDb
        InventoryService inventoryService =                        的实例
➡   new InventoryService(inventoryDb, inventoryConfiguration);  ⟵──
        inventoryService.prepareInventory();                 将 InventoryDb 的特殊实现
    }                                                        注入 InventoryService
}
```

　　DIY 依赖注入解决方案很直接，但也有遗漏的功能。例如，如果 InventoryService 不是线程安全的，且我们的应用程序使用了多线程，那么我们就应该为每个线程（如果做不到那就为每个请求）都创建一个 InventoryService 的实例。DIY 依赖注入解决方案并没有提供这个功能。于是我们决定使用一个依赖注入框架来取代自己实现的依赖注入。

13.1.2 使用依赖注入框架

市面上有一些经过生产环境验证的依赖注入框架，比如 Spring、Dropwizard 以及 Guice。下文假定我们选择 Spring 作为依赖注入框架，因为它是市面上的依赖注入框架里最流行的一种，而且可以为每一个请求构造一个服务。

依赖注入框架使用依赖注入容器来管理所有组件的生命周期。Spring 中将这些组件称为bean。依赖注入容器允许我们在 bean 的生产者端注册新的 bean。它还允许我们的消费者端从容器里获得一个 bean。bean 的生产和消费里有很多细节。

我们可以为每一个 bean 选择不同的作用域。它可以是整个应用程序的生命周期（单例模式），也可以是网络请求或者网络会话的生命周期。还可以在依赖注入框架调用 bean 的方法时添加额外的逻辑。比如它可以（使用代理服务器）劫持网络调用并记录请求的参数。在这方面，它支持的功能数量庞大。

让我们重新设计应用程序来使用 Spring 依赖注入框架。首先，两个配置类需要用@Configuration 标注，如代码清单 13.5 所示。

代码清单 13.5　用@Configuration 标注 Spring 依赖注入框架的配置类

```
@Configuration
public class DbConfiguration {}

@Configuration
public class InventoryConfiguration {}
```

接下来，InventoryDb 需要用@Service 标注，如代码清单 13.6 所示。

代码清单 13.6　用@Service 标注 Spring 依赖注入框架的服务

```
@Service
public class InventoryDb {
  private final DbConfiguration dbConfiguration;

  @Autowired
  public InventoryDb(DbConfiguration dbConfiguration) {
    this.dbConfiguration = dbConfiguration;
  }
}
```

在代码清单 13.6 里，InventoryDb 同时提供了生产者和消费者。我们还需要在构造InventoryDb 组件时注入 DbConfiguration。@Autowired 标注告诉 Spring 在创建组件之前先注入该组件的依赖组件。依赖注入框架会处理所有组件之间的初始化次序。

最后，InventoryService 也要被注册成@Service。我们还指定它的作用域是跟随网络请求的。每当一个新的请求抵达时，一个新的 InventoryService 实例就会被创建并注入。这个功能也是由依赖注入框架实现的，如代码清单 13.7 所示。

代码清单 13.7 使用自定义作用域的服务

```
@Service
@Scope("request")
public class InventoryService {

  private final InventoryDb inventoryDb;
  private final InventoryConfiguration inventoryConfiguration;

  @Autowired
  public InventoryService(InventoryDb inventoryDb, InventoryConfiguration
    inventoryConfiguration) {
    this.inventoryDb = inventoryDb;
    this.inventoryConfiguration = inventoryConfiguration;
  }

  public void prepareInventory() {
    System.out.println("Preparing inventory");
  }
}
```

现在让我们看看 Application 类（所有组件初始化的前一个入口）要如何改动。我们先移除所有创建新组件的逻辑。虽然我们依旧可以手动创建 Application 类，但如果这样做了，Spring 依赖注入框架不会对它们进行管理。这意味着我们有两种创建组件的机制。我们希望完全依靠 Spring 依赖注入框架，手动创建组件容易导致错误，所以并不是理想的。代码清单 13.8 展示了 Application 类的改动。

代码清单 13.8 使用 Spring 依赖注入框架的 Application 类

```
@SpringBootApplication
public class Application {
  @Autowired private InventoryService inventoryService;    ◁──   InventoryService 由 Spring
                                                                 依赖注入框架自动注入
  public static void main(String[] args) {
    SpringApplication.run(Application.class, args);
  }
                                      仅当所有组件构造完成后才
                                      调用 prepareInventory()
  @PostConstruct                ◁──
  public void useService() {
    inventoryService.prepareInventory();
  }
}
```

跟之前的代码相比，main() 方法变了。我们还要用@SpringBootApplication 标注 Application 类。它会扫描所有的 bean 标注并注入所有需要的组件。仅当所有组件都构造完成后，最后的 prepareInventory() 方法才会被调用。

这里要注意几个方面。第一，实际的创建代码、组件的生命周期以及初始化的顺序对我们来说都是不可见的。这些都在 Spring 依赖注入框架内部进行处理。只要一切都如我们预想的那样工作就没什么问题，但是在继续开发应用程序的过程中，我们会遇到一些生命周期方面的问题。由于这些逻辑是隐藏的，调试将十分困难。在之前的方案里，我们使用自己的代码控制所有的逻辑，调试属于自己的代码容易很多。

第二，要注意跟 Spring 框架的紧耦合。由于依赖注入需要依靠标注，我们自己的所有类和组件都会被 Spring 框架的类（或标注）污染。除此之外，我们的应用程序也不再是一个简单的 main() 函数。我们现在需要将启动逻辑代理给 Spring 框架。这也是不可见的，要使用依赖注入就不得不依靠这种机制。

第三，所有的组件初始化逻辑本来集中在一个地方，现在分散到我们的代码里。如果不分析大量的代码就不容易了解所有组件的生命周期。

现在让我们回到最初的问题，为什么我们决定把 DIY 依赖注入的解决方案改成使用 Spring 依赖注入框架呢？这是因为我们想要在 InventoryService 上使用@Scope("request")，使得每个请求都可以创建一个服务实例。然而这里有一个警告。每一个请求确实都会初始化一个新的 InventoryService 实例，但是这要求我们必须使用兼容 Spring 依赖注入框架的网络服务框架。也就是说，我们必须使用 Spring REST。这也是一个依赖注入框架，而我们必须调整自己的应用程序跟它合作。一旦开始使用 Spring 依赖注入框架，我们就被迫采取后续的步骤将网络服务迁移到兼容 Spring 的框架上。这样的步骤越多，我们的应用程序跟框架耦合得就越紧，同时我们的应用程序引入的复杂性也就越高。

需要指出的是，Spring 网络服务框架和 Spring 依赖注入框架都是经过严格验证的高质量框架。但如果你的业务场景比较简单或者你希望尽量限制外部依赖的数量（有很多理由这么做，见第 9 章），那么用某个依赖注入框架代替简单的 DIY 方案可能并不是一个好决策。

除了试图用某个第三方框架来解决我们最初的问题以外，我们也可以自己想办法改进 DIY 方案的某些部分。比如，我们可以构造一个 InventoryServiceFactory，每次调用它来创建实际的服务实例。我们也可以在新请求抵达网络服务时调用它。不要因为别人都在用某种框架，我们就追逐潮流，而不考虑其复杂性或者别的因素。另外，如果我们确实需要某个框架提供的功能，那么应该权衡是否使用第三方解决方案，尽管意识到它也有自己的缺点。

我们对于使用依赖注入技术改变应用程序架构的分析就到这里。在 13.2 节，我们会介绍响应式编程。

13.2　什么时候应该使用响应式编程

响应式编程的目的是更容易也更高效地处理输入的数据。通常来说，响应式流会对输入数据进行转换并输出结果。结果会被保存在某个地方（到 sink）或者由其他对结果感兴趣的代码使用。响应式编程具有非阻塞式的处理模型，这意味着它会异步处理数据，并在未来某个时候输出结果。另外，响应式处理可以工作在无限数据流上，并在数据抵达时（或者消费者请求数据时）处理它。

响应式编程给我们提供了函数式、数据驱动的非阻塞式处理模型，让我们可以高并发地处理数据。我们可以将处理的工作交给多个线程来实现并发。而且线程模型和处理模型是解耦的。我们不能对线程模型做任何假设，也不知道哪个线程会处理哪部分数据。

响应式编程的一个关键特征是它对反压的支持。数据流是生产者输出的，我们能够预计有时候消费者无法立即消费掉所有输出的事件，比如存在间歇性的消费者故障。如果在消费者无法处理的时候，生产者还继续以原来的速度输出事件，那么这些事件就需要被缓存在某个地方。如果内存里能缓存这些数据，那还好说。当消费者以正常速度恢复处理时，它就能处理缓存的事件并回归正轨。但是，如果缓存满了，或者某个节点失效，我们就有可能遇到处理故障并丢失一些事件。

在这种情况下，响应式编程提供了一种机制，叫作反压。消费者可以发信号说明需要消费更多事件。生产者收到信号后才输出对应数量的事件。这种工作模式被称为拉取模式。消费者只有当自己有能力处理时才会从生产者那里拉取事件。这就是最自然的反压机制。

响应式模型提供了很多方案来解决复杂的问题，但是它也有缺点。响应式 API 不容易学习，也不容易推断。对于简单的业务场景来说，它可能看上去容易，但是对于自定义的处理来说就会变得复杂。它没有一个适合所有场景的单一解决方案。为了理解这一点，让我们来实现一个数据处理管道并把它进化成响应式的。

13.2.1 创建一个单线程阻塞式处理模型

先让我们来实现一个处理工作流，它的第一步是对每一个用户 ID（user_id）执行一个阻塞的 HTTP GET。这是我们的 I/O 操作，它会阻塞并等待响应。第二步是执行一个 CPU 密集型任务，它对 blockingGet() 方法返回的数字执行一些高等数学计算。最后一步是将计算结果返回给调用方。图 13.2 展示了这个场景。

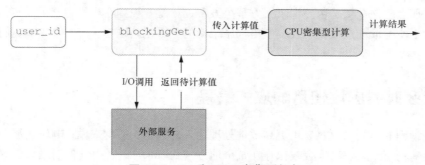

图 13.2　I/O 和 CPU 密集型任务

该工作流的第一个实现很简单。我们可使用 Java Stream API 来连接这些处理操作。（其他平台上也有类似的 API，比如.NET 上的 LINQ。）代码清单 13.9 展示了第一版处理逻辑。

代码清单 13.9　第一版处理逻辑

```java
public List<Integer> calculateForUserIds(List<Integer> userIds) {
  return userIds.stream()
      .map(IOService::blockingGet)
      .map(CPUIntensiveTask::calculate)
      .collect(Collectors.toList());
}
```

所有 userId 被处理完后，结果返回给调用方。注意这里实现的逻辑是阻塞的。这意味着当调用方直接调用 calculateForUserIds() 方法时（而不是将它封装在一个异步操作里），需要等待该方法执行结束。IOService 和 CPUIntensiveTask 都会将执行操作时的线程输出，如代码清单 13.10 所示。

代码清单 13.10　输出执行操作的线程

```java
public class CPUIntensiveTask {

  public static Integer calculate(Integer v) {
    System.out.println("CPUIntensiveTask from: " +
      Thread.currentThread().getName());
// ...
}

public class IOService {

  public static Integer blockingGet(Integer userId) {
    System.out.println("IOService from: " +
      Thread.currentThread().getName());
// ...
}
```

让我们为这段逻辑写一个单元测试。我们用 IntStream.rangeClosed() 生成器创建一个包含 10 个元素的列表，接下来将所有数据传入 calculateForUserIds() 方法。最后，我们断言它会返回 10 个元素。代码清单 13.11 展示了这个单元测试。

代码清单 13.11　处理逻辑的单元测试

```java
@Test
public void shouldCalculateNElements() {
  // 给定
  CalculationService calculationService = new CalculationService();
  List<Integer> input = IntStream.rangeClosed(1,
      10).boxed().collect(Collectors.toList());

  // 何时
  List<Integer> result = calculationService.calculateForUserIds(input);
```

```
// 然后
assertThat(result.size()).isEqualTo(10);
}
```

更重要的是，我们需要能够在运行测试时观察到执行处理的线程。代码清单 13.12 显示了预期的输出。

代码清单 13.12　查看处理逻辑的日志

```
IOService from: main
CPUIntensiveTask from: main
IOService from: main
CPUIntensiveTask from: main
```

所有的处理都是在调用方线程执行的。从这个测试可以确认，我们的处理是阻塞的，并且是单线程的，也就是说我们没有并发处理。

13.2.2　使用 CompletableFuture

我们可以用 Java 类 CompletableFuture 提供的异步抽象一次解决阻塞和单线程这两个问题。你选用的语言大概率也会提供类似的异步 API，让你可以提交一个操作而无须阻塞等待结果。

使用这种模式，我们就可以并发提交 N 个任务。每个任务都可以有自己的线程，或者由线程池提供一组线程。我们使用的 CompletableFuture API 是 Java SDK 内建的，不需要依赖任何外部库就可以使用它。

现在让我们看看 13.2.1 小节示例中的方法如何改变。对于输入的每一个用户 ID，我们都启动一个非阻塞任务，它会在另一个线程（非调用方线程）中执行。我们使用 CompletableFuture 的 supplyAsync()方法，并在其上执行第一步 I/O 阻塞操作。接下来，我们需要链接后续的 CPU 密集型操作。注意，CPU 密集型操作 CPUIntensiveTask 应该在第一个方法（blockingGet()）完成后执行。我们可用 thenApply()方法来实现，如代码清单 13.13 所示。

代码清单 13.13　使用 CompletableFuture 的异步实现

```
public List<CompletableFuture<Integer>> calculateForUserIds(List<Integer>
    userIds) {
  return userIds.stream()
    .map(
        v ->
            CompletableFuture.supplyAsync(() -> IOService.blockingGet(v))
                .thenApply(CPUIntensiveTask::calculate))
    .collect(Collectors.toList());
}
```

请注意 CPU 密集型任务会在 I/O 密集型任务结束后执行，这一点很重要。这意味着这两个阶段不能在同一个 ID 上并发执行。另外，supplyAsync() 方法有一个重载函数，可以显式接收一个参数提供执行者。这让我们可以提供自己的线程池。如果没有显式提供线程池，则它会使用通用的 fork-join 线程池。

CalculationService 现在以异步并发的方式运行。它返回一个列表，里面的 CompletableFuture 包含会在未来某个时候返回的结果，由调用方来决定是阻塞等待结果还是继续链接后续的异步操作。比如，调用方可以对列表里所有的元素调用 get() 方法并收集结果，如代码清单 13.14 所示。

代码清单 13.14 异步实现的测试

```
@Test
public void shouldCalculateNElementsAsync()
➡ throws ExecutionException, InterruptedException {
    // 给定
    CalculationService calculationService = new CalculationService();
    List<Integer> input = IntStream.rangeClosed(1,
        10).boxed().collect(Collectors.toList());

    // 何时
    List<CompletableFuture<Integer>> resultAsync =
        calculationService.calculateForUserIds(input);
    List<Integer> result = new ArrayList<>(resultAsync.size());

    for (CompletableFuture<Integer> asyncAction : resultAsync) {
        result.add(asyncAction.get());        ⬅          阻塞等待结果
    }

    // 然后
    assertThat(result.size()).isEqualTo(10);
}
```

我们可以注意到，异步和同步 API 之间的转换十分容易。这个新的异步实现的 calculateForUserIds() 方法可能会在我们代码中的很多地方被调用，而我们并不希望强制所有的调用方都使用异步的 CompletableFuture 抽象。如果调用方代码以同步的方式工作，它就可以很容易地使用这个阻塞式 API 从 CompletableFuture 列表中抽取结果。我们在组件的内部实现了并发，但没有强制其调用方使用异步工作模式。如果运行代码清单 13.14 中的测试代码，我们可以注意到类似代码清单 13.15 中的输出。

代码清单 13.15 查看异步处理的日志

```
IOService from: ForkJoinPool.commonPool-worker-9
IOService from: ForkJoinPool.commonPool-worker-2
...
IOService from: ForkJoinPool.commonPool-worker-1
```

```
CPUIntensiveTask from: ForkJoinPool.commonPool-worker-2
CPUIntensiveTask from: ForkJoinPool.commonPool-worker-9
...
CPUIntensiveTask from: ForkJoinPool.commonPool-worker-1
```

注意这些操作是在多个线程内执行的。即使调用方会阻塞获取结果，实际的计算也会并发运行。如果我们想要获得线程相关性，也就是让 I/O 密集型和 CPU 密集型任务在同一个非主线程中执行，那么我们可以向 supplyAsync() 方法传入一个单线程的执行者。

当前使用的这个方法相当简单。我们使用的是所有调用方都可以访问的 Java API。我们可以直接影响线程模型，并轻松定制其行为。我们还能不强制调用方实现异步的处理方式。封装 CompletableFuture 并将其转成阻塞工作模式几乎没有太大工作量。

13.2.3 实现一个响应式方案

现在我们想要让自己的代码使用最新的技术，并决定用响应式方案重写它。我们的处理代码需要在 N 个输入元素上执行数据转换，所以看上去很适合使用响应式方案。我们依然希望它能像上一个方案一样做到异步和并发。我们选择使用响应式 API 的 Flux 抽象。这是一个支持 N 个事件的响应流。有些平台上也会有别的响应式编程的库和框架。

让我们看看新的处理代码。我们的流程被分成 N 个步骤。map() 里的每一个操作都会在前一个步骤结束后执行，如代码清单 13.16 所示。

代码清单 13.16　实现响应式逻辑

```java
public Flux<Integer> calculateForUserIds(List<Integer> userIds) {
  return Flux
      .fromIterable(userIds)
      .map(IOService::blockingGet)
      .map(CPUIntensiveTask::calculate);
}
```

我们使用 fromIterable() 方法从 userIds 列表里构建一个 Flux 流。实际上，响应式处理的 Flux 流都是从外部源构建出来的，并在这些外部源输出的事件抵达我们的系统时消费它们。我们通常无法停止这些事件的输出（热数据源）。响应流就是用来对这种行为进行建模的抽象。

如你所见，我们的方法返回一个 Flux 对象。调用方需要在自己的代码里跟它的 API 互动。我们的方法返回 Flux 对象就是告诉调用方，里面的数据可能会（以流的形式）无限输出。因此，所有的 Flux 消费者也需要把他们的处理流程迁移成响应式的。这不容易，也没有什么安全的方法能以阻塞的方式读取 Flux 里的元素。当数据的生产者可能无限输出数据时，我们也可能被永远阻塞。

这是一种侵入式的改动。以响应式方案重新设计我们的组件会导致所有的调用方也必须使用响应式处理。从生产者到最后的消费者都应执行响应式处理。如果我们只想让代码中的一小部分逻辑能并发执行，响应式方案就不太适合。

我们的目标是让一个方法不要阻塞主线程且能够并发计算。在运行响应式代码时，我们会注意到一个奇怪的行为，如代码清单 13.17 所示。

代码清单 13.17　响应式单线程处理的日志

```
IOService from: main
CPUIntensiveTask from: main
IOService from: main
CPUIntensiveTask from: main
```

我们会看到所有的处理都发生在调用方的主线程中！虽然使用了响应式 API，但我们的处理还是单线程的，且会阻塞调用方，因为它占用了主线程。那么我们该如何解决这个问题呢？

我们可以使用 publishOn() 方法指定响应式处理逻辑的执行者。另外要注意，blockingGet() 方法会阻塞调用 I/O。在响应式标准里提到，响应式工作流里不应该有阻塞式操作。如果必须要用到阻塞式操作，可以使用一个特殊的执行者：boundedElastic()。它是特地为阻塞式调用设计的。但是，它执行 CPU 密集型任务的性能很差，会占用线程大量的时间。因此，我们还应该使用 parallel() 执行者来优化执行 CPU 密集型任务。代码清单 13.18 展示了这个实现。

代码清单 13.18　响应式并发

```
public Flux<Integer> calculateForUserIds(List<Integer> userIds) {
  return Flux.fromIterable(userIds)
     .publishOn(Schedulers.boundedElastic())
     .map(IOService::blockingGet)
     .publishOn(Schedulers.parallel())
     .map(CPUIntensiveTask::calculate);
}
```

运行这段代码，输出如代码清单 13.19 所示。注意这里的 I/O 和 CPU 密集型任务使用了不同的线程。操作是互相插入的，这意味着我们已经实现了一定程度的并发。

代码清单 13.19　响应式并发的日志

```
IOService from: boundedElastic-1
IOService from: boundedElastic-1
CPUIntensiveTask from: parallel-1
IOService from: boundedElastic-1
CPUIntensiveTask from: parallel-1
```

在遵循响应式线程模型指南时，很难保证线程的相关性。在执行 I/O 和 CPU 密集型任务时，应该将它们放在不同的线程池里执行。所以它们不可能像 CompletableFuture 和单线程执行者那样在同一个线程里执行。

虽然我们达成了目标，但是这个并发方案有几个缺陷。第一，线程的配置选项是隐藏的。我们可以将并发度传给所有的执行者，但是它很难微调和配置。我们的性能分析和测试证明了这一点。

第二，Flux API 的线程模型并不易用。一旦我们的组件暴露了这个 API，它就会强制所有的调用方也都使用响应式 API。而且在暴露 Flux 之后，我们将无法控制用户使用它的方式。调用方可以使用 Flux 的 subscribeOn() 方法改变我们代码的线程池，从而影响我们的处理功能。

第三，调用方不能在同一个线程内对 calculateForUserIds() 返回的 Flux 直接链接后续的阻塞操作。这样的操作必须在 parallel() 线程池里执行，而这会影响 CPU 密集型任务的执行性能。

这些问题都是在使用 Flux API 时才会出现的。当然，它们都可以被解决，但是我们需要确保所有的团队成员都知道响应式 API。如果我们的目标只是让一部分处理流程能并发执行，而把整个应用程序用响应式 API 重写，这样影响范围就太大了。另外，如果我们确实打算使用响应式编程重写应用程序，应该把整个端到端的流程都改成响应式的，而不只是重写这一个子组件。我们会在 13.3 节分析函数式编程的用法。

13.3　什么时候应该使用函数式编程

函数式编程有很多优点，比如更简单的并发模型（利用不可变对象）、更简洁的代码、更容易测试（没有副作用也没有全局状态）等。然而，在面向对象的语言（比如 Java）中过度使用函数式编程在某些情况下可能会导致问题。我们会试着在面向对象语言中全部使用函数式代码解决后面的一些示例问题。

Java 是一种面向对象的语言。幸运的是，最近几年，它也支持一些函数式的用法，比如 lambda 函数和 Stream API。这些概念虽然在函数式编程里广为人知，但它们只是函数式编程范畴的一小部分。你可能想要用这些函数式的写法来写所有的逻辑。但请记住，Java 本质上是一种面向对象的语言。

在用面向对象的语言写纯函数式代码时会遇到很多陷阱。在后面，我们会用面向对象的语言来递归实现一个 reduce() 函数。

13.3.1　用非函数式语言写函数式代码

我们的目标是写一个 reduce() 函数，它可以接收一个列表，对列表内的元素进行化简，然后返回结果。这个函数应该是通用的，也就是说对于任何输入参数类型都适用。

另外，假设我们受到了函数式编程的鼓舞，想要以纯函数式代码实现这个逻辑。我们可以用递归和列表拆分来实现。每个列表可以被认为由一个头部和一个尾部组成，如图 13.3 所示。头部是列表的第一个元素，而尾部则是头部后面的所有元素。

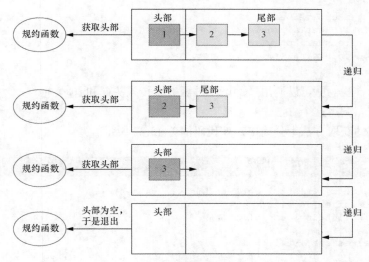

图 13.3 递归和列表拆分

一旦获取（并移除）列表头部，我们就可以对头部的元素进行化简。然后，我们将尾部再次传入 reduce() 函数，列表会再次拆分，我们再次获取头部，进行化简，并再次传入尾部。这个逻辑会一直重复（递归）直到列表为空。一旦列表为空，reduce() 函数就返回最终的值。代码清单 13.20 展示了我们如何用 Java 语言来实现这段逻辑。

代码清单 13.20 创建 reduce() 函数

```
public static <T> T reduce(List<T> values, BinaryOperator<T> reducer,
  T accumulator){
  return reduceInternal(values, reducer, accumulator);
}
```

reduce() 函数接收两个参数，分别是聚合值以及列表的头部。在第一次迭代时还没有聚合值，所以调用方需要通过 accumulator 参数提供一个初始值。reduce() 函数代理给 reduceInternal() 函数实现，它会递归调用自身，所以我们应该从终止条件写起，这个终止条件告诉函数什么时候可以返回。

对于我们的场景，我们想要在列表为空时返回 accumulator。没有这个条件，这个函数就会无限递归，永远不能返回。接下来，我们将列表拆分，获取头部和尾部，如代码清单 13.21 所示。这些列表拆分的操作也分别代理给不同的方法，我们会在后面看到它们的代码。

代码清单 13.21　用 Java 实现化简函数 reduceInternal()

```java
private static <T> T reduceInternal
  (List<T> values, BinaryOperator<T> reducer, T accumulator) {
  if (values.isEmpty()) {
    return accumulator;
  }
  T head = getHead(values);
  List<T> tail = getTail(values);
  T result = reducer.apply(head, accumulator);
  return reduceInternal(tail, reducer, result);
}
```

获取头部后，我们就可以调用 reduce() 函数，传入头部和 accumulator 的值。最后，我们再次（递归）调用这个方法。

头部和尾部的获取方法十分简单，如代码清单 13.22 所示。

代码清单 13.22　获取头部和尾部

```java
private static <T> List<T> getTail(List<T> values) {
  if (values.size() == 1) {
    return Collections.emptyList();
  }
  return values.subList(1, values.size());
}

private static <T> T getHead(List<T> values) {
    return values.get(0);
}
```

如果 values 里面只有一个元素（头部），那么 getTail() 方法就会返回一个空列表。否则，它返回头部以外的所有元素。getHead() 方法返回列表的第一个元素。

让我们通过一个单元测试来验证函数 reduce() 的实现。这个单元测试用该函数对一个列表里的所有元素求和，如代码清单 13.23 所示。

代码清单 13.23　用 Java 创建 reduce() 单元测试

```java
@Test
public void shouldReduceTenValues() {
  // 给定
  List<Integer> input = IntStream.range(1,
    10).boxed().collect(Collectors.toList());

  // 何时
  Integer result = Reduce.reduce(input, (value, accumulator) -> value +
    accumulator, 0);

  // 然后
  assertThat(result).isEqualTo(45);
}
```

reduce() 函数接收 accumulator 和头部的值并求和。由于我们从 0 开始累加，所以 accumulator 的初始值是 0。

在目前的阶段，我们对以上的实现效果十分满意。我们能够使用函数式方法（递归）在非函数式语言中实现逻辑。然而，我们的方案有一个很大的问题。我们可以写一个操作大量数字的单元测试来暴露这个问题。比如，在一个有 100,000 个元素的列表上运行我们的逻辑，如代码清单 13.24 所示，我们观察到代码会抛出 StackOverflowError。

代码清单 13.24 抛出 **StackOverflowError** 的测试

```
@Test
public void shouldStackOverflowForALotOfValues() {
    // 给定
    List<Integer> input = IntStream.range(1,
        100_000).boxed().collect(Collectors.toList());

    // 何时
    assertThatThrownBy(() -> Reduce.reduce(input, Integer::sum, 0))
        .isInstanceOf(StackOverflowError.class);
}
```

是什么原因让这段代码抛出了 StackOverflowError？原来 Java 语言对递归的优化和支持并不理想。每次递归调用都需要在调用栈上分配一个帧。处理 100,000 个元素就需要分配同样数量的帧。每个帧都会占用一些内存。栈的回溯上限取决于程序的可用内存。因此，Java 限制了栈允许回溯的深度。如果我们的代码执行了太多次递归调用，Java 就会抛出 StackOverflowError 告知我们这个问题。

这是在非函数式语言中使用函数式编程的边缘情况之一。reduce() 函数可以用命令式方法实现，即使用标准的 for 循环语句，这也是我们应该在面向对象语言中使用的方法。

注意 Java Stream API 里就有 reduce() 函数。我们可以放心使用它，因为它就是用命令式（for 循环语句）而不是递归实现的。我们实现了 reduce() 函数，以展示用 Java 这样的面向对象语言编写代码时常见的函数式编程问题之一（递归）。

13.3.2 尾部递归优化

如果我们使用函数式语言，上述递归实现遇到的问题就可以被轻松解决。比如，Scala 语言就提供了尾部递归优化。

这个编译器级别的优化让我们可以直接在当前栈上进行递归。这要求我们的递归调用必须是方法里的最后一个调用。这样，编译器就会把递归展开成 for 循环语句。我们在函数式语言里可以用递归的方式来写代码而无须担心栈的过度增长。代码清单 13.25 展示了递归 reduce() 函数在函数式语言（Scala）里的简单实现。

代码清单 13.25　在 Scala 里实现 `reduce()`

```scala
@tailrec
def reduce[T] (values: List[T],
⇒ reducer: (T, T) => T, accumulator:T ): T = values match {
  case Nil => accumulator
  case head :: tail => reduce(tail, reducer, reducer(head, accumulator))
}
```

现在我们的代码更简洁，处理大量的输入数字也不在话下。代码更简洁是因为我们用到了另一个函数式编程的功能：分解模式匹配。列表通过简单的 `head::tail` 语句就可以被分解成头部和尾部。注意这里用 `@tailrec` 标注了 `reduce()` 函数。编译器看到这个标注就会检查这个函数是否可以使用尾部递归优化。如果不能，编译器会返回一个错误。但是对于我们的代码，编译器发现它是可以进行优化的，因为递归调用语句是方法里的最后一条语句。

在分析完这个示例后，我们可以进行如下总结。对于特定的编程任务来说，选择合适的语言和工具很重要。函数式编程有很多优点。但是如果盲目使用这个技术，就会遇到很多潜在的问题。我们应该从函数式编程中汲取精华。但是，在非函数式编程中，我们也应该谨慎使用函数式编程结构。最佳的模式之一是，我们暴露一个可以跟函数式编程结合的 API（比如 `Stream.reduce()`），在底层用命令式的代码实现它。

13.3.3　利用不可变性

不可变性是一个强大的特性，同时实现它需要不菲的代价。不可变的对象一旦创建就不能以任何方式被修改。我们可以在 Java 语言中用 `final` 关键字标注一个对象的所有字段来创建一个不可变对象。不过，`final` 如果被标注在一个引用类型的字段上，那只能保证该字段不会被重定向到另一个值，被引用的那个值本身是有可能发生变化的。

如果一个对象提供了修改自身的方法，那它就有可能被改变。创建一个不可变对象需要你仔细设计它的类。所有能修改它的方法都必须对调用方隐藏。如果我们使用了允许修改的 API 组件（比如列表），就需要将这个可变组件封装到另一个不可变组件中。在封装的组件里，我们需要禁用底层对象的所有修改方法。

只要我们的对象不可变，我们就可以在各组件中共享它而无须关注线程安全。对象只能被读取，所以所有线程都具有相同的访问能力。因此也就不需要在访问对象时加锁。这可以极大提升代码的效率。

编写和推断这样的代码更容易，写出无 bug 的代码也更容易。对象的状态一定要在构造时填入——构造完成后就无法修改了。

在实际生产中，即使是不可变对象，我们有时候还是需要改变其状态。在函数式方案里，我们的做法是，复制该对象所有的状态并改成需要的值，以创建一个新的对象。但是一旦副本对象被创建之后，它也需要像原始对象一样遵循不可变的原则。所以我们会意识到，使用这样的方案可能会创建很多对象。每个对象都需要分配一些内存。副本越多，我们需要的内存就越多。因此用函数式方案写代码会导致更高的内存压力和垃圾收集的代价。副本创建的数量及其对垃圾收集的影响需要仔细斟酌。

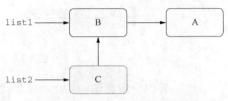

其实，副本的数量是可以减少的。让我们以一个不可变列表的实现为例进行说明，如图 13.4 所示。列表本身是不可变的，且列表节点之间通过指针连接。假设 list1 指向一个双节点列表。接下来，我们想要基于不可变的 list1 创建一个新的 list2，这会增加一个额外的 C 节点。

图 13.4 设计一个不可变列表

我们可以从 list1 中复制其所有节点并添加一个额外节点，但这会额外占用 3 个节点的内存空间。一个替代方案是，我们可以创建一个新节点并让它指向 list1 的头部。这样操作以后，我们就有两个不可变列表：list1 有 2 个节点，list2 有 3 个节点。然而，我们总共只需要 3 个而不是 5 个节点的内存空间。我们可以利用这种模式来减少其他不可变结构和对象的内存开销。

函数式编程涉及复杂的知识，值得我们更加深刻地去理解。本节的目的只是展示其中一个方面并分析它在面向对象语言中的用法。如果你希望学习更多有关函数式编程的内容，推荐 Pierre-Yves Saumont 写的一本书：*Functional Programming in Java*（Manning，2017）。我们将在 13.4 节对比两种初始化方式：延迟初始化和急切初始化。

13.4 对比延迟和急切初始化

应用程序需要跟多个组件互动。让我们考虑一个网页应用程序，它需要连接数据库并将最新的用户 ID 数据放入缓存。在我们可以有 N 个服务实例的环境中，每个节点都有可能需要执行所有操作，如图 13.5 所示。

我们可以选择以延迟或急切的方式执行这些操作。目前软件行业的趋势是让应用程序尽可能快地启动。这意味着我们需要将初始化数据库连接这样的耗时操作尽可能移动到应用程序的后期来执行。这种方式被称为延迟初始化。这意味着当我们启动应用程序时，连接不会被初始化，而是拖延到用户的第一个请求到来时才初始化逻辑。然而，这也意味着第一个用户将在第一个请求上付出初始化连接的代价。图 13.6 展示了延迟初始化的流程。

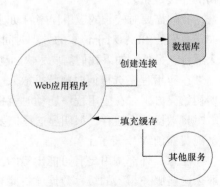

图 13.5 有两个下游组件的应用程序

图 13.6   使用延迟初始化连接数据库

如果我们使用急切初始化，初始化发生在应用程序启动的时候。在这样的场景下，第一个用户请求就可以使用一个已经存在的连接而无须对其初始化。应用程序启动时就会创建连接（并保持在连接池中）。第一个请求只需要从连接池里取出这个连接就可以使用。图 13.7 展示了急切初始化的流程。

图 13.7   使用急切初始化连接数据库

我们更容易在真实生产中注意到这两种方式对应用程序的影响。通常会有一个连接池保持着对底层系统的 N 个连接。这个连接池可以动态增长，但是最初的连接数量是固定的。如果我们决定对所有连接使用延迟初始化，那么就有 N 个请求要支付初始化的代价，N 等于连接池最初的连接数量。

我们需要对较长的应用程序启动时间和较长的第一个（或更多）请求处理时间进行权衡取舍。如果我们的 SLA 对于请求的处理时间有硬性限制，即不能超过多长时间，延迟初始化可能就不太适合。另外，如果我们需要尽快启动应用程序，那就有理由将耗时逻辑移动到后期执行。

在应用程序选择何时将数据放入缓存时，也需要考虑不同的初始化方式。我们可以使用急切初始化方式，在应用程序启动时就将数据放入缓存，也可以使用延迟初始化方式，在处理请求时将数据放入缓存。很明显这里需要的权衡跟前一个示例的一样：时间应该耗费在启动上还是耗费在前 N 个请求上？

注意，外部调用是有可能出错的。如果其他服务在写入缓存的时候因为网络断线而失败，那么这些服务写入的缓存数据就可能有问题。读取缓存数据的初始化代码存在 bug 也会导致初始化出错。

然而，在使用延迟初始化的时候，初始化问题只有在应用程序运行以后才会暴露出来，那可能要等应用程序启动后很久才会出现。我们可能一开始部署了应用程序并观察到一切都正常工作，只有当应用程序开始处理流量时才能注意到问题，因为延迟初始化将初始化逻辑推迟到了后期。如果我们的应用程序选择急切初始化方式（在启动时）执行初始化操作，我们就能提前检测到潜在的问题。

如果出现编程错误，我们可以在新代码部署到新节点上时立即检测到。一旦检测出错误，我们就可以迅速回滚。如果在新节点正常启动以前，我们就进行了回滚，那时旧版本还没有删除，终端用户可能不会注意到这个错误。如果用了延迟初始化，部署阶段可能看不到任何故障，只有当所有节点都部署完时，我们（和我们的终端用户）才可能发现错误。表 13.1 总结了我们的发现。

表 13.1　延迟初始化和急切初始化

初始化方式	启动速度	前 N 个请求处理时间	错误检测
延迟初始化	较快	受影响；较慢	在后期，当服务运行时才能检测到
急切初始化	较慢	不受影响	部署阶段就能检测到

如你所见，延迟初始化提供了较短的启动时间。但是减少的时间并没有真的节省下来，而是分摊给了服务的前 N 个请求。另外，潜在的错误会被推迟到服务开始运行后才能检测出来。

急切初始化把时间花在启动阶段。因此，使用急切初始化的应用程序启动更慢，但由于代价已经在启动阶段支付过了，前 N 个请求就不受影响。同时，潜在的错误能够在部署阶段就被检测出来。

在你决定使用急切初始化或者延迟初始化的时候应该考虑上述因素。你也可以将两者混合使用，对有些操作使用急切初始化方式，对另一些使用延迟初始化方式。

小结

- 使用依赖注入模式，组件需要的所有依赖都应该从外界注入，且注入可能发生在任何层面。我们在本章学习了何时应该使用 DIY 方案以及何时应该使用现成的框架来实现依赖注入模式。
  - 虽然参数注入是一种合法的技术，但它不适合 Java 这样的面向对象语言。其替代方案是在构造函数里注入，在对象构造时一次性注入所有依赖的组件。
  - 市面上有一些经过生产环境验证的依赖注入框架，比如 Spring、Dropwizard 以及 Guice，它们提供了很多功能，但也隐含一些前提条件，会给我们的代码引入紧耦合。
- 响应式编程提供了函数式、数据驱动的非阻塞处理模型，让我们可以并发处理数据。这种并发是通过多线程实现的。
  - 我们以一个单线程的处理为例，将它进化成以异步并发的方式工作。这让我们可以并行处理很高的吞吐量。
  - 根据软件行业的新技术趋势，我们用响应式编程重写了代码，因为它适用于转换

N 个输入元素的场景。

- 学习解决方案的线程模型可以帮助我们更好地分析该方案的优缺点。

■ 函数式编程有很多优点，比如更简单的并发模型、更简洁的代码，以及更容易测试。但是在面向对象的编程语言中盲目使用函数式编程在某些情况下可能会导致问题。

- 我们在 Java 中通过递归实现了函数式方法，并将其跟 Scala 中的尾部递归进行了对比。

- 不可变性是一种强大的特性，但实现它需要不菲的代价。一旦我们创建了不可变的对象，它就不能以任何方式被修改。我们实现了一个不可变的列表作为示例。

■ 由于我们的应用程序需要跟多个组件进行互动，我们学习了延迟初始化和急切初始化，并在启动速度、请求处理时间和错误检测时机方面将两者进行了对比。